职业技能鉴定教材

锅 炉 操 作 工

(基础知识)

劳动和社会保障部教材办公室组织编写

中国劳动社会保障出版社

图书在版编目（CIP）数据

锅炉操作工.基础知识/劳动和社会保障部教材办公室编.—北京：中国劳动社会保障出版社，2001

职业技能鉴定教材

ISBN 978-7-5045-3322-7

Ⅰ.锅…

Ⅱ.劳…

Ⅲ.锅炉-基本知识-技术工人-职业技能鉴定-教材

Ⅳ.TK22

中国版本图书馆 CIP 数据核字（2001）第066214号

中国劳动社会保障出版社出版发行

（北京市惠新东街1号　邮政编码：100029）

出 版 人：张梦欣

*

北京市科星印刷有限责任公司印刷装订　　新华书店经销

787毫米×1092毫米　16开本　13.5印张　335千字

2002年1月第1版　2025年7月第19次印刷

定价：21.00元

营销中心电话：400-606-6496

出版社网址：http://www.class.com.cn

版权专有　　侵权必究

如有印装差错，请与本社联系调换：（010）81211666

我社将与版权执法机关配合，大力打击盗印、盗售和使用盗版图书活动，敬请广大读者协助举报，经查实将给予举报者奖励。

举报电话：（010）64954652

本书编审人员

主　编　**刘纪安**（新疆生产建设兵团农八师锅炉检验所）
　　　　王刚前（新疆昌吉州高级技工学校）
编　者　**付　强**（新疆生产建设兵团特种设备安全检测检验中心）
　　　　李喜生（新疆生产建设兵团天富热电股份有限公司热电厂）
　　　　周光银（新疆生产建设兵团农三师锅炉检验所）
审　稿　**章其军**（新疆维吾尔自治区锅炉压力容器安全监察局）
　　　　李德高（新疆天山锅炉厂）
　　　　杜绍林（新疆乌鲁木齐锅炉总厂）

内 容 简 介

本书根据《国家职业标准——锅炉操作工》编写，是职业技能考核与培训用书。

本书介绍了初级、中级、高级和技师锅炉操作工需掌握和了解的基础知识，内容涉及锅炉工的职业素质和职业道德，锅炉的主要参数，工业锅炉型号的构成及表示方法，动力生产和供热锅炉的分类及结构特征，锅炉受热面分类及构造，燃料、燃烧及调整，锅炉安全附件及常用阀件，热工仪表与自动调节，给水设备结构、原理、安装及使用注意事项，通风设备的结构、原理及安装使用注意事项，锅炉房热力系统及热力管网，锅炉金属材料和非金属材料，锅炉水质监督项目，锅炉、压力容器有关规程、规范及管理制度等内容。

本书是考核鉴定的培训和自学教材，也是各级各类职业技术学校锅炉操作专业师生必备的复习资料，还可供从事锅炉管理工作的有关人员参考。

前　言

《中华人民共和国劳动法》明确规定，国家对规定的职业制定职业技能标准，实行职业资格证书制度，由经过政府批准的考核鉴定机构负责对劳动者实施职业技能鉴定。

1994年以来，劳动和社会保障部职业技能鉴定中心、劳动和社会保障部教材办公室、中国劳动社会保障出版社组织有关方面专家、技术人员和职业培训教学管理人员实施教材建设，编写出版了涉及机械、电子、交通、建筑、商业、农业、饮食服务业等国民经济支柱产业中近80个通用职业（工种）的《职业技能鉴定教材》和《职业技能鉴定指导》，对于推动职业技能鉴定工作，提高职业技能培训质量发挥了积极的作用。

2000年以来，国家实行在规定的工种（职业）中持职业资格证书就业上岗制度，并陆续颁布了国家职业标准。为满足广大劳动者取得职业资格证书的迫切要求，劳动和社会保障部教材办公室、中国劳动社会保障出版社在总结以往《职业技能鉴定教材》和《职业技能鉴定指导》编写经验的基础上，依据国家职业标准和市场需求，组织编写了锅炉操作工、棉花加工工、拖拉机驾驶员、土石方机械操作工、果树工5个职业的《职业技能鉴定教材》和《职业技能鉴定指导》共13种书。

《职业技能鉴定教材》以《国家职业标准》要求为依据，内容上力求体现"以职业活动为导向，以职业技能为核心"的指导思想，坚持"考什么，编什么"。结构上采用模块化方式，按照职业等级（初、中、高、技师、高级技师）编写。每一学习单元对应于《国家职业标准》中的一项职业功能，均包括专业知识和操作技能两部分。在基本保证知识连贯性的基础上，力求浓缩精练，突出针对性、典型性、实用性。

《职业技能鉴定指导》包括学习要点、习题、答案、模拟试卷等内容，是对《教材》的补充和完善。

《教材》和《指导》均以《国家职业标准》规定的申报条件为编写起点，有助于参加考核的人员掌握考核鉴定的范围和内容，适用于各级鉴定机构和培训机构组织考前强化培训和申请参加技能鉴定的人员自学使用，对于各类职业技术学校师生、相关行业技术人员也有重要的参考价值。

上述职业的《教材》和《指导》由新疆生产建设兵团劳动和社会保障局承担组织编写和审定工作，由新疆生产建设兵团职业技能鉴定中心按照标准——教材——命题衔接的方式运作完成。在编写过程中得到新疆生产建设兵团劳动和社会保障局曲德林副局长、职业技能鉴定中心梁清华、冯雷同志的大力支持，在此深表谢意。

编写《教材》和《指导》有相当的难度，是一项探索性工作。由于时间仓促，缺乏经验，不足之处在所难免，恳切欢迎各使用单位和个人提出宝贵意见和建议。

劳动和社会保障部教材办公室

目 录

第一章 职业素质和职业道德 ……………………………………………（ 1 ）
 第一节 锅炉操作工的职业素质 …………………………………（ 1 ）
 第二节 锅炉操作工的职业道德 …………………………………（ 2 ）
 第三节 法律常识 …………………………………………………（ 3 ）
第二章 锅炉主要参数 ……………………………………………………（ 6 ）
 第一节 蒸汽锅炉 …………………………………………………（ 6 ）
 第二节 热水锅炉 …………………………………………………（ 8 ）
第三章 锅炉型号的构成及表示方法 ……………………………………（ 10 ）
 第一节 工业锅炉型号 ……………………………………………（ 10 ）
 第二节 电站锅炉型号 ……………………………………………（ 11 ）
第四章 动力生产和供热锅炉的分类及结构特征 ………………………（ 13 ）
 第一节 锅炉的分类 ………………………………………………（ 13 ）
 第二节 立式锅壳锅炉结构特征 …………………………………（ 13 ）
 第三节 卧式锅炉结构特征 ………………………………………（ 16 ）
第五章 锅炉受热面分类及构造 …………………………………………（ 22 ）
 第一节 辐射受热面 ………………………………………………（ 22 ）
 第二节 对流管束与过热器 ………………………………………（ 22 ）
 第三节 省煤器 ……………………………………………………（ 23 ）
 第四节 空气预热器 ………………………………………………（ 24 ）
第六章 燃料、燃烧及燃烧调整 …………………………………………（ 26 ）
 第一节 燃料种类 …………………………………………………（ 26 ）
 第二节 燃料的成分 ………………………………………………（ 27 ）
 第三节 燃烧及燃烧过程 …………………………………………（ 30 ）
 第四节 锅炉的热平衡 ……………………………………………（ 32 ）
 第五节 燃烧设备及燃烧调整 ……………………………………（ 40 ）
 第六节 燃油与燃气锅炉 …………………………………………（ 55 ）
第七章 安全附件及常用阀件 ……………………………………………（ 60 ）
 第一节 安全阀的作用、类型及安装要求 ………………………（ 60 ）
 第二节 压力表的作用、结构、原理及安装使用要求 …………（ 62 ）
 第三节 水位表的作用原理、类型及安装使用要求 ……………（ 63 ）
 第四节 高低水位警报器的作用原理、类型及使用注意事项 …（ 65 ）
 第五节 排污阀的作用、类型及使用要求 ………………………（ 66 ）
 第六节 锅炉常用阀门的结构及用途 ……………………………（ 67 ）

第七节　燃油、燃气锅炉的附属设备……………………………（71）
第八章　热工仪表与自动调节……………………………………………（89）
　　第一节　常用仪表的工作原理、结构及使用注意事项…………………（89）
　　第二节　烟气成分分析仪表………………………………………………（100）
　　第三节　自动调节…………………………………………………………（102）
　　第四节　锅炉 BM 监控器节能自控技术………………………………（113）
第九章　给水设备的结构、原理、安装及使用注意事项………………（118）
　　第一节　电动离心泵………………………………………………………（118）
　　第二节　蒸汽往复泵………………………………………………………（121）
　　第三节　注水器……………………………………………………………（122）
　　第四节　除氧器……………………………………………………………（123）
　　第五节　换热站及换热器…………………………………………………（124）
第十章　通风设备的结构、原理及安装使用注意事项…………………（132）
　　第一节　离心式风机的原理与结构………………………………………（132）
　　第二节　风机的安装使用注意事项………………………………………（135）
第十一章　锅炉房热力系统及热力管网…………………………………（136）
　　第一节　热力系统的组成、作用及安装注意事项………………………（136）
　　第二节　锅炉房热力管网…………………………………………………（141）
第十二章　锅炉金属材料和非金属材料…………………………………（146）
　　第一节　锅炉受压元件用金属材料………………………………………（146）
　　第二节　锅炉炉墙结构及材料……………………………………………（153）
第十三章　锅炉水质监督项目……………………………………………（164）
　　第一节　锅炉水质指标……………………………………………………（164）
　　第二节　锅炉水质处理……………………………………………………（166）
第十四章　锅炉、压力容器有关规程、规范及管理制度………………（172）
　　第一节　锅炉、压力容器安全监察暂行条例……………………………（172）
　　第二节　蒸汽锅炉安全技术监察规程……………………………………（173）
　　第三节　热水锅炉安全技术监察规程……………………………………（187）
　　第四节　锅炉、压力容器和压力管道设备事故处理规定………………（189）
　　第五节　锅炉使用登记办法………………………………………………（190）
　　第六节　锅炉司炉工人安全技术考核管理办法…………………………（191）
　　第七节　锅炉房安全管理规则……………………………………………（193）
　　第八节　工业锅炉安装工程施工及验收规范……………………………（196）
　　第九节　锅炉房管理制度…………………………………………………（201）

第一章　职业素质和职业道德

锅炉工是从事锅炉操作的技术工人。锅炉业属特殊行业。锅炉操作工必须进行规定时间的专业培训，经考试合格后才能持证上岗。锅炉操作人员除必须具备较高的技术水平外，还要具有良好的职业道德。职业道德是指各种不同行业的人在自己的职业活动中所遵守的公德，即一个人在其职业生活实践中应当遵循的道德准则、规范，以及具有与之相适应的道德观念、情操和品质。

第一节　锅炉操作工的职业素质

一、职业素质的含义

虽然人们所从事的职业各异，要求不同，但不论从事何种职业都必须具备一定的职业素质。

职业素质是人们通过学习和实践积累形成的知识技能在职业活动中经常发挥作用的基本品质。

人的职业素质是以专业知识、技能为核心，由多种因素包括人的身体素质、文化素质、心理素质等根据不同的职业需要有机地结合而成的。

二、职业素质的特点

1. 专业性

专业性是指锅炉操作工经过专门的职业训练，对锅炉本身的特点、安全性，及出现问题及时处理的能力的综合评价。专业性是职业素质的一个重要特征。

2. 内在性

内在性是指锅炉操作工将锅炉安全技术知识的内化，它一经形成就以潜能的形式存在，只有在锅炉操作中才能充分地展现出来。锅炉实践活动是锅炉操作工素质外化的桥梁。

3. 稳定性

一个人的职业素质一旦形成就成为心理特征，并经常地、稳定地在职业实践中表现出来，只有那些在不同情况下表现出来的稳定的基本品质才能称之为职业素质。对于那些偶发的、没有经过内化的，只在某种特定条件下偶有表现的言论和行为都不是人们的职业素质。

4. 发展性

职业素质的稳定性并不意味着职业素质本身恒定不变，实际上，人的职业素质在形成中既有生物进化的特性，也包含接受和掌握人类社会历史发展的成果。

三、职业素质的构成

一般认为职业素质包括四个方面：思想政治素质、科学文化素质、专业技能素质和身心素质，其中思想政治素质是职业素质的灵魂。

思想政治素质也称思想道德素质，是指人们在理想信念、人生价值观和道德素养等方面的水平或状况。

科学文化素质是指人们对自然科学、社会科学、思维科学等人类文化知识的认识和掌握程度。

专业技能素质是指人们从事某种职业所应具备的专业知识和专业技能的基本品质。

身心素质是指人体在正常生长发育的基础上所形成的体格和精神等相对稳定的基本品质。

四、锅炉操作工的职业素质

原劳动人事部颁发的《锅炉司炉工人安全技术考核管理办法》明确规定了锅炉操作人员的活动范围、工作内容、技能要求和知识水平，对锅炉的安全经济运行起到了积极的保障作用。但这个《管理办法》仅是锅炉操作工较低的行业标准。近年来，随着科学技术进步，电子自动化的发展，以及对环境保护的重视，对锅炉操作工的要求标准也发生了变化，提出了新的问题，这就迫使锅炉操作工要具有较高的职业素质。那么怎样才能提高锅炉操作工的职业素质呢？首先要认真学习国家有关锅炉行业的标准、规范、规程、规定等，其次要掌握锅炉行业的职业特点、职业要求以及相关专业知识，努力争做一名合格的锅炉操作工。

第二节　锅炉操作工的职业道德

职业道德与职业素质是密不可分的，不同的职业有不同的职业道德要求。

一、职业道德的职能

1．职业在一定范围内承担着社会责任

主要表现为：

（1）发挥职业职能，完成岗位任务，保持职业目标，塑造职业形象。

（2）遵守职业规则程序，承担职权范围内的后果。

（3）实现和保持岗位之间的有序合作。

2．各职业承担社会权力

社会权力其实质是社会整体的公共权利的组成，各职业在承担和行使权力上，与职业道德又是分不开的。

3．职业本身就有利益并调节利益分配

职业劳动是个人生活资料的主要来源，但更重要的是为社会创造经济效益的主要渠道，是国家利益、公共利益、个人利益的交汇点，具有特殊的道德内容和要求。

二、职业道德的特点

1．稳定性和连续性

职业道德表现为某一职业所特有的道德传统和道德准则，一般来说，职业道德所反映的是职业的特殊利益和要求，而这些要求是在长期的反复的特定职业社会实践中形成的，具有稳定性和连续性特征。

2．专业性和有限性

职业道德的专业性和有限性是指职业道德的调节范畴，它主要作用于从事同一职业人员的内部关系上以及本行业人员同其服务对象之间的关系上。

3．多样性和适应性

虽然有一种职业就有一种职业道德,但职业道德都有其相同点,即具有具体、灵活、多样、明确的特点,以便于记忆接受和执行。

三、社会主义职业道德的特点

1. 社会主义职业道德是建立在社会主义公有制基础上的新型道德

在社会主义社会,尽管社会分工不同,人们的职位高低有别,但却没有人格的高低贵贱之分,人民当家作主,人与人之间,各行业之间是平等互助的新型关系,他们从事着各个职业,为社会创造财富,有相同的道德理想和奋斗目标,体现的是集体主义精神。

2. 社会主义职业道德以全心全意为人民服务为核心

在社会主义社会,国家的一切权力属于人民,人民是国家主人,人民群众是社会物质财富和精神财富的创造者,为人民利益做贡献是社会主义职业道德的基石。要全心全意为人民服务就必须具有高度的觉悟,克服私有制的道德观念。

3. 社会主义职业道德的重点是解决劳动态度问题

在社会主义制度下,集体内部个人利益和集体利益的关系在根本上是一致的。社会主义职业道德所要调节的重点是劳动态度问题,要求从事各种不同职业的人们都要爱岗敬业,以主人翁姿态从事劳动,充分发挥主动性和创造性,自觉自愿地为社会公共利益做贡献。

第三节 法律常识

一、环境保护法

1. 环境监督管理

(1) 国务院环境保护行政主管部门制定国家环境质量标准,省、自治区、直辖市人民政府对国家环境质量标准中未作规定的项目,可以制定地方环境质量标准,并报国务院环境保护行政主管部门备案。

(2) 国务院环境保护行政主管部门根据国家环境质量标准和国家经济、技术条件制定国家污染物排放标准,省、自治区、直辖市人民政府对国家污染物排放标准中未作规定的项目,可以制定地方污染物排放标准,对国家污染物排放标准中已作规定的项目,可以制定严于国家污染物排放标准的地方污染物排放标准,地方污染物排放标准须报国务院环境保护行政主管部门备案。

凡是向已有地方污染物排放标准的区域排放污染物的,应当执行地方污染物排放标准。

(3) 国务院环境保护行政主管部门建立监测制度,制定监测规范,会同有关部门组织监测网络,加强对环境监测的管理。

国务院和省、自治区、直辖市人民政府的环境保护行政主管部门,应当定期发布环境状况公告。

(4) 县级以上人民政府环境保护行政主管部门或者其他依照法律规定行使环境监督管理权的部门,有权对管辖范围内的排污单位进行现场检查。被检查的单位应当如实反映情况,提供必要的资料。检查机关应当为被检查的单位保守技术秘密和业务秘密。

2. 防治环境污染和其他公害

(1) 产生环境污染和其他公害的单位,必须把环境保护工作纳入计划,建立环境保护责任制度;采取有效措施,防治在生产建设或者其他活动中产生的废气、废水、废渣、粉尘、恶臭气体、放射性物质以及噪声、振动、电磁波辐射等对环境的污染和危害。

（2）排放污染物的企业、事业单位，必须依照国务院环境保护行政主管部门的规定申报登记。

（3）排放污染物超过国家或者地方规定的污染物排放标准的企业、事业单位，依照国家规定缴纳超标准排污费，并负责治理。水污染防治法另有规定的，依照水污染防治法的规定执行。

征收的超标准排污费必须用于污染的防治，不得挪作他用，具体使用办法由国务院规定。

（4）对造成环境严重污染的企业、事业单位，限期治理。

中央或者省、自治区、直辖市人民政府直接管辖的企业、事业单位的限期治理，由省、自治区、直辖市人民政府决定。市、县人民政府管辖的企业、事业单位的限期治理，由市、县人民政府决定。被限期治理的企业、事业单位必须如期完成治理任务。

（5）任何单位不得将产生严重污染的生产设备转移给没有污染防治能力的单位使用。

3．法律责任

违反本法规定，有下列行为之一的，环境保护行政主管部门或者其他依照法律规定行使环境监督管理权的部门可以根据不同情节进行处理。

（1）未经环境保护行政主管部门同意，擅自拆除或者闲置防治污染的设施，造成污染物排放超过规定的排放标准的，由环境保护行政主管部门责令重新安装使用，并处罚款。

（2）对违反本法规定，造成环境污染事故的企业、事业单位，由环境保护行政主管部门或者其他依照法律规定行使环境监督管理权的部门根据所造成的危害后果处以罚款；情节较重的，对有关责任人员由其所在单位或者政府主管机关给予行政处分。

（3）对经限期治理逾期未完成治理任务的企业、事业单位，除依照国家规定加收超标准排污费外，可以根据所造成的危害后果处以罚款，或者责令停业、关闭。

二、环境噪声污染防治法

1．环境噪声污染防治的监督管理

（1）建设项目的环境噪声污染防治设施必须与主体工程同时设计、同时施工、同时投产使用。

建设项目在投入生产或者使用之前，其环境噪声污染防治设施必须经原审批环境影响报告书的环境保护行政主管部门验收；达不到国家规定要求的，该建设项目不得投入生产或者使用。

（2）产生环境噪声污染的企业、事业单位，必须保持防治环境噪声污染的设施的正常使用；拆除或者闲置环境噪声污染防治设施的，必须事先报经所在地的县级以上地方人民政府环境保护行政主管部门批准。

（3）产生环境噪声污染的单位，应当采取措施进行治理，并按照国家规定缴纳超标准排污费。

征收的超标准排污费必须用于污染的防治，不得挪用。

（4）对于在噪声敏感建筑物集中区域内造成严重环境噪声污染的企业、事业单位，限期治理。被限期治理的单位必须按期完成治理任务，限期治理由县级以上人民政府按照国务院规定的权限决定。

对小型企业、事业单位的限期治理，可以由县级以上人民政府在国务院规定的权限内授权其环境保护行政主管部门决定。

（5）县级以上人民政府环境保护行政主管部门和其他环境噪声污染防治工作的监督管理部门、机构，有权依据各自的职责对管辖范围内排放环境噪声的单位进行现场检查。被检查的单位必须如实反映情况，并提供必要的资料。检查部门、机构应当为被检查的单位保守技术秘密和业务秘密。

检查人员进行现场检查，应当出示证件。

2．工业噪声污染防治

（1）在城市范围内向周围生活环境排放工业噪声的，应当符合国家规定的工业企业厂界和环境噪声排放标准。

（2）在工业生产中因使用固定的设备造成环境噪声污染的工业企业，必须按照国务院环境保护行政主管部门的规定，向所在地的县级以上地方人民政府环境保护行政主管部门申报造成环境噪声污染的设备的种类、数量以及在正常作业条件下所发出的噪声值和防治环境噪声污染的设施情况，并提供防治噪声污染的技术资料。

造成环境噪声污染的设备的种类、数量、噪声值和防治设施有重大改变的，必须及时申报，并采取相应的防治措施。

（3）产生环境噪声污染的工业企业，应当采取有效措施，减轻噪声对周围生活环境的影响。

第二章 锅炉主要参数

第一节 蒸汽锅炉

一、锅炉容量

锅炉的容量又称锅炉出力,是锅炉的基本参数,蒸汽锅炉用蒸发量表示。

1. 锅炉蒸发量

蒸汽锅炉在确保安全的前提下长期连续运行,每小时产生蒸汽的数量,称锅炉的蒸发量,用符号"D"表示,单位是吨/时(t/h)。

2. 额定蒸发量

锅炉产品铭牌和设计资料上标明的蒸发量数值是额定蒸发量。它表示锅炉受热面无积灰、使用原设计燃料、在额定给水温度和设计的工作压力并保证效率下长期连续运行,锅炉每小时能产生的饱和蒸汽量。

在实际运行中,锅炉受热面一点不积灰,煤种一点不变是不可能的,因此锅炉在实际运行中每小时最大限度产生的蒸汽量叫最大蒸发量,这时锅炉的热效率会有所降低。

二、额定蒸汽压力

物理学中,将垂直均匀作用在物体表面的力称压力,用符号"F"表示,单位是牛顿(N)。物体表面单位面积上的压力称为压强,用符号"p"表示,单位是帕斯卡(Pa),习惯上常把压强称为压力,因此,本书后面提到的压力,实际上是压强,单位是兆帕(MPa),$1 \text{ MPa} = 10^6 \text{ Pa}$。

测量压力有两种标准方法:一种是以压力等于零作为测量起点,称为绝对压力,用符号"$p_绝$"表示;另一种是以当地的大气压力作为测量起点,也就是压力表测量出来的数值,称为表压力或相对压力,用符号"$p_表$"表示。表压力就是高出当地大气压力的数值,绝对压力等于表压力加上当地的大气压力(一般取近似值 0.1 MPa)。即:

$$p_绝 = p_表 + 0.1 \quad (2—1)$$
$$p_表 = p_绝 - 0.1 \quad (2—2)$$

在蒸汽锅炉中,锅炉内的水吸收热量后,由液体状态变为气体状态,其体积增大很多。例如在一个标准大气压下,其体积增大 1 650 倍。由于锅炉是密闭的容器,体积不变,因而限制了水蒸气的自由膨胀,结果就使锅炉各受压部件受到了水蒸气压力的作用。

在锅炉上所使用的压力都是表压力,蒸汽锅炉产品铭牌和设计资料上标明的压力,是这台锅炉的额定蒸汽压力。有过热器的锅炉是指过热器出口处的过热蒸汽压力;无过热器的锅炉,是指锅炉饱和蒸汽出口处的压力。在锅炉运行中,蒸汽压力不允许超过额定蒸汽压力。

三、额定蒸汽温度

表示物体冷热程度的物理量,称为温度,用符号"t"表示,单位是摄氏温度(℃)。温度是物体内部所拥有的能量的一种体现方式,温度越高,能量越大。

蒸汽锅炉产品铭牌上标注的温度,是指锅炉输出蒸汽的最高温度,称为额定蒸汽温度。对于无过热器的蒸汽锅炉,锅筒上蒸汽出口处的额定蒸汽温度是对应于额定压力下的饱和蒸汽温度;对于有过热器的锅炉,其额定温度是指在额定压力下过热器主气阀出口处的过热蒸汽温度。

四、炉排热强度和容积热强度

1. 炉排热强度

在层燃炉中燃料主要是在炉排上铺层燃烧的。所以,对层燃炉而言,炉排上燃料燃烧的激烈程度乃是一个十分重要的指标。在锅炉行业中,常用"炉排热强度(q_r)"来表示,意思就是单位面积的炉排,在单位时间内所燃烧的燃料放热量,其计算公式如下:

$$q_r = 0.278 \times \frac{BQ_{dw}^y}{R} \tag{2-3}$$

式中 q_r ——炉排热强度,W/m²;
B ——炉子的燃料消耗量,kg/h;
Q_{dw}^y ——燃料的低位发热量,kJ/kg;
R ——炉排有效面积,m²;
0.278 ——单位换算系数。

对于既定型号的炉子,在燃用某一种燃料时,炉排热强度有一合理限值,见表2—1。

表 2—1　　　　　各种层燃炉及沸腾炉工作特性　　　　　kW/m²

指标	炉 型				
	手烧炉	抛煤机炉	链条炉	往复推饲炉	沸腾炉
q_r	自然通风 700~800	930~1 170	烟煤 580~1 056	自然通风 700	2 340~3 500
	强制通风 700~860		无烟煤 580~800	强制通风 800~930	
q_v	烟管锅炉 400~520	235~290	235~350	235~290	930~1 860
	水管锅炉 105~130				

过分提高炉排热强度,追求过小的炉排面积,必然会使空气通过燃烧层时流速过高,并迫使燃料燃烧时间缩短。前者会导致阻力和飞灰损失增大,后者使固体燃料不完全燃烧,损失增多。

2. 容积热强度

在层燃炉中,虽然大部分燃料在炉排面上燃烧,但仍有一部分可燃物是在炉膛空间里燃烧的。因此与炉排热强度相对应的,还有一个"炉膛容积热强度(q_v)",其计算公式如下:

$$q_v = 0.278 \times \frac{BQ_{dw}^y}{V_1} \tag{2-4}$$

式中 q_v ——炉膛容积热强度,W/m³;
V_1 ——炉膛容积,m³。

炉膛容积热强度表示单位炉膛容积内的燃料燃烧放热量。同样,过分提高炉膛容积热强度，也会导致不完全燃烧损失的增大，因而它也有一个合理的限值，见表2—1。

五、炉排面积和炉膛容积

在设计或改造锅炉时，根据给定的参数——蒸发量、蒸汽压力或温度，以及燃料种类等，可先估算出燃料消耗量 B，而后参考表2—1列出的数据，选定 q_v、q_r，利用公式（2—3）和（2—4）即可得出需要的炉排有效面积 R 和炉膛容积 V_1。

有了必须的炉排面积，即可视具体情况选定炉子的宽度和深度。对于手烧炉，考虑到投煤、拨火、出渣等都由人工操作，所以深度不宜大于2 m。链条炉的长度，在根据燃料燃尽的需要的同时，也尽可能地选用符合制造厂的定型尺寸。链条炉排每吨蒸汽所需炉排面积约为 $0.9\sim1.1$ m²，大致有 1.2 m×5.5 m、1.5 m×6.0 m、2.3 m×6.0 m、3.0 m×7.0 m 等多种规格。

炉膛容积 V_1 求得后，将其除以炉排面积 R，基本上可以估计出炉膛高度 h。对容量在 $4\sim10$ t/h 的层燃炉，炉膛高度取 $2.5\sim4.0$ m；容量在 20 t/h 以上时，炉膛高度不低于 4 m。链条炉一般都有前后拱，所以炉膛形状不是立方体，炉膛容积要仔细核算。

六、锅炉受热面积

锅炉的受热面积可分为辐射受热面积和对流受热面积。

1. 辐射受热面积

辐射受热面积是指在炉膛内直接受高温火焰辐射放热的受热面积，其面积的大小应以管壁（筒壁）接触高温火焰侧的外表面计算确定。

2. 对流受热面积

对流受热面积是指在锅炉对流烟道中主要受烟气对流放热的受热面积，其面积的大小应以管壁（筒壁）接触烟气侧的外表面计算确定。

锅炉的辐射受热面积与对流受热面积之和称为锅炉的总受热面积，用"A"表示，单位为 m²。

七、锅炉热效率

锅炉有效利用的热量与单位时间所消耗燃料的输入热量的百分比即为锅炉热效率，用符号"η"表示，其计算公式为：

$$\eta=\frac{输出热量}{输入热量}\times100\% \qquad (2—5)$$

蒸汽锅炉热效率 $\eta=\dfrac{锅炉蒸发量\times(蒸汽焓-给水焓)}{每小时燃料消耗量\times燃料低位发热量}\times100\% \qquad (2—6)$

锅炉热效率是锅炉的热经济指标，它反映了锅炉设备的先进性、锅炉运行的经济性及运行操作的技术水平。我国现代大型锅炉的热效率一般高达90%以上，供热锅炉也在65%以上。

第二节 热水锅炉

一、额定热功率

热水锅炉的出力（也称为供热能力）用额定热功率表示。热水锅炉在额定出水压力，额定出口、进口水温，使用设计燃料的条件下，长期连续运行每小时出水有效带热量，称为锅炉的额定热功率,单位是 MW。热水锅炉产生 0.7 MW 的热量,大体相当于蒸汽锅炉产生 1 t/h 蒸汽的热量。

与额定热功率、额定出水温度和额定回水温度相对应的流经热水锅炉的水流量称为额定循环水量,单位为 t/h。

二、额定出水压力

热水锅炉产品铭牌上标注的压力是锅炉的额定出水压力。实际运行中,出水压力不允许超过额定出水压力。

在热水锅炉中,压力产生的原因有两种情况:一种是自然循环采暖系统的热水锅炉,其压力来自高水位形成的静压力;另一种是强制循环系统的热水锅炉,其压力来自循环水泵的压力。

三、额定水温

额定水温是指热水锅炉出口处的热水温度。热水锅炉产品铭牌上标注的温度是额定出口水的温度和额定进口水的温度,可表示为 t_1/t_2。一般常用的有:150℃/90℃、130℃/90℃、130℃/70℃、115℃/70℃、95℃/70℃。

四、热效率

$$热水锅炉热效率\ \eta = \frac{循环水量\times(出口水焓-进口水焓)}{每小时燃料消耗量\times燃料低位发热量}\times 100\% \qquad (2-7)$$

第三章 锅炉型号的构成及表示方法

第一节 工业锅炉型号

一、工业锅炉型号说明

我国机械行业标准《工业锅炉产品型号编制方法》(JB/T 1626—92),规定了额定蒸发量不大于 65 t/h 或额定蒸汽压力不大于 2.5 MPa 的固定式蒸汽锅炉和所有承压热水锅炉的型号编制方法。

工业锅炉产品型号由三部分组成,各部分之间用短横线相连,如下所示。

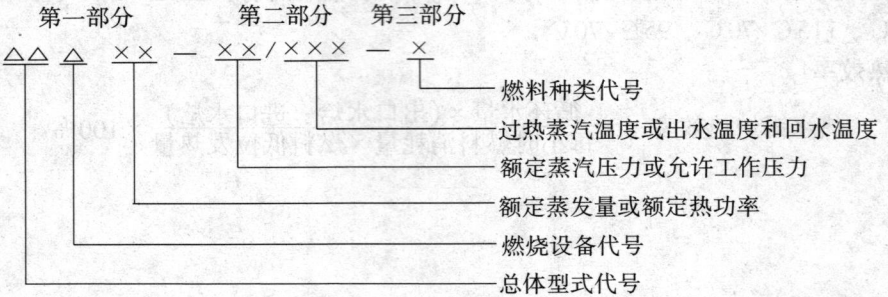

型号的第一部分表示锅炉和燃烧设备的型式,共分三段,第一段用两个汉语拼音字母代表锅炉总体型式,见表 3—1、表 3—2;第二段用一个汉语拼音字母代表燃烧设备,见表 3—3;第三段用阿拉伯数字表示蒸汽锅炉额定蒸发量为若干 t/h 或热水锅炉额定热功率为若干 MW。

表 3—1　　　　　　　　　　锅壳锅炉总体型式代号

锅壳锅炉总体型式	代号
立式水管	LS（立水）
立式火管	LH（立火）
卧式内燃	WN（卧内）

注:卧式水火管快装锅炉总体型式代号为 DZ。

表 3—2　　　　　　　　　　水管锅炉总体型式代号

水管锅炉总体型式	代号
单锅筒纵置式	DZ（单纵）
单锅筒横置式	DH（单横）
双锅筒纵置式	SZ（双纵）
双锅筒横置式	SH（双横）
纵横锅筒式	ZH（纵横）
强制循环式	QX（强循）

表 3—3　　　　　　　　　　　　燃 烧 设 备 代 号

燃烧设备	代号	燃烧设备	代号
固定炉排	G（固）	倒转炉排加抛煤机	D（倒）
固定双层炉排	C（层）	振动炉排	Z（振）
链条炉排	L（链）	沸腾炉	F（沸）
往复炉排	W（往）	室燃炉	S（室）
抛煤机	P（抛）		

型号的第二部分表示介质参数，共分两段，中间以斜线相连。第一段用阿拉伯数字表示额定蒸汽压力或允许工作压力为若干 MPa；第二段用阿拉伯数字表示过热蒸汽温度或出水温度和进水温度。蒸汽温度为饱和温度时，型号的第二部分无斜线。

型号的第三部分表示燃料种类。以汉语拼音字母代表燃料种类，同时以罗马数字代表燃料品种分类与其并列，见表 3—4。如同时使用几种燃料，主要燃料放在前面。

表 3—4　　　　　　　　　　　　燃 料 种 类 代 号

燃料品种	代号	燃料品种	代号
Ⅰ类劣质煤	LⅠ	褐煤	H
Ⅱ类劣质煤	LⅡ	贫煤	P
Ⅰ类无烟煤	WⅠ	型煤	X
Ⅱ类无烟煤	WⅡ	柴油	YC
Ⅲ类无烟煤	WⅢ	重油	YZ
Ⅰ类烟煤	AⅠ	天然气	QT
Ⅱ类烟煤	AⅡ	液化石油气	QY
Ⅲ类烟煤	AⅢ	其他燃料	T

二、工业锅炉型号举例

1. DZL4—1.25—AⅡ

表示单锅筒纵置式链条炉排，额定蒸发量为 4 t/h，额定工作压力为 1.25 MPa，蒸汽温度为饱和蒸汽温度，燃用Ⅱ类烟煤的蒸汽锅炉。

2. SHL10—1.3/350—WⅡ

表示双锅筒横置式链条炉排，额定蒸发量为 10 t/h，额定工作压力为 1.3 MPa，过热蒸汽温度为 350℃，燃用Ⅱ类无烟煤的蒸汽锅炉。

3. QXS1.4—0.7/95/70—YZ

表示强制循环室燃炉，额定热功率为 1.4 MW，允许工作压力为 0.7 MPa，出水温度为 95℃，进水温度为 70℃，燃用重油的热水锅炉。

第二节　电站锅炉型号

一、电站锅炉型号说明

《电站锅炉产品型号编制方法》（JB 1617—75）规定了电站锅炉型号的编制方法。

电站锅炉产品型号由三部分组成,各部分之间用横线连接。

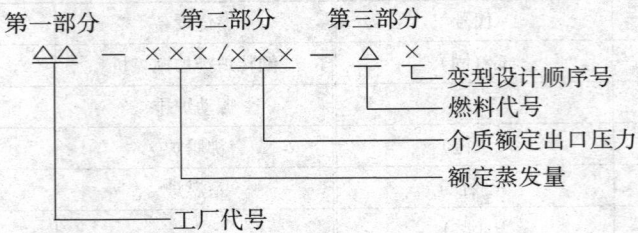

型号的第一部分为锅炉制造厂代号,用两个汉语拼音字母表示,部分制造厂代号见表3—5。

表3—5　　　　　　　　　　锅炉制造厂代号

制造厂名	代号	制造厂名	代号
北京锅炉厂	BG	上海锅炉厂	SG
东方锅炉厂	DG	无锡锅炉厂	UG
哈尔滨锅炉厂	HG	武汉锅炉厂	WG
杭州锅炉厂	NG	济南锅炉厂	JG

型号的第二部分为锅炉基本参数,分两段,中间用斜线分开。斜线前用阿拉伯数字表示蒸发量为若干 t/h,斜线后用阿拉伯数字表示介质出口压力为若干 MPa。

型号的第三部分为锅炉设计燃料代号和变型设计顺序号。锅炉设计燃料代号用汉语拼音字母表示,按下列规定:

燃"煤"炉用"M"表示;
燃"油"炉用"Y"表示;
燃"气"炉用"Q"表示;
燃其他燃料炉用"T"表示。

对于原设计已考虑可燃用两种燃料的锅炉,可用两种燃料代号并列。变型设计顺序号用阿拉伯数字表示,第一次原型设计无变型设计顺序号。对于使用联合设计图样制造的电站锅炉型号,可在型号的第一部分工厂代号后再加"L"表示。

二、电站锅炉产品型号举例

1. HG—670/13.7—M

表示哈尔滨锅炉厂制造的,蒸发量为670 t/h,介质出口压力为13.7 MPa的电站锅炉,设计燃料为烟煤,原型设计。

2. BG—220/9.8—Y1

表示北京锅炉厂制造的,蒸发量为220 t/h,介质出口压力为9.8 MPa的电站锅炉,设计燃料为重油,第一次变型设计。

3. JG—75/6.37—M2

表示济南锅炉厂制造的,蒸发量为75 t/h,介质出口压力为6.37 MPa的电站锅炉,设计燃料为煤,第二次变型设计。

4. UGL—130/3.82—M

表示无锡锅炉厂采用联合设计图制造的,蒸发量为130 t/h,介质出口压力为3.82 MPa的电站锅炉,设计燃料为煤,原型设计。

第四章 动力生产和供热锅炉的分类及结构特征

第一节 锅炉的分类

一、按用途分类
有电站锅炉、工业锅炉、生活用锅炉、船用锅炉和机车锅炉等。

二、按结构分类
有锅壳式锅炉和水管锅炉。

三、按压力分类
有低压锅炉（$p \leqslant 2.45$ MPa）、中压锅炉（2.45 MPa $< p < 3.8$ MPa）、高压锅炉（3.8 MPa $\leqslant p < 13.7$ MPa）、超高压锅炉（$p = 13.7$ MPa）。

四、按蒸发量分类
有小型锅炉（$D < 20$ t/h）、中型锅炉（$D = 20 \sim 75$ t/h）和大型锅炉（$D > 75$ t/h）。

五、按载热介质（工质）分类
有蒸汽锅炉、热水锅炉和特种工质（如联苯）锅炉。

六、按燃烧方式分类
有火床燃烧锅炉（层燃炉）、火室燃烧锅炉（室燃炉）、沸腾燃烧锅炉和循环流化床锅炉等。

七、按所用燃料或能源分类
有燃煤锅炉、燃油锅炉、燃气锅炉、余热锅炉、原子能锅炉和其他能源锅炉等。

八、按循环方式分类
有自然循环锅炉、强制循环锅炉、复合循环锅炉和直流锅炉等。

九、按锅炉出厂形式分类
有快装锅炉、组装锅炉和散装锅炉。

第二节 立式锅壳锅炉结构特征

立式锅壳锅炉是指锅壳纵向轴体竖直在地面上的小型锅炉。其优点是结构简单、移动方便、占地少、操作方便；缺点是热效率低、金属耗量高，适用于蒸汽需要量少的单位。常用的有双炉排反烧横水管锅炉、立式直水管锅炉、立式弯水管锅炉、立式直火管锅炉、立式横火管锅炉。

一、双炉排反烧横水管锅炉
1. 结构特征

双炉排反烧横水管锅炉主要由锅壳、炉胆、冲天管、横水管、棚管、水冷炉排管、上炉门、下炉门和U形圈等主要受压元件组成，如图4—1所示。

炉胆由炉胆筒节和炉胆顶组成。炉胆顶上面开有板边孔，与冲天管下端焊接，炉胆筒节上开有成排的管孔，布置了许多横水管，这是锅炉的主要受热面，每排横水管均倾斜 5°～10°，两排之间交叉垂直。在炉膛底部，焊有成排的水管，通常为多根 $\phi 51$～$\phi 76$ 的无缝钢管形成的炉排（水冷炉排）。为了保证水循环可靠，管子的倾斜角度一般是 10°～15°。在锅炉底部还布置有铸铁炉排，燃烧后的灰渣从铸铁炉排下的清灰门清出。

这种锅炉由于采用双炉排反烧，自然通风，燃烧效果好，不冒黑烟，减少了对大气的污染。受热面积大，烟气横向冲刷横水管，传热效果好，热效率高。但水冷炉排位于火焰温度最高处，极易结垢，因此，需进行水处理或定期除垢，否则，易将炉排管子堵塞甚至过热变形、烧穿。

2. 烟气流程和水循环回路

（1）烟气流程　双层炉排锅炉设有上下两层炉排和上、下炉门及清灰门。上炉门平时常开，是燃料和空气的入口。下炉门通常关闭，只在点火或清除灰渣时才打开。清灰门主要用于清除燃料燃烧后的灰渣，在运行时微开，下层炉排上焦炭粒子燃烧所需要的空气由此进入。一般来说，上炉门和清灰门的开度随煤种、负荷等因素而变化，是燃烧时调节风量的主要手段。

运行时，煤由上炉门间歇地添加在上层炉排口，煤层厚度为 150～200 mm，所以一次加煤量较大，可以维持较长时间。供燃烧用的空气也由上炉门进入。新煤受下面燃烧层的加热而得到预热、干燥，进而析出挥发分而着火燃烧。火焰和高温烟气由上炉排向下流动，称为逆向燃烧或反烧。一次燃烧着的煤粒和尚未燃尽的焦炭粒子，借自重和拨火时的搅动作用漏在下层炉排上，继续燃烧和燃尽。下层炉排中炭粒燃烧所需空气，则由清灰门自下而上通过下层炉排的通风空隙供给。燃烧所产生的烟气在上、下炉排之间的燃烧室汇集，而后经棚管与炉胆间的通道进入炉胆上部的横水管对流受热面，经冲天管和烟囱排出。燃烧生成的灰渣、大块渣由下炉门逆向反烧，煤的挥发分通过上层炉排上的灼热燃料层时，基本上可以燃尽。即使有少量尚未燃尽，在流过高温燃烧室和下层炉排上火红的焦炭层表面时，仍能得以燃尽，从而消除了冒黑烟的现象。由于上、下炉排都有可燃物在燃烧，因此炉膛温度较高，而空气由上炉门和清灰门流入，方向相反，炉内气流扰动也比一般手烧炉强烈，燃烧条件得到改善。

双层炉排反烧横水管锅炉烟气流程框图如图 4—2 所示。

（2）水循环回路　给水从锅炉下部进入锅壳和炉胆之间的空间内，经水冷炉排管和炉胆壁加热后向上流动，再经对流受热面横水管继续加热，形成汽水混合物向上流动，产生的蒸汽汇集在锅壳顶部的蒸汽空间，而温度较低的水则沿锅壳壁向下流动，形成自然循环。

二、立式直水管锅炉

立式直水管锅炉由封头、上管板、下筒节、下筒板、直水管、下降管、喉管等主要受压元件组成，如图 4—3 所示。

这种锅炉的直水管全部竖直布置，中间位置为直径较大的下降管，因此水循环好，水管多，上、下管板都浸在水中，受热面积大，烟气对全部水管进行横向冲刷，传热效果好，排烟温度低，热效率高。但由于炉膛水冷度大，炉膛温度较低，不适合烧劣质煤。

三、立式弯水管锅炉

立式弯水管锅炉，由锅壳、炉胆、弯水管、U 形下脚圈等主要受压元件组成，如图 4—4 所示。

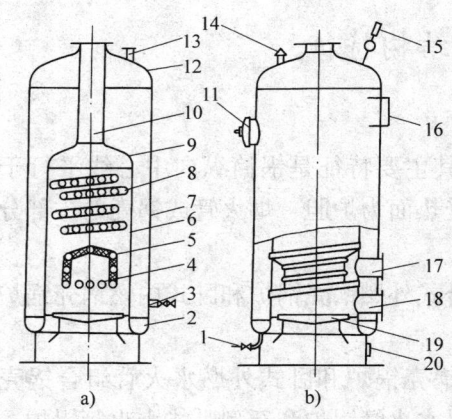
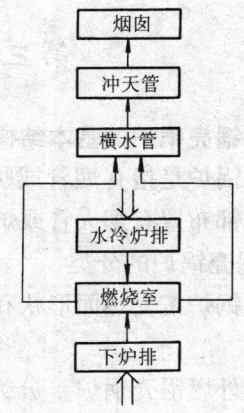

图 4—1 双炉排反烧横水管锅炉
　a）正面结构示意图　b）侧面结构示意图
1—排污阀　2—U形圈　3—进水管　4—水冷炉排管
5—棚管　6—炉胆筒节　7—锅壳筒节　8—横水管
9—炉胆顶　10—冲天管　11—人孔　12—封头
13—主气阀座　14—安全阀座　15—压力表
16—水位表　17—上炉门　18—下炉门
19—下炉排　20—清灰门

图 4—2 双层炉排反烧和横水
　管锅炉烟气流程框图
→为烟气流动方向
⇒为空气流动方向

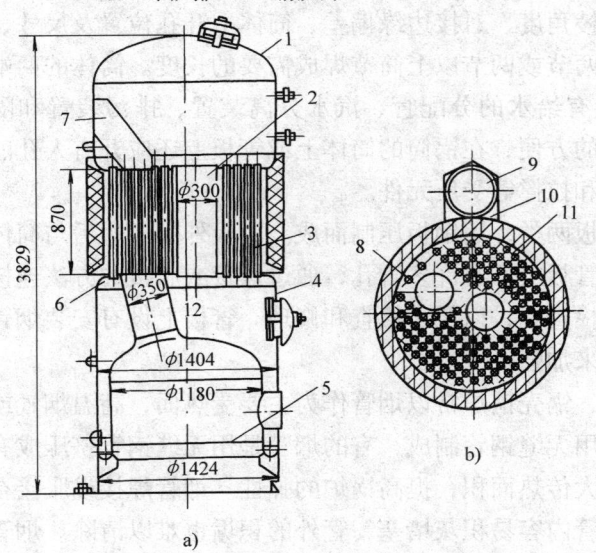
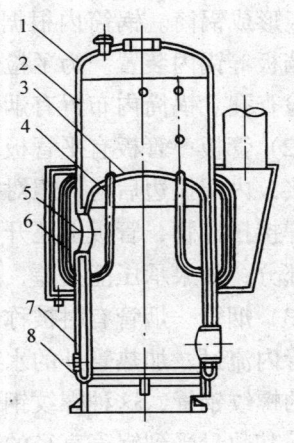

图 4—3 立式直水管锅炉结构简图
　　a）侧面结构示意图　b）断面结构示意图
1—封头　2—下降管　3—直水管　4—下筒节
5—炉排　6—下管板　7—拉撑　8—喉管
9—烟囱　10—烟箱　11—上管板

图 4—4 LSG型立式弯水管锅炉
1—封头　2—锅壳　3—炉胆顶
4—内弯水管　5—喉管　6—外弯水管
7—炉胆　8—U形下脚圈

这种锅炉中部锅壳被烟箱包围，受高温烟气冲刷，增加了受热面，提高了热效率，采用弯水管形式，整个结构弹性好，水循环较好，炉膛内布置有弯水管，吸收炉膛辐射热好，但使炉膛水冷度增大，炉温降低，需燃用优质煤。

第三节　卧式锅炉结构特征

一、卧式锅壳锅炉的基本结构

卧式锅壳锅炉是指有烟管或炉胆的卧式锅炉，其主要特征是锅筒纵向中心线平行于地面，在锅筒内部布置有烟火管或炉胆，锅炉的主要受热面为炉胆、烟火管或锅壳的一部分。

1. 卧式锅壳锅炉的分类

卧式锅壳锅炉按受热面形状和炉膛位置可分为卧式外燃锅壳锅炉和卧式内燃锅壳锅炉两类。

（1）卧式外燃锅壳锅炉　分为早期的卧式外燃锅壳锅炉和卧式外燃水火管组合锅壳锅炉。卧式外燃水火管组合锅壳锅炉又可分为卧式外燃水火管锅炉和新型卧式水火管锅炉。

（2）卧式内燃锅壳锅炉　可分为燃煤卧式内燃锅壳锅炉和燃油卧式内燃锅壳锅炉。燃油卧式内燃锅壳锅炉又可分为干背式和湿背式两种。

2. 卧式锅壳锅炉的主要受压元件

卧式锅壳锅炉的主要受压元件有筒体、管板、炉胆、烟管、拉撑件、水管、集箱和人孔盖、手孔盖等，现对其中主要的受压元件简介如下。

（1）筒体　锅壳锅炉的筒体也叫锅壳，是用钢板卷制成圆筒形再对接焊成的。筒体除了对材质、强度有要求外，还对椭圆度、棱角度、对接边缘偏差、筒体上开孔位置及尺寸、焊缝位置及质量有具体规定。筒体一般由两节或两节以上筒节焊成需要的长度。筒体的两端焊有管板形成锅筒。锅筒内根据需要布置有给水的分配管、汽水分离装置、排污装置和隔水板、挡板等锅内装置。为了检修和安装的方便，在锅筒的筒体上或管板上还应开有人孔、手孔或检查孔。锅筒内布置有烟管、炉胆和拉撑等受压元件。

（2）管板　管板有平管板和凸形管板两类，用钢板压制而成。管板外圈扳边后与筒体对接焊接，内圈扳边后与炉胆对接焊接。管板上开有许多管孔，通过焊接或胀接的方法连接烟管和焊接拉撑管，管板上还开设人孔或检查孔，以便于检查和修理。管板上设有安装烟管的平板部分，如果承压能力差，要用拉撑来加强。

（3）烟管　烟管有时被称为烟火管，锅壳锅炉常以烟管作为主要受热面，高温烟气或火焰从管内流过，加热管外的水。烟管是用无缝钢管制成，有的烟管是用无缝钢管挤压成有螺旋槽的螺纹钢管，这种螺纹钢管可以增大传热面积，提高锅炉的弹性。烟管焊接或胀接在管板上，其数量受到锅壳直径的限制。烟管内容易积灰堵塞，管外的积垢也难以清除。烟管伸出管板不宜过长，以免管端因无水冷却而过热烧坏。

（4）炉胆　炉胆是大直径的火管，它是一种受外压的圆筒形的元件。炉胆有平炉胆和波形炉胆两种。目前卧式锅壳锅炉上通常用的都是波形炉胆，其壁厚应根据强度计算确定，最小不应小于 8 mm。炉胆是锅炉中工作环境最恶劣的受压元件，它既要承受高温火焰的燃烧，又要承受锅炉内介质的外压，因此，要求炉胆强度高，弹性好。

（5）水管　卧式锅壳锅炉也装有水管，在炉膛中的水管其上端与锅壳相连，下端和集箱相连，位于炉膛内，接受火焰的辐射热，这类水管叫做水冷壁管。通常水冷壁管采用外径为 51～63.5 mm 的无缝钢管制成，有的在水冷管壁之间焊有鳍片，能更多地吸收炉膛的辐射热,但加工不良时会在运行中产生裂纹,严重的还会撕裂水冷壁管,因此,一般不焊鳍片。

下降管一般布置在锅炉的四角处,上端连接在锅筒的较低位置,下端连接在集箱上,以便将锅筒中温度较低的水送到集箱中再分配给各水冷壁管。下降管应用耐火绝热材料绝热保温,使其不受热,以保证水循环可靠。在锅筒后部还有被称为后棚管的水管,它既对后燃烧室起支撑作用,又能吸收一部分烟气热量。

(6) 集箱 集箱是用直径较粗(一般外径大于100 mm)的无缝钢管制成。集箱的两端焊有集箱端盖,集箱端盖有平的也有凸形的,上面设有手孔。有的集箱两端直接旋压收口成凸形封头成型,可以直接焊上手孔加强圈后安装。集箱接受下降管或下锅筒的供水,分配给上升管,保证锅炉正常水循环。

(7) 拉撑件 卧式锅壳锅炉的管板上平板部分局部强度不足时通常用拉撑件来加强。用拉撑件来加强不仅可以提高局部平板的强度,降低整个管板材料的厚度,还可以改善加强部位受力的状况。

锅壳锅炉上常用的拉撑件有斜拉撑、长杆直拉撑和拉撑管等形式。斜拉撑又有角板拉撑和圆钢斜拉撑两种结构。拉撑件和被加强件及连接件的连接形式是焊接。

拉撑加强的强度与拉撑支撑的面积、拉撑件本身的强度及连接处的强度有关。拉撑件不允许拼接。一般外露的拉撑件,如长杆直拉撑和圆钢斜拉撑,其伸出管板的端部中间钻有小孔,该孔称为警告孔,拉撑件端部产生裂纹时,孔中会有汽水喷出。

(8) 人孔、头孔、手孔、检查孔及孔盖 人孔是锅筒上开设的专为人进去用的孔,一般为椭圆形,其尺寸不得小于280 mm×300 mm,人孔的最小密封平面宽度为18 mm。锅筒内径大于1 000 mm的锅壳式锅炉,应在筒体或封头(管板)上开设人孔,锅筒内径为800~1 000 mm的锅壳式锅炉,至少应在筒体或封头(管板)上开设一个头孔,椭圆头孔不得小于220 mm×320 mm,颈部或头孔圈高度不应超过100 mm。锅炉受压元件上,手孔短轴不得小于80 mm,人孔、头孔和手孔的数量和位置应能满足安装、检修和清洗的需要。

人孔盖、头孔盖及手孔盖均要采用内闭式结构,以防止热水或蒸汽喷出伤人。各种孔盖的厚度应按强度计算来确定。

二、卧式外燃锅壳锅炉

早期的卧式外燃锅壳锅炉和卧式外燃水火管组合锅壳锅炉,由于均存在很多缺陷,已不再生产。现生产的是新型卧式外燃水火管锅炉。这种锅炉由筒体、凸形管板、螺纹烟管、水冷壁管、用水冷壁管形成的翼形烟道、下降管和集箱等主要部件组成,如图4—5所示。

1. 结构特征

新型卧式外燃水火管锅壳锅炉与早期卧式水火管锅壳锅炉相比,主要在以下几个方面进行了改进:

(1) 螺纹烟管 螺纹烟管结构简单,但传热效果十分显著,经换热与流阻优化后,一根螺纹烟管的传热量约相当于相同外径的普通钢管的1.7~1.8倍。

(2) 翼形烟道 利用水冷壁管上部拉开的办法形成翼形烟道,翼形烟道下部水冷壁管及其上的挡墙可以完全遮挡住来自炉膛及炽热煤层的辐射热。锅壳底部主要接受翼形烟道的对流换热量,所以锅壳底部的热负荷明显减小,可防止鼓包的产生。

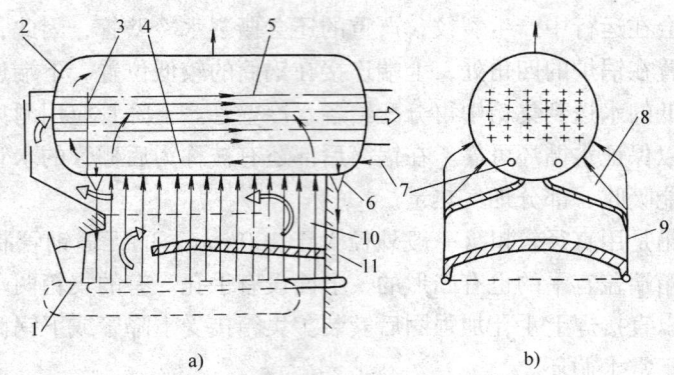

图4—5 新型卧式外燃水火管锅壳锅炉结构
a) 侧面结构示意图 b) 正面结构示意图
1—护排 2—凸形管板 3—回水导向罩 4—回水分配管 5—螺纹烟管 6—引射管
7—回水管 8—翼形烟道 9—水冷壁管 10—烟尘分离室 11—下降管

(3) 凸形管板 凸形管板的凸形部分由椭圆线构成，应力状态较好，不需拉撑件，而且具有一定的柔性。它与刚性较小的螺纹烟管相配合，整体刚性明显下降，构成"准弹性体"，运行时，对防止烟管端部焊缝的热应力有明显效果。

(4) 给（回）水引射和分配装置 在热负荷高的上升管内壁，高温管板和锅筒底部如果水流速度不大，则可产生过热沸腾现象。为防止产生热沸腾现象，可以采取给（回）水引射和分配装置。

这种锅炉由于采用了螺纹烟管、翼形烟道、凸形管板和给（回）水引射和分配装置等新结构，因此，可以有效地防止卧式外燃水火管锅壳锅炉的管板裂纹、锅壳底部鼓包和水冷壁管爆管等严重缺陷，而且比早期卧式外燃水火管锅壳锅炉多布置受热面，从而增加了锅炉出力和热效率，减小了体积，减少了耗钢量，节省投资。另外，这种锅炉的炉膛较大，布置有前后拱，炉膛顶部有翼形烟道遮挡，炉膛温度高，燃烧状况良好，对煤种的适应性也好。

2．烟气流程和水循环回路

(1) 烟气流程 煤在炉排上燃烧后，火焰和高温烟气辐射炉膛内的水冷壁管，然后从后拱上方进入翼形烟道底部，向后流动冲刷露在外面的水冷壁管，流至锅炉后部，折入翼形烟道中由后向前冲刷翼形烟道中的水冷壁管和锅筒外壁，流至锅炉前部后，在高温管板处的烟箱内再转向180°，折入螺纹烟管中由前向后流动，冲刷螺纹烟管，最后从锅炉后部排出。

(2) 水循环回路 这种锅炉的水循环是自然循环，可以分为两个回路。一个回路是从给（回）水分配管中进入锅筒后，经下降管流至两侧集箱内，再分配给各水冷壁管，吸热后上升进入锅筒，形成自然循环。分配管上的回水引射装置可以增加循环水流速，保证循环可靠。另一个回路是锅筒内靠近螺纹烟管群的水受热上升，而锅筒壁附近的水下降，形成自然循环。在靠近高温烟管处，给（回）水分配管可以增加管板内壁附近的流速，防止产生过热沸腾。翼形烟道下部的水冷壁管连接到锅筒底部，进入的水可以起一定的扰动作用，有利于防止垢渣沉积和过热沸腾的产生，防止锅壳底部鼓包。

三、卧式内燃锅壳锅炉

卧式内燃锅壳锅炉属于多回程烟火管锅炉，主要由锅壳、带有膨胀环的炉胆、烟管、前后管板和拉撑等受压元件组成。这种燃煤锅炉由于炉胆内既要布置燃烧设备，又要作为燃料的燃烧空间，燃烧空间小，炉膛水冷程度高，因此，对煤质要求也高。

卧式内燃锅壳锅炉由于炉胆为波浪形，适合燃油、燃气，所以，作为中型燃油、燃气炉较合适，现已普遍使用。卧式内燃燃油（气）锅壳锅炉一般分为干背三回程和湿背三回程两种。

1．卧式湿背三回程燃油（气）锅壳锅炉的结构特征

如图4—6所示，卧式湿背燃油（气）锅壳锅炉由锅壳、炉胆、回燃室、烟管、前后管板和拉撑件等主要受压元件组成。

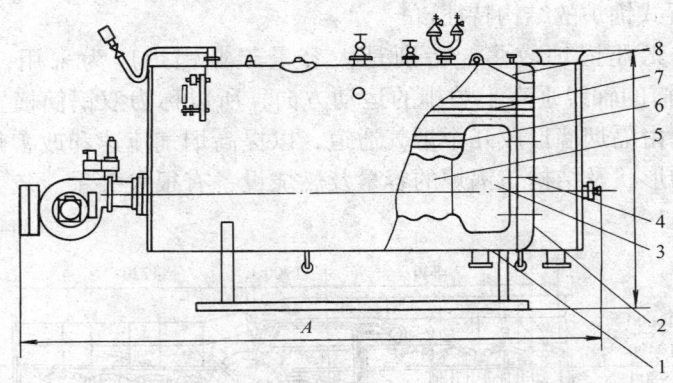

图4—6　卧式湿背三回程燃油（气）锅壳锅炉
1—锅壳　2—后管板　3—回燃室　4—短拉撑　5—炉胆　6—短烟管　7—长烟管　8—斜拉撑

这种锅炉的锅壳与燃煤卧式内燃锅炉相同，炉胆也是带有膨胀环的波浪形炉胆，但较短，前端与前管板连接，后端与回燃室连接。回燃室位于锅壳内的炉胆后面，回燃室的直径比炉胆直径大，其前管板与炉胆后端对接，对接板边孔外侧布置有部分管孔，上面焊有烟管。回燃室后壁与锅壳后管板之间焊有短圆钢直拉撑，以支撑固定回燃室。

卧式内燃燃油（气）锅壳锅炉结构紧凑，波形炉胆膨胀性好，烟气流程长，以燃油、燃气作燃料时，锅炉出力和热效率均能较好地保持稳定。但采用燃油、燃气为燃料的锅炉，其送风、引风、燃料供应以及安全使用等方面均应采用自动控制装置，并有相应的连锁保护装置。

2．烟气流程和水流循环回路

（1）烟气流程　燃油或燃气经燃烧器喷入炉胆内燃烧，高温火焰直接辐射冲刷炉胆内壁，然后进入回燃室，这是第一回程。高温烟气在回燃室内转向折入短烟管，冲刷后流向前管板，这是第二回程。然后在前烟箱内折入外侧长烟管向后流动，冲刷长烟管，这是第三回程。最后经后烟箱流入烟囱排出。

（2）水循环回路　其水循环回路与燃煤卧式内燃锅壳锅炉相同，也是自然循环。靠近炉胆的回燃室和短烟管处的水吸收热量多，温度高，重度小，所以水向上流动。长烟管周围和锅壳壁附近的水因吸收热量较少，温度较低，重度较大，所以向下流动，从而构成自然循环回路。

四、水管锅炉

水管锅炉的锅筒内不布置烟管受热面,蒸汽和水的容积相对较大,对负荷变化适应能力强,上锅筒可以安装完善的汽水分离装置,蒸汽品质有保证。由于锅筒不受热,水冷壁管及锅炉管束可以和锅筒采用胀接,也可以焊接,不会发生像烟管锅炉那样由于热应力引起的接口泄漏现象。

水管锅炉的主要特征反映在锅筒的数目和布置方式上,比较典型的结构形式有"D"形布置的双锅筒纵置式锅炉、"O"形布置的双锅筒纵置式锅炉、双锅筒横置式锅炉和单锅筒纵置式锅炉。

1. 双锅筒横置式锅炉的结构特征

这种布置形式工业锅炉较多,特别是大容量工业锅炉广为采用,容量范围从 2～20 t/h。上、下锅筒的轴线垂直于炉排的运动方向,所以称为双锅筒横置式锅炉。锅炉管束置于锅炉后部,由隔烟墙形成几个烟气通道,以提高烟气流速和改善烟气对受热面的冲刷性能。燃烧室的形状及结构与锅炉的容量及燃烧设备有很大关系。较大容量的锅炉如图 4—7 所示。

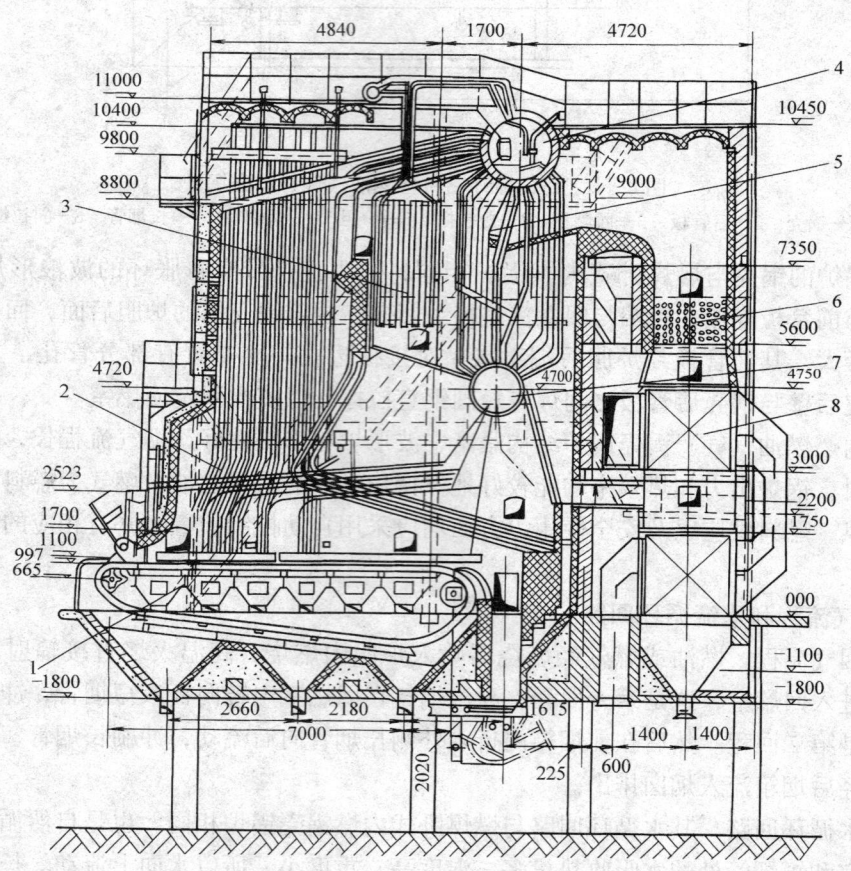

图 4—7 SHL20—1.3/350—AⅡ型双锅筒横置式链条炉排水管锅炉
1—炉排 2—水冷壁 3—过热器 4—上锅筒
5—对流管束 6—省煤器 7—下锅筒 8—空气预热器

燃烧室是由几个独立循环回路的水冷壁构成，前、后墙水冷壁管的上部直接引入上锅筒，下部由下集箱引出后分别作为前、后拱的炉烘管。燃烧室烟气从燃烧室上部的烟窗口出去进入对流烟道。上锅筒内一般都装有完善的汽、水分离设备，直径一般比下锅筒大。锅炉尾部布置有省煤器和空气预热器等尾部受热面。需要时，在对流烟道上还安装有蒸汽过热器系统。

2．烟气流程和水循环回路

（1）烟气流程　SHL20—1.3/350—AⅡ型锅炉的燃烧设备是机械化的链条炉排，炉排是鳞片式的，采用分段送风。出灰有灰渣井，井中有碎渣设备。锅炉炉膛内设有前后拱，在燃用不同煤种时拱的线型设计也不同。燃烧后的烟气从炉膛后上方进入对流区，在炉膛出口处先冲刷由后水冷壁和第一组对流管束构成的防渣管排，然后冲刷过热器，经过过热器后先向下再向后转180°，呈"S"形曲折向上冲刷第二、第三组对流管束，然后从第三组管束的上部向下折入尾部烟道，依次冲刷省煤器和空气预热器，最后经烟气出口进入除尘器，由引风机通过烟囱排入大气。

（2）水循环回路　这种锅炉共有7条独立的循环回路。给水经省煤器进入上锅筒后经对流管束及循环回路中的下降管束，将水送入下锅筒，并在对流管束的循环回路中循环。由于对流管束各部分受热程度不同，受热较强的一部分管子相当于上升管，受热较弱的一部分管子相当于下降管，由于燃烧工况的不断变化，上升管束和下降管束没有明显的界限，对流管束本身形成水循环，即上锅筒→下降管束→下锅筒→上升管束→上锅筒。在炉膛的6条水循环回路中（前后各1条，左右各2条），温度较低的水分别由上锅筒或下锅筒经下降管送入各自的下集箱中，通过集箱将水分配至每一根水冷壁管，其中前后水冷壁管内的汽水混合物直接流入上锅筒，而两侧水冷壁管内的汽水混合物先汇集到上集箱，再经过导管流入上锅筒。汽水混合物在锅筒内经汽水分离后，水继续循环，蒸汽由主气阀、主气管导入过热器中，经过加热成为过热蒸汽后供给用汽设备使用。

这种锅炉结构合理，整体弹性好，各种受热面布置齐全，蒸发量大，工作压力较高，炉膛容积大，可以合理布置炉拱，合理布风，燃烧状况良好稳定，传热效果好，水循环可靠，热效率高。但这种锅炉辅助设备较多，运行管理较复杂，对水质要求高，设备投资大。

第五章 锅炉受热面分类及构造

第一节 辐射受热面

辐射受热面主要是指布置在炉膛四周接受火焰高温辐射热的水冷壁。

水冷壁由一系列管子组成,它们是水管锅炉的主要蒸发受热面。

水冷壁一般用无缝低碳钢钢管弯制焊接而成,管间间距及管子长度根据蒸发量及燃烧、传热的情况来确定,管子总体形状则取决于炉膛形状,因炉而异。

水冷壁的下端连接到集箱上,上端则可以直接连接在锅筒上,也可以通过集箱再与锅筒连接。高参数大容量锅炉的水冷壁管全部是通过集箱后再由汽水导出管连接于锅筒的,小型锅炉的水冷壁上端则往往直接连接到锅筒上。

根据水冷壁管相互连接方式的不同,可分为光管水冷壁和膜式水冷壁两种。

光管水冷壁的管子横向互不连接,管间有一定宽度的间隙。

膜式水冷壁是 20 世纪 60 年代出现的结构,这种水冷壁的管间焊有条形钢板或用特制的鳍片管沿鳍片焊接而成,故无管间间隙。小型锅炉用的膜式水冷壁通常采用焊有条形钢板的结构。鳍片管的轧制工艺复杂,成本较高,一般用于高压大型锅炉。

膜式水冷壁可以更有效地吸热和保护炉墙,特别是强化燃烧的正压锅炉,可以提高蒸发率,因为膜式水冷壁提高了炉膛的密封性能,同时大大简化了炉墙的结构。

第二节 对流管束与过热器

一、对流管束

大多数低压水管锅炉,在烟气温度较低的区域,采用上下锅筒,中间用对流管束胀接。对流管束主要是受烟气的横向冲刷,因此传热情况较好。它的作用是吸收高温烟气的热量,增加锅炉受热面。对流管束吸热情况与烟气流速、管子排列方式、烟气冲刷方式等有关。对流管束的排列和烟气冲刷管束的形式如图 5—1 所示。

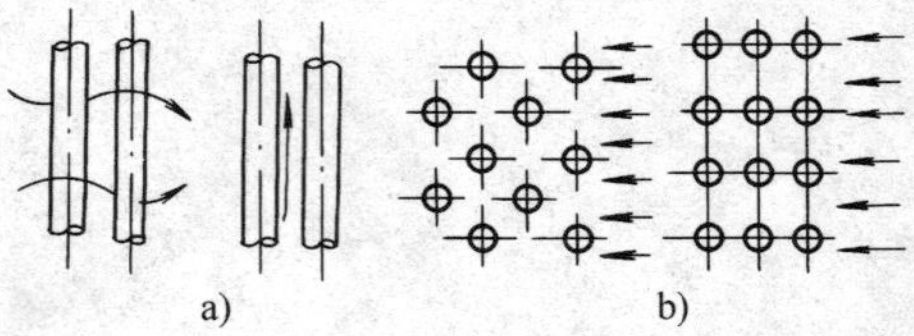

图 5—1 烟气冲刷管束形式
a) 立面示意图 b) 横断面示意图

二、过热器

过热器是蒸汽锅炉上的辅助受热设备。它的作用是在压力不变的情况下,从锅筒中引出饱和蒸汽,再经加热,使饱和蒸汽中的水分蒸发并使蒸汽温度升高,从而提高蒸汽品质,成为过热蒸汽。过热器根据传热方式分为对流式、半辐射式、辐射式三种。工业锅炉的过热器均为对流式。对流式过热器由无缝钢管弯制的蛇形管和两个或两个以上的集箱组成。过热器钢管和集箱的连接采用焊接。

对流式过热器根据蛇形管的布置形式可分为立式和卧式两种,如图 5—2 所示。

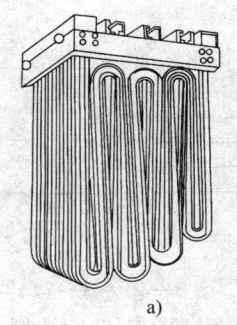
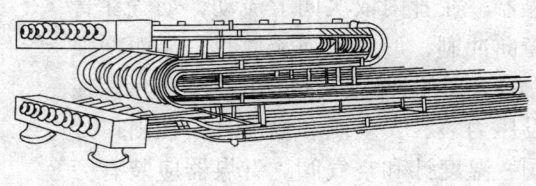

图 5—2 过热器形式
a) 立式 b) 卧式

立式过热器又称垂直式过热器,是垂直地悬挂在烟道中,蛇形管不需另加吊装装置。支承集箱的钢架可以固定在炉墙或烟道外部的钢架上,能使过热器管自由伸缩。这种过热器不易积灰,但管内易积存凝结水,疏水困难。在锅炉生火前,必须开启过热器疏水阀,将过热器管中的水吹干净。卧式过热器又称水平式过热器,其优点是疏水方便,缺点是管子间易积灰,需要悬吊装置。因置于高温区域,悬吊装置需选用耐热钢。所以常用的是立式过热器。

第三节 省 煤 器

省煤器的作用是利用锅炉尾部的热量加热提高给水温度,降低排烟温度,减少热损失,提高锅炉效率,节约燃料。省煤器按照给水被加热的程度不同可分为非沸腾式省煤器和沸腾式省煤器,按照制造材料的不同可分为铸铁式省煤器和钢管式省煤器。

一、铸铁式省煤器

铸铁式省煤器由许多带鳍片的铸铁管构成,各管之间用铸铁弯头连接,给水依次流过各根铸铁管。铸铁省煤器结构如图 5—3 所示。

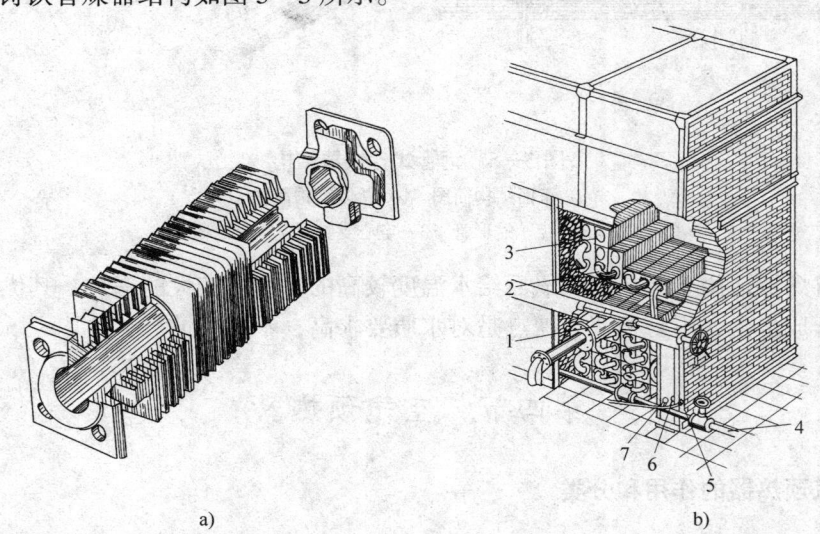

图 5—3 铸铁省煤器结构
a) 省煤器管结构简图 b) 省煤器结构简图
1—吹灰器 2—连接弯头 3—省煤器管 4—给水管 5—安全阀 6—温度计 7—压力表

省煤器管子上的鳍片主要是为了增加管子受热的表面积。鳍片的形状有圆形和方形两种。给水从下层进入省煤器，在管内依次向上流动，烟气在管外从上向下横向冲刷，形成了逆流放热，从而增强了供热效果。省煤器的管路系统如图5—4所示。在进口处应装设压力表、安全阀和温度计，在出口处应装设安全阀、温度计和空气阀。省煤器应装有旁通烟道，目的是防止锅炉损坏不能马上停炉时，烟气可由旁通烟道进入，绕过省煤器，以免过烧损坏。无旁通烟道时，如要保护省煤器则应连续进水，可装设再循环管路，使省煤器出水通入回水箱。

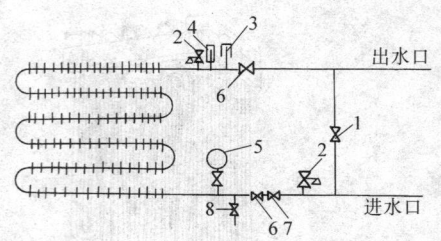

图5—4 铸铁省煤器管路系统
1—旁路阀 2—安全阀 3—温度表
4—空气阀 5—压力表 6—截止阀
7—止回阀 8—放水阀

铸铁省煤器的主要优点是耐磨和抗腐蚀，对于无给水除氧设备的小型低压锅炉比较适宜，缺点是较笨重，容易堵灰和漏水。

二、钢管式省煤器

钢管式省煤器由一系列平行的蛇形钢管和集箱构成。管子一般交叉排列，外径为25～48 mm，水平布置，管子与集箱的连接采用焊接方式。钢管式省煤器结构如图5—5所示。

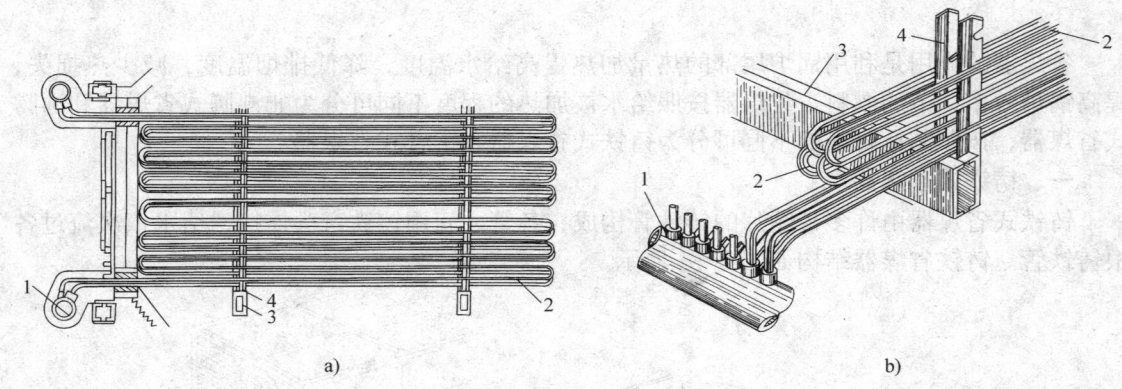

图5—5 钢管式省煤器结构
a) 正面结构简图 b) 立体结构简图
1—集箱 2—蛇形管 3—空心支持梁 4—支架

钢管式省煤器适用于经热力除氧后给水温度较高的、容量较大的锅炉。其优点是能承受高压，不怕形成水击，不易积灰，缺点是对水质要求高，不耐腐蚀。

第四节 空气预热器

一、空气预热器的作用和分类

1. 作用

空气预热器的作用是利用省煤器排出的烟气的热量加热燃烧用的空气，以利燃料着火和燃烧，并可降低排烟温度，提高锅炉效率。

2．分类

（1）空气预热器按传热方式可分为导热式和再生式两类。导热式空气预热器有板式和管式两种；再生式空气预热器主要为回转式。

（2）空气预热器按所用材料又可分为铸铁式和钢管式空气预热器。工业锅炉上广泛应用的主要类型为钢管式空气预热器。

二、空气预热器构造

钢管式空气预热器可分为立式和卧式两种，立式应用最广，其结构如图5—6所示。它通常由直径为40～51 mm，壁厚为1.5～2 mm的无缝钢管和有缝钢管制成，管子两端垂直地焊接在上下管板上。烟气在管内自上而下纵向冲刷，空气在管外横向流过。管子在空气流通的方向上一般成交错排列，管内烟速一般保持在12～16 m/s，以保证具有自动吹灰的作用，避免另外再装设吹灰设备。因考虑到不使阻力过大，空气流速一般常取5～9 m/s。为了保证空气流速和良好的传热，常使空气沿预热器高度方向绕流，因此上下管板之间还设有分隔板，并有导流箱。管子排列紧密，并采用较小直径的管子，以增强传热并使空气预热器的结构紧凑。

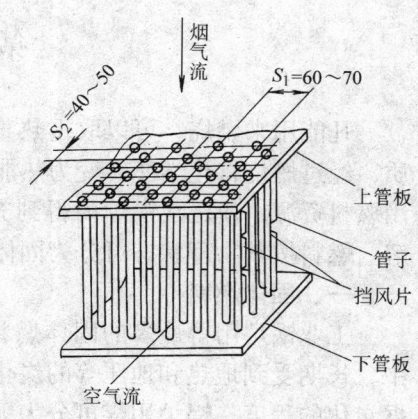

图5—6 钢管式空气预热器示意图

钢管式空气预热器的优点是结构简单，质量轻，体积小，造价低，管子连接处比较严密，空气不易漏入烟道。

第六章 燃料、燃烧及燃烧调整

第一节 燃料种类

凡能用来燃烧，可以取得热量的一切可燃物质都称为燃料。燃料是锅炉工作的基本物质，经过燃烧将化学能转变为热能。燃料的种类很多，其性能差异也很大。要经济合理地利用燃料资源，使之在锅炉内得到充分的燃烧，就应对燃料的种类及基本性能有较全面的了解。燃料按其物理状态可分为固体燃料、液体燃料、气体燃料。

一、固体燃料

工业锅炉用得最多的固体燃料是煤。煤是远古时代的植物，因地壳变化被埋于地层之中，长期受到地热和地压等的炭化作用形成的。由于炭化程度不同形成了各种类型的煤。根据炭化的程度，锅炉用煤可分为无烟煤、贫煤、烟煤、褐煤、劣质煤等。

我国工业锅炉用煤的分类方法基本上采用《中国机械工程手册》中"锅炉设计代表性煤种分类表"的方法，见表6—1。

表6—1　　　　　　　　　工业锅炉用煤种类分类表

煤种		挥发分 V（%）	水分 W（%）	灰分 A（%）	应用基低位发热量 Q（kJ/kg）
无烟煤	Ⅰ	5～10	<10	>25	14 650～20 934
	Ⅱ	<5	<10	<25	>20 934
	Ⅲ	5～10	<10	<25	>20 934
贫煤		10～20	<10	<25	>18 841
烟煤	Ⅰ	≥20	7～15	>40	11 300～15 490
	Ⅱ	≥20	7～15	<40	15 490～19 680
	Ⅲ	≥20	7～15	<25	>19 680
褐煤		38～60	>20	>30	8 374～14 654
石煤、煤矸石		2～30		>50	<10 467

二、液体燃料

锅炉用的液体燃料通常是重油和渣油，是石油炼油后的残余物。它的主要成分是碳（C）、氢（H）化合成的烃类化合物及少量硫（S）、氧（O）、氮（N）的化合物，还有沥青胶质物等组成的灰分及少量水分，因 C、H 是含有的主要元素且含量高，所以发热量高。因燃油含有的杂质（灰分）很少，在正常燃烧时的产物仅为挥发气体。由于大量 H 元素的存在，烟气中含有大量燃烧生成的水蒸气，如硫化物含量高，更易造成尾部受热面的腐蚀，所以油中 S 的危害很大。油中水分是在生产和运输过程中混入的，在燃烧时会在火焰中急剧膨胀引起火焰脉动，使燃烧不稳甚至熄火。所以燃油在贮罐存放过程中应进行脱水，水分含量越少越好。

根据我国颁发的燃油分类标准，一般将燃料油根据其在80℃时的流动黏度增大次序分为

20 号、60 号、100 号、200 号等 4 个规格牌号，供锅炉用的部分重油特性质量指标见表 6—2。

表 6—2　　　　　　　　　　　重油特性质量指标

项　目	重油牌号			
	20 号	60 号	100 号	200 号
恩氏黏度°E_{80} 不大于	5.0	11.0	15.5	27
闪点（℃）不低于	80	100	120	130
凝固点（℃）不高于	15	20	25	36
机械杂质（%）不大于	1.5	2.0	2.5	2.5
硫分（%）不大于	1.0	1.5	2.0	3.0
灰分（%）不大于	0.3	0.3	0.3	0.3
水分（%）不大于	1.0	1.5	2.0	2.0

表中所列的前四项特性指标，不仅反映了燃油的质量，而且还与安全使用密切相关。

燃油的黏度随着温度的升高而降低，温度高于 120℃ 时，其变化已不明显。为了便于燃油的管道输送和燃烧，则需要先预热。预热温度如果偏低则黏度大，流动慢，如果温度过高则易引起剧烈的气化，将会造成跑罐甚至发生火灾。所以预热时要根据不同牌号控制预热温度，预热温度以比闪点低 4℃ 为宜。

燃油被加热过程中表面蒸发的油气与空气混合后遇到火种能闪出火花，但又立即熄灭的最低温度称为闪点。如果温度继续升高，闪出的火花不再熄灭，可以使油气继续燃烧，这个温度称为燃点。一般燃点比其闪点高约 7～10℃。闪点是燃油着火燃烧操作的最低极限温度，以此控制其安全性。

凝固点是燃油丧失流动性的最高温度。它是贮运的重要指标。机械杂质是指油中含有的泥沙等固体颗粒，它的存在会使喷燃器小孔堵塞或磨损，是油中的有害成分，含量越少越好。

液体燃料易实现完全燃烧，燃烧的温度高，热辐射能力强，便于实现机械化、自动化操作，因而液体燃料可以改善劳动条件，减少环境污染。

三、气体燃料

锅炉用气体燃料主要有天然气、高炉煤气和焦炉煤气，工业锅炉上常用的是天然气。

天然气是碳氢化合物、硫化氢和一些惰性气体的混合物，主要成分是甲烷（CH_4），其次是乙烷（C_2H_6）和丙烷（C_3H_6），还有少量的硫化氢（H_2S）、二氧化碳（CO_2）、氮气（N_2）及水分等，其发热量很高，可达 37 700 kJ/m^3，且不污染环境。

气体燃料运输方便，易于着火燃烧，调节控制也方便，容易实现机械、自动化运行操作，对环境污染小，所以是比较理想的燃料。但是，有些气体有毒性，而且易燃、易爆，所以在燃用时必须严格执行安全操作规程。

第二节　燃料的成分

固体燃料和液体燃料由碳（C）、氢（H）、硫（S）、氧（O）、氮（N）、灰分（A）和水分（W）组成，但燃料不是这些成分的机械混合，而是一种极为复杂的化合物。燃料的这种组合表示法称为元素分析成分。气体燃料成分是指组成燃料气体的每一种气体，如：CO_2、CO、H_2、N_2、O_2、CH_4、C_2H_6、C_4H_{10}等。下面介绍一下煤的化学成分及分析。

一、煤的化学成分

1. 碳（C）

碳是煤中的主要可燃成分。1 kg 纯碳完全燃烧可放出 33 700 kJ 的热量，是提供热量的主要成分，碳完全燃烧后的生成物是二氧化碳（CO_2）。

2. 氢（H）

氢是煤中另一种可燃成分。1 kg 的氢完全燃烧可放出 125 600 kJ 的热量，燃烧生成物是水蒸气。

3. 硫（S）

它在煤中以三种形态存在。煤中的硫一般可分为有机硫（硫的化合物）、黄铁矿（二硫化铁）和硫酸盐。前两种形态的硫可以燃烧。1 kg 的硫完全燃烧可以放出 9 211 kJ 的热量。硫在燃烧后的主要生成物是二氧化硫（SO_2）或三氧化硫（SO_3）。当烟温低于露点时，SO_2 及 SO_3 与烟气中的水分合成亚硫酸（H_2SO_3）和硫酸（H_2SO_4），对锅炉尾部受热面起腐蚀作用。硫虽然可以燃烧放出一定热量，但它是煤中的有害元素。煤中的含硫量超过 0.5% 时，燃用中必须进行脱硫，目前最常用的简便方法是在煤中加入一定数量的石灰（CaO），它可以减轻硫的影响。

4. 氧（O）

它与其他元素以化合物（氧化物）形式存在于煤中。它不燃烧，分离出来的少量氧仅起助燃作用。因煤中的含氧量很少，故对燃烧影响不大。

5. 氮（N）

氮是不燃烧的气体，在煤中的含量不多。它在燃烧过程中随烟气一同排出，对燃烧的影响很小，只增加排烟热损失，但是氮在燃烧时，形成一氧化氮（NO），污染大气。

6. 灰分（A）

灰分是燃料中不燃烧的固体矿物杂质，它是在燃料形成、开采及运输中掺入到燃料中的。

7. 水分（W）

水分是燃料中的有害成分，它吸收燃料燃烧时放出的热量而汽化，因而直接降低燃料放出的热量。但在固体燃料中，保持适当的水分，特别是固定炉排或链条炉排，对燃料的燃烧则有一定的好处，主要体现在少量的水会使碎煤粉黏结在一起，使煤粉颗粒化，有利于通风，同时也减少了飞灰中的含碳量。一般要求煤中的含水率控制在 7%～10%。

二、煤的工业分析

煤的工业分析是测定煤的水分（W）、挥发分（V）、固定碳（C）和灰分（A）的含量以及燃料的发热量（Q），用以表明煤的燃烧特性。

将原煤试样放在干燥的空气中自然风干后，再放在烘箱中，在 102～105℃ 的温度下干燥，煤样所失去的质量与原煤样质量的百分比，称为该种煤的水分。

把失去全部水分的煤样在隔绝空气的条件下继续加热到 850℃，恒温 7 min，这时放出来的气态可燃物质称为挥发分。煤样由于这种挥发物所失去的质量占原煤样质量的百分比，称为这种煤的挥发分，用符号 V 表示。一般碳化程度浅的煤，挥发分含量多，随着煤的碳化程度加深，挥发分含量逐渐减少。

挥发分主要是氢和碳或碳和氧的气体化合物,它极易着火燃烧,所以含挥发分多的煤容易着火,燃烧速度快,易于完全燃烧。挥发分是煤炭分类的重要依据,对煤的燃烧过程有很大的影响,挥发分高、着火温度低的煤容易引燃,而且挥发分析出后,其焦炭的孔隙也大,增加了与空气接触的面积,易于完全燃烧。挥发分低的煤,着火温度高,不易引燃,也不易完全燃烧。

煤样除去水分和挥发分后,剩余的固体物质称为焦炭,它包括固定碳和灰分两部分。将焦炭放入高温电炉内加热到 800℃ 左右灼烧,到质量不再变化时取出来冷却,这时焦炭所失去的质量就是固定碳的质量,剩余部分则是灰分的质量,二者各占原煤样质量的百分比,就是煤中固定碳和灰分的含量。

煤的黏结性是煤的重要特性之一,燃烧后焦渣是粉末状的为不黏结性煤;焦渣是松散状的为弱黏结性煤;焦渣量少、块不碎的为黏结性煤;焦渣呈硬块状,且有光泽的为强黏结性煤。层燃炉不适应弱黏结性煤和强黏结性煤的燃烧。

煤的灰熔点与锅炉结渣也有密切关系。灰的熔点过低,容易引起锅炉受热面结渣,影响正常传热。灰熔点与灰的成分有关,多成分的灰没有明确的熔化温度,煤的灰熔点用 t_1、t_2、t_3 三个特征温度表示。灰熔点用角锥法测得。将煤灰粉末制成底边为 7 mm、高 20 mm 的三角灰锥放入高温电炉内逐渐加温,灰锥尖端开始变圆或开始弯曲时的温度称为变形温度 t_1,如图 6—1a 所示;灰锥尖端弯曲到与底盘接触或呈半球形时的温度称为软化温度 t_2,如图 6—1b 所示;灰锥熔化成液态时的温度称为熔化温度 t_3,如图 6—1c 所示。

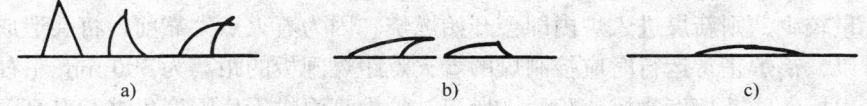

图 6—1 煤的灰熔过程
a) 变形温度时的状态 b) 软化温度时的状态 c) 熔化温度时的状态

为了避免烟气中所含的灰分在对流管束中结渣,炉膛出口的烟气温度要比 t_2 低 50~100℃。

燃料的发热量是指 1 kg 燃料(气体燃料用标准状态下 1 m³)完全燃烧时所放出的热量,单位是 kJ/kg (kJ/m³)。我国规定标准煤的发热量为 29 308 kJ/kg。通常用氧弹测热计来测定固体和液体燃料的发热量。

燃料的发热量分高位发热量和低位发热量。燃料燃烧时,所有的水分都要吸收热量汽化成蒸汽,而这部分热量在锅炉中随烟气排出而无法利用,因此燃料放出的热量中应扣除这部分。包括这部分热量的称为高位发热量,不包括这部分热量的称为低位发热量。锅炉一般都采用低位发热量来计算耗煤量和热效率。煤元素分析与工业分析的关系如图 6—2 所示。

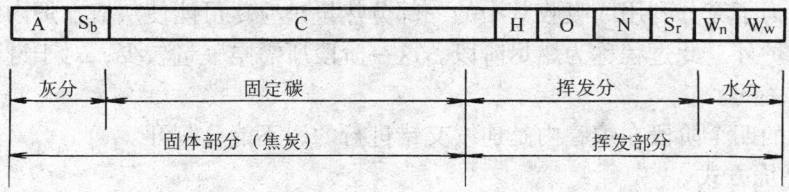

图 6—2 煤元素分析与工业分析的关系

第三节 燃烧及燃烧过程

可燃物在适当温度（即燃料着火点）下与空气中的氧发生激烈的化学反应，放出光和热的现象称为燃烧。

燃烧反应：
$$C+O_2 \rightarrow CO_2 + 33\ 700\ kJ/kg（完全燃烧）$$
$$2C+O_2 \rightarrow 2CO + 9\ 920\ kJ/kg（不完全燃烧）$$
$$2H_2 + O_2 \rightarrow 2H_2O + 125\ 600\ kJ/kg$$
$$S+O_2 \rightarrow SO_2 + 9\ 211\ kJ/kg$$
$$CH_4 + 2O_2 \rightarrow 2H_2O + CO_2$$
$$2C_2H_6 + 7O_2 \rightarrow 4CO_2 + 6H_2O$$

一、煤的燃烧

1．煤的燃烧过程

煤在炉内的燃烧过程一般分为四个阶段。

（1）干燥阶段　新煤进入炉膛被加热开始吸收热量，当温度升至105℃时，煤中的水分全部蒸发完毕，煤被烘干，这一过程称为干燥阶段。干燥的热量主要来自新煤与原来已有燃煤的接触和炉膛及前拱的热辐射。加速这一过程的关键是炉膛温度。由于这个阶段燃料还没开始燃烧，所以不需要空气。对于链条炉排，正常运行时第一风室的风门要求关闭。如果煤中的水分含量较少，则新煤进入炉内即会开始燃烧，因为着火点太靠前，将会造成煤闸板过热烧坏。所以，锅炉正常运行时应控制煤的着火点距煤闸板的距离为300 mm左右。

（2）析出挥发物及挥发物燃烧阶段　燃煤被炉内高温烘干后温度仍继续升高，当温度升至200℃后即有挥发物析出，在炉膛的空间内燃烧，形成大烟、大火。这一过程称为挥发物的析出及燃烧阶段。

（3）焦炭的燃烧阶段　随着煤的温度升高和挥发分的析出，剩下的固定碳在炉内高温作用下被加热成赤红色，一般温度升至700℃以上焦炭才开始进行剧烈的氧化反应，而发出白色或蓝色的火焰，这一过程称为炭的燃烧阶段。焦炭的燃烧速度较缓慢，燃尽所需要的时间也较长，特别当煤的颗粒较大时，需要的燃尽时间则更长。所以要保证燃煤在炉膛内应有足够的停留时间。

由于焦炭在燃烧时会在其表面形成灰渣、CO_2气体等惰性燃烧产物，它们阻碍了空气与燃料的继续接触和混合，使燃烧速度变慢，严重时燃烧将被迫中止，形成大块焦渣，为此要控制燃煤的颗粒大小，燃烧时适当增加搅动（如拨火等），将有利于焦炭的燃烧和燃尽。

（4）燃尽阶段　它是焦炭燃烧阶段的继续。煤中的可燃物全部燃烧完毕后，剩下的灰渣温度仍很高，为了充分利用或吸收其中的一部分热量，应尽可能使灰渣在炉内继续停留一段时间后再排出炉外，此过程称为燃尽阶段。这一阶段所需空气量较少，对于链条炉排分段送风的风室可以关闭。

燃料燃烧的四个阶段在炉膛内是连续交错进行的，不能分割开。

2．煤的燃烧方式

不同的炉型具有不同的燃烧特点，燃烧的方式也各不相同，一般可分为三种类型。

(1) 层状燃烧 又称火床炉，是指煤在炉排上燃烧的燃料可以分层，所以称为层状燃烧。炉排的种类很多，最常见的是固定炉排、链条炉排、往复炉排等。

(2) 悬浮燃烧 又称火室炉。它首先把燃煤加工成煤粉，然后与空气混合，借助空气的动力一同喷入炉膛，在炉膛的空间呈悬浮状态燃烧，所以称为悬浮燃烧。

(3) 沸腾燃烧 又称沸腾炉。送入炉内的燃煤（粒径小于 10 mm 的煤末）在炉下部布风板的上方上下翻腾燃烧，其燃烧状态好像煮粥时米粒在锅内翻腾一样，所以称为沸腾燃烧。

3．煤的完全燃烧

煤中的可燃物全部燃尽称为完全燃烧，也称为充分燃烧。即在烟气中不含可燃的气体，飞灰中不含可燃的颗粒，灰渣中不含可燃的焦炭，这三条也称为完全燃烧的标志。

要想做到煤的完全燃烧，必须满足如下条件，也可以称为完全燃烧的 4 要素。

(1) 炉膛内要有足够高的温度 有了足够高的炉膛温度，才能达到最佳的燃烧效果。有经验的锅炉操作工一般根据炉内火焰的颜色来判断燃烧的效果，颜色发白，温度最高，发黄次之，发红较差。火焰的颜色与燃烧的温度见表 6—3。

表 6—3　　　　　　　　　　　火焰颜色与燃烧温度的关系

火焰颜色	燃烧温度（℃）
深红色（较暗）	500 左右
暗红色	700 左右
红色	800～850
亮红色	900～950
橘红色（变黄）	950～1 100
淡黄色	1 100～1 200
亮白色	1 300～1 400

(2) 充足的空气量 空气量要充足是指实际空气的量要高于理论计算的需要量。多余的空气量一般用"过剩空气系数"来计量。

$$过剩空气系数 = \frac{实际空气量}{理论空气量} \tag{6—1}$$

在锅炉运行中，过剩空气系数是一个很重要的燃烧指标，它与燃用煤的种类和燃烧的方式有关。通常送入炉膛的实际供给空气量应是理论计算需要量的 1.1～1.3 倍，空气量过低则会因供气量不足造成化学不完全燃烧热损失，过高则要增大排烟热损失。

(3) 燃料应与空气充分混合好 只有混合好，才能使燃烧完全彻底。锅炉在运行中应合理地分配风量，对于链条炉排锅炉可以通过各风室调节风门的开启大小进行风量的调节。合理的炉拱结构、炉膛内适当位置砌筑隔烟墙等，都能起到使可燃气体与空气良好的混合作用。所以炉的结构也应设计合理，特别是炉拱砌筑的高度、角度、形状、烟气走向、隔墙的位置等都应合理。

(4) 足够的燃烧时间或空间 煤在燃烧过程中需要一定的时间才能保证其燃尽，特别是焦炭的燃烧速度较慢，如颗粒较大，则燃尽所需要的时间更长。

二、燃油在炉内的燃烧

燃油是通过喷油装置先将油雾化成细小油滴，然后与空气混合共同喷入炉膛内进行燃烧。其燃烧方式也是悬浮燃烧，此类锅炉称为燃油锅炉。为了提供良好的燃烧环境，其炉膛的容积应设计得高大一些。油进入炉膛至着火燃烧也要经过四个阶段，即雾化、蒸发与化学反应、油气与空气混合、燃烧至燃尽。

三、气体燃料的燃烧

气体燃料具有易燃易爆的特点，所以一定要安全操作，必须制订严格的安全运行操作规程。点火前首先要开启引风机对炉内进行 5~10 min 通风，确认炉膛和烟道不含有残留的可燃气体，然后方可把点火棒送入炉内，最后才能打开送气阀门向炉内喷入可燃气体。在燃烧过程中要注意合理地分配风量，使送入的空气与可燃气体实现良好的混合，还要通过二次风调节火焰燃烧的中心高度或补充空气量的不足。

四、通风

将燃烧生成的烟气经过热交换之后及时排出炉外，同时将燃烧所需新鲜空气送入炉室，达到连续燃烧的目的，这种作用称为通风。

1．通风方式

工业锅炉采用的通风方式主要有两种：

（1）自然通风　利用烟囱自然形成的拔风力（又称抽力）所进行的通风称为自然通风。

（2）机械通风　利用风机进行的通风称为机械通风。燃料燃烧所需要的新鲜空气通过送风机送入炉室，燃烧生成的烟气通过引风机抽出来然后送入烟囱排出。

2．通风与燃烧的关系

通风的适当与否将直接影响燃烧的状况和锅炉的出力，同时与燃料的消耗量也有很大的关系。锅炉在运行中一定要注意通风的调节工作。通风的调节主要是及时调整烟道挡板和风室风门的开闭大小，合理调整分配各风室的风量、风压和风速。要及时注意烟道的截面积和烟气走向、通风阻力的变化，特别要注意有无积尘、堵塞、漏风等现象。锅炉在正常运行中发生通风不良的现象，最常见的主要原因是烟道积灰堵塞以及炉体烟道漏风。所以，平时要经常检查烟火管内的积灰情况。快装锅炉连续运行 200 h（一周）左右就要进行一次通（刷）烟管工作。另外，还要注意省煤器的积灰堵塞。

目前根据环境保护的要求，城区锅炉的烟囱高度应高于附近楼房 2~4 m，然而有些烟囱的安装高度将远远超过设计要求，虽然高烟囱的拔风力更强，但是在烟囱内没有高温烟气时是没有拔风力的，反而成了引风机的负担。锅炉开始运行，引风机刚启动时就会产生把炉膛烟气抽过来的同时还要把高大烟囱内的冷空气排出去的双倍负荷，即出现了倍压现象。因而会发生风机启动负载过大，电流超载而烧坏电动机的现象。为此在引风机启动前应关闭风机的进、出口挡板，电动机启动后先缓慢开启出口挡板，排出部分冷空气。电动机运转正常后再缓慢开启进风口的调节挡板，把炉膛内的高温烟气抽过来。在锅炉暂时停炉、暂停通风的情况下，应及时关闭或关小烟风道的调节挡板，目的是消除高大烟囱已形成的拔风力，真正使通风暂时停止，避免炉内燃料继续强烈燃烧。

第四节　锅炉的热平衡

燃料在炉膛内燃烧放热，放出的热能通过受热面传送给锅内的工质。实际上，送入炉膛的燃料，由于各种因素的影响，不可能全部完全燃烧放热，而燃烧放出的热量也不可能全部被锅内工质吸收,其中有一部分热量被损失掉了。

锅炉运行工况稳定时,输入锅炉的热量和锅炉输出的热量应当平衡。因此,一般根据这种热平衡原理,对锅炉进行测试,得出锅炉的蒸发量(供热量)和各项热损失的实际数值,以便确定锅炉的热效率。从而了解影响锅炉热效率的因素,寻求提高热效率的有效途径。

一、锅炉热平衡方程

锅炉热平衡方程可用下列公式表示:

$$锅炉输入热量 = 锅炉有效吸热量 + 各项热损失$$

下面以 1 kg 固体或液体燃料为单位,进一步讨论锅炉热平衡方程。输入锅炉的热量用符号 Q_r 表示,锅炉的有效吸热量用 Q_1 表示,燃料燃烧后损失的热量可归纳为"排烟热损失""化学不完全燃烧热损失""机械不完全燃烧热损失""炉体散热损失"和"灰渣物理热损失"5 项,分别用符号 Q_2、Q_3、Q_4、Q_5 和 Q_6 表示。

锅炉热平衡方程式也可表示为:

$$Q_r = Q_1 + Q_2 + Q_3 + Q_4 + Q_5 + Q_6 \quad \text{kJ/kg} \tag{6—2}$$

锅炉输入热量与锅炉输出热量的平衡关系如图 6—3 所示,图中预热空气循环热量 Q_{1k} 是指预热空气的那部分热量又返回炉中成为烟气焓的一部分,随后又在空气预热器内放热给空气,如此不断循环,所以在锅炉热平衡时不考虑此项热量。

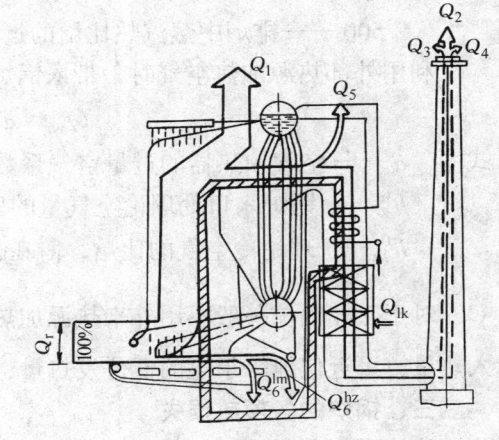

图 6—3 锅炉热平衡示意图

上式各项分别除以 Q_r,并乘以 100%。可用热量的百分数列出锅炉热平衡方程:

$$q_1 + q_2 + q_3 + q_4 + q_5 + q_6 = 100\% \tag{6—3}$$

式中 $q_1 = \dfrac{Q_1}{Q_r} \times 100\%$;$q_2 = \dfrac{Q_2}{Q_r} \times 100\%$ ……

需要注意的是:对于有空气预热器的锅炉,空气在预热器中吸收的热量又随热空气进入炉膛,这部分热量仅在锅炉内部循环,在锅炉热平衡中不予考虑。

二、锅炉的输入热量

当锅炉采用外来热源加热空气时,锅炉的输入热量包括燃料的应用基低位发热量 Q_{dw}^y、燃料的物理热焓 H_{wl}、外部热源加热空气带入锅炉的热量 Q_{wr} 和燃油雾化时蒸汽带入的热量 Q_{wh},可用下式表示:

$$Q_r = Q_{dw}^y + H_{wl} + Q_{wr} + Q_{wh} \quad \text{kJ/kg} \tag{6—4}$$

当燃料由外界预热或固体燃料虽未预热而燃料的应用基水分 $W^y \geqslant \dfrac{Q_{dw}^y}{628} \times 100\%$ 时,应考虑计入燃料的物理热 H_{wl}。

$$H_{wl} = C_r^y t_r \quad \text{kJ/kg} \tag{6—5}$$

式中 t_r ——燃料的温度,不加热时可取 20℃;

C_r^y ——燃料的比热容,kJ/(kg·K)。

1. 固体燃料

$$C_r^y = C_r^g \frac{100-W^y}{100} + \frac{W^y}{100} \times 4.187 \quad \text{kJ/(kg·K)} \tag{6—6}$$

式中 C_r^g——燃料的干燥比热容，kJ/(kg·K)；

无烟煤、贫煤 $C_r^g = 0.92$ kJ/(kg·K)；

烟煤 $C_r^g = 1.09$ kJ/(kg·K)；

褐煤 $C_r^g = 1.13$ kJ/(kg·K)；

油页岩 $C_r^g = 0.88$ kJ/(kg·K)。

2．液体燃料

$$C_r^y = 1.738 + 0.0025 t_r \quad \text{kJ/(kg·K)} \tag{6—7}$$

燃油蒸汽雾化时，还应计入蒸汽带入的热量，可按下式计算：

$$Q_{wh} = G_{wh}(h_{wh} - 2500) \quad \text{kJ/kg} \tag{6—8}$$

式中 G_{wh}——雾化 1 kg 重油所用蒸汽量，kJ/kg；

h_{wh}——雾化蒸汽比焓，kJ/kg；

2 500——排烟中蒸汽热比焓的近似值，kJ/kg。

利用外部热源加热空气时，带入锅炉的热量 Q_{wr} 可按下式计算：

$$Q_{wr} = \alpha'(h_k^0 - h_{1k}^0) \quad \text{kJ/kg} \tag{6—9}$$

式中 α'——空气预热器的过量空气系数；

h_k^0——锅炉入口处理论空气量的比焓，kJ/kg；

h_{1k}^0——理论冷空气的比焓，kJ/kg。

对于工业锅炉一般不用外来热源加热空气和煤，当煤的 $W^y < \dfrac{Q_{dw}^y}{628} \times 100\%$ 时，锅炉的输入热量，可近似地等于煤的低位发热量，即 $Q_r \approx Q_{dw}^y$。

三、锅炉的各项热损失

从热平衡方程我们知道，当锅炉输入热量一定时，降低锅炉的热损失，可以提高锅炉的有效热效率，使锅炉更经济地运行。因此，分析锅炉各项热损失产生的原因，寻求降低各项热损失的方法，提高锅炉热效率，对锅炉的运行管理是十分重要的。

1．机械不完全燃烧热损失 q_4

燃用固体燃料的锅炉，部分固体可燃物在炉内没有完全燃烧，随飞灰和炉渣被排出炉外而造成的热损失，称为机械不完全燃烧热损失，又称为固体不完全燃烧热损失。它包括经炉排掉入灰斗的漏煤损失、可燃物包裹在灰渣中被排出的炉渣损失和碳粒随烟气排出的飞灰损失。

机械不完全燃烧热损失是燃用固体燃料锅炉的热损失中较大的一项。

对于燃用气体或液体燃料的锅炉，正常燃烧时可认为 $q_4 = 0$。

影响机械不完全燃烧热损失的主要因素有燃烧方式、燃料特性、锅炉运行情况等。

对于室燃炉，则没有漏煤损失，而飞灰损失占主要部分。抛煤机炉的飞灰损失较链条炉要大。

当燃料的灰分含量高、灰熔点低或挥发分低而焦结性强时，灰渣损失会增大；当燃用水分少、焦结性弱而细末又多的燃料时，飞灰损失会增加。煤的粒径过大则会造成灰渣损失。

锅炉运行时增加负荷，相应地穿过燃料层和炉膛的气流速度增大，也会使飞灰损失加大。

锅炉运行时进煤层过厚，链条炉排以及往复推动炉排的速度过快，各风室的风量分配不适当，炉膛的高度过低，过量空气系数偏小等都会使 q_4 增大。

设计锅炉时，机械不完全燃烧热损失见表 6—4。

表 6—4　　　　　化学不完全燃烧热损失 q_3 及机械不完全燃烧热损失 q_4

燃烧方式	手烧炉	抛煤机炉	链条炉	推动炉排炉	煤粉炉	沸腾炉	油炉
q_3（%）	2~3	1~2	1~2	1~2	1	1	1~2
q_4（%）	8~15	6~13	5~12	5~10	4~8	25~35	0

注：对于烟煤采取措施后可下降 20%。

测定锅炉热效率时，根据灰平衡和灰分析，可按下式计算 q_4

$$q_4 = \frac{32\,685\,A^y}{Q_r}\left(\frac{a_{fh}c_{fh}}{100-c_{fh}} + \frac{a_{lm}c_{lm}}{100-c_{lm}} + \frac{a_{lz}c_{lz}}{100-c_{lz}}\right)\times 100\% \qquad (6—10)$$

式中　32 685——灰中可燃物的发热量，kJ/kg；

　　　A^y——应用基燃料灰分；

　　　c_{fh}、c_{lz}、c_{lm}——分别为飞灰、炉渣和漏煤中可燃物含量的百分数，由取样分析获得；

　　　a_{fh}、a_{lz}、a_{lm}——飞灰、炉渣和漏煤中的灰量占燃料总灰量的份额。

$$a_{fh} = \frac{G_{fh}(100-c_{fh})}{BA^y}$$

$$a_{lz} = \frac{G_{lz}(100-c_{lz})}{BA^y}$$

$$a_{lm} = \frac{G_{lm}(100-c_{lm})}{BA^y}$$

式中　G_{fh}、G_{lz}、G_{lm}——分别收集的实测期间的飞灰、炉渣、漏煤的量，kg/h；

　　　B——燃料消耗量，kg/h。

在锅炉测试中，因为飞灰的一部分沉积在受热面或烟道内，另一部分经烟囱飞出，飞灰量很难直接测定，一般通过灰平衡法求得。

灰平衡就是进入炉内燃料的总灰量等于炉渣、漏煤及飞灰中灰量之和。即：

$$a_{lz} + a_{fh} + a_{lm} = 1 \qquad (6—11)$$

2．排烟热损失 q_2

烟气离开锅炉排入大气所带走的热量，称为排烟热损失，它是锅炉热损失中最大的一项。

一般装有省煤器的水管锅炉，排烟热损失约为 6%~12%，不装省煤器时，该数值往往高达 20% 以上。影响排烟热损失的因素主要是排烟温度和排烟量。

排烟温度越高，排烟损失越大。排烟温度每升高 12~15℃，排烟热损失约增加 1%。降低排烟温度，则可降低排烟的热损失，但是排烟温度过低是不合理的，也是不允许的。因为要降低排烟温度，势必增加锅炉尾部受热面，而尾部受热面处于低温烟道，烟气与工质传热温差较小，降低排烟温度，会使钢材消耗量大大增加。此外，为了避免尾部受热面的腐蚀，特别是当燃用含硫分较高的燃料时，排烟温度应保持高一些。因此，合理的排烟温度应通过技术经济比较来确定。工业锅炉中水管锅炉的排烟温度约在 160～200℃ 范围内。锅炉运行中，受热面积灰或结渣，以及锅炉超负荷运行等，都会使排烟温度升高。因此，锅炉运行时，应注意保持受热面的清洁，并尽量避免超负荷运行，以降低排烟热损失。

排烟量增大，会使排烟热损失增加。如果炉膛出口过量空气系数 α 偏高，炉墙及烟道漏风严重，燃料水分含量大，则排烟量增大，从而增加了排烟热损失。为了降低排烟热损失，在锅炉安装施工时应注意炉墙、烟道砌筑的严密性，在运行中注意控制炉膛的过量空气系数，堵塞炉墙及烟道的漏风处。

排烟热损失可按下列公式计算：

$$q_2 = (K_1 \alpha_{py} + K_2) \frac{T_{py} - t_{lk}}{100} \left(1 - \frac{q_4}{100}\right) \times 100\% \tag{6—12}$$

式中　α_{py}——排烟处过量空气系数，试验时根据烟气分析结果计算得出；
　　　K_1、K_2——计算系数，K_1 对于褐煤取 3.62，对于烟煤、无烟煤和油取 3.55；K_2 对于褐煤取 0.9，对于烟煤、无烟煤和油可取 0.5；
　　　T_{py}——排烟温度，℃；
　　　t_{lk}——冷空气温度，℃。

3. 化学不完全燃烧热损失 q_3

化学不完全燃烧热损失是指由于一部分可燃气体（CO、H_2、CH_4 等）未能燃烧，随烟气排出造成的热量损失，也称为气体不完全燃烧热损失。

燃料在锅炉中燃烧时，如果空气量不足，燃料与空气混合不好，炉膛容积小或炉膛温度太低都有可能因供氧量不足，可燃气体在炉膛内停留时间过短达不到着火点而使可燃气体不能完全燃烧，从而造成热损失。

由上述分析可知，过量空气系数偏大，将使排烟热损失增加，但化学不完全燃烧热损失和机械不完全燃烧热损失相应减少，如过量空气系数减小，排烟损失虽然减少了，但化学不完全燃烧热损失和机械不完全燃烧热损失却都增大了。所以，合理的过量空气系数应使 q_2、q_3、q_4 三项损失之和为最小。另外，化学不完全燃烧热损失与炉膛结构、燃烧过程的组织及运行操作水平等都有关系。

在设计工业锅炉时，化学不完全燃烧热损失是按长期运行的经验数据来确定的，其损失值可参照表 6—4。

在测定锅炉效率时，根据煤质分析和烟气分析，按下式计算 q_3：

$$q_3 = \frac{236}{Q_r} \times \frac{(C^y + 0.375 S^y)(CO)}{(RO_2) + (CO)} \times (100 - q_4) \times 100\% \tag{6—13}$$

式中　RO_2、CO——烟气中二氧化物和一氧化碳的容积百分数，通过烟气分析仪测得。

q_3 也可按近似计算公式计算：

$$q_3 = 3.2 \alpha (CO) \times 100\% \tag{6—14}$$

式中　α——烟气流经烟道处的过量空气系数，用奥氏分析仪对烟气进行分析、计算得出。

化学不完全燃烧热损失较小，一般不超过 3%。

4. 炉体散热损失 q_5

在锅炉运行中，由于通过炉墙、锅筒、构架、管道及其他附件等的表面温度高于周围空气温度，因此向外界散热而失去的热量，属于散热量损失。

炉体散热损失的大小主要取决于锅炉散热表面积的大小、绝热材料的性能和厚度、外表面温度以及周围空气的温度等因素。

在测定锅炉效率时，可按表6—5估取q_5值。

表6—5　　　　　　　　　　　散热损失q_5　　　　　　　　　　　　　　　　%

锅炉容量（t/h）	0.5	1	2	4	6	8	10	15	20	35
无尾部受热面	5.0	4.5	3.0	2.1	1.5	1.2				
有尾部受热面			3.5	2.9	2.4	2.0	1.7	1.5	1.3	1.0

锅炉的容量越大，锅炉外表面积就越大，但散热表面积增加的速度小于容量增加的速度。

对应于1 kg燃料在锅炉容量增加时，散热损失q_5随锅炉容量的增加而减小。

5. 灰渣物理热损失q_6

灰渣排出炉外时，由于具有较高的温度而带走的热量称为灰渣物理热损失。灰渣温度一般都在600～800℃以上。对于层燃炉和沸腾炉，这项热损失较大，必须予以考虑。对于固态排渣煤粉炉，只有燃料中灰分相当多$\left(\frac{4\,187 A^y}{Q_{dw}^y} > 10\%\right)$时才予以考虑。它的大小与燃料中的灰分含量、灰渣占总灰量的比例等因素有关。

灰渣物理热损失可按下式计算：

$$q_6 = \frac{A^y a_{lz}(Ct)_{lz}}{Q_r} \times 100\% \qquad (6—15)$$

式中　　a_{lz}——灰渣中灰分占燃料总灰分的份额；

　　　　$(Ct)_{lz}$——炉渣在温度为t℃时的热比焓，kJ/kg，可根据炉渣温度查表6—6，炉渣排出时的温度，采用实测数值，约为600℃；

　　　　A^y——应用基燃料灰分。

表6—6　　　　　　　　　　　灰渣在t℃时的热焓

灰渣温度（℃）	100	200	300	400	500	600	700	800	900	1 000
$(Ct)_{lz}$（kJ/kg）	80.8	169.1	263.8	360	458.5	560.2	662.4	769.4	875	983.9

四、锅炉热效率计算

如前所述，锅炉的效率即锅炉的有效利用热量占单位时间内所消耗燃料的输入热量的百分数。

$$\eta = q_1 = \frac{Q_1}{Q_r} \times 100\% \qquad (6—16)$$

锅炉效率是锅炉的热经济性指标，它反映出锅炉设备的先进性、锅炉运行的经济性，以及运行操作的技术水平。

锅炉效率可以通过热平衡试验的方法测定，测定的方法有正平衡法和反平衡法两种。

1. 正平衡法

正平衡试验按下式进行：

$$\eta = \frac{Q_1}{Q_r} \times 100\% \qquad (6—17)$$

$$\eta = \frac{Q}{BQ_r} \times 100\% \qquad (6—18)$$

式中　Q ——锅炉每小时有效利用热量，kJ/h；

　　　B ——每小时燃料消耗量，kg/h。

（1）试验期间一般不得排污。产生饱和蒸汽的锅炉每小时总有效利用热量按下式确定：

$$Q = (D + D_{zy})(h_q - h_s - \frac{rW}{100}) \quad \text{kJ/h} \qquad (6—19)$$

式中　D ——锅炉蒸发量，kg/h；

　　　D_{zy}——锅炉自用蒸汽量，kg/h；

　　　h_q ——饱和蒸汽的比焓，kJ/kg；

　　　h_s ——给水的比焓，kJ/kg；

　　　r ——蒸汽的汽化潜热，kJ/kg；

　　　W ——蒸汽湿度的百分数，工业锅炉生产的饱和蒸汽的湿度约为1%～3%。

（2）生产过热蒸汽的锅炉，Q 按下式计算：

$$Q = D(h_{gq} - h_s) + D_{zy}(h_{zy} - h_s - \frac{rW}{100}) \quad \text{kJ/h} \qquad (6—20)$$

式中　h_{gq}——过热蒸汽的比焓，kJ/kg；

　　　h_{zy}——自用蒸汽的比焓，kJ/kg。

（3）热水锅炉每小时有效利用热量按下式计算：

$$Q = G(h_{cs} - h_{js}) \quad \text{kJ/h} \qquad (6—21)$$

式中　G ——热水锅炉循环水量，kg/h；

　　　h_{cs}——热水锅炉出水的比焓，kJ/kg；

　　　h_{js}——热水锅炉进水的比焓，kJ/kg。

正平衡时通过测试得到公式中的各项数据后，再用公式计算锅炉的效率。

蒸发量可用蒸汽流量计直接测出，也可以用测定给水流量的办法来直接得出蒸发量。

蒸汽的热比焓和汽化潜热，可通过测量蒸汽压力求得平均值后查表确定。给水的比焓根据测得的水温查表确定。蒸汽湿度 W 可用蒸汽和锅水的氯根含量之比来换算。

$$W = (C_{lq}/C_{ls}) \times 100\% \qquad (6—22)$$

式中　W ——蒸汽湿度，用百分数表示；

　　　C_{lq}——蒸汽冷凝水的氯根含量，mg/L；

　　　C_{ls}——锅水的氯根含量，mg/L。

总耗煤量可用容积法或直接称重测出。试验期间的总耗煤量除以试验的小时数，即得出锅炉的耗煤量 B；对于燃煤的工业锅炉，其输入热量一般等于煤的应用基低位发热量，即 $Q_{dw}^y = Q^r$。煤的应用基低位发热量根据化验室对煤样的分析计算或用氧弹测热计测定得出。正平衡试验简单易行，适用于小型锅炉测定锅炉的效率。

2．反平衡法

通过锅炉的正平衡试验只能求得锅炉的效率，无法借以分析影响锅炉效率的各种因素，以寻求提高锅炉效率的途径。实际试验时,往往是测出锅炉的各项热损失,再应用下式计算锅炉热效率。

$$\eta = q_1 = [1 - (q_2 + q_3 + q_4 + q_5 + q_6)] \times 100\% \qquad (6—23)$$

这种方法称为反平衡法。

通过反平衡试验,不仅能够确定运行锅炉的效率,而且可以进一步了解锅炉各项热损失产生的原因,从而找出提高锅炉效率的方法。

对于工业锅炉,一般以正平衡测定锅炉效率,同时进行反平衡试验;对于手烧炉可以只进行正平衡试验。

正式试验应在锅炉热力工况稳定后进行,稳定时间规定如下:

(1) 无砖炉墙的火管锅炉

1) 燃油燃气锅炉不少于 2 h。

2) 燃煤锅炉不少于 4 h。

(2) 轻型炉墙锅炉不少于 8 h。

(3) 重型炉墙锅炉不少于 24 h。

以上规定从冷态点火开始。正式试验应在锅炉调整到试验状态后 1 h 进行。

试验应在额定负荷下进行两次,前后两次试验锅炉效率偏差允许值如下:

1) 只进行正平衡试验时,不得大于 4%。

2) 只进行反平衡试验时,不得大于 6%,锅炉热效率取两次试验所得的平均值。

3) 当同时进行正、反平衡法测定锅炉的效率时,两种方法所得热效率偏差不得大于 5%;而锅炉的热效率以正平衡测定值为准。

最后将测试所得数据进行整理,并计算平均值,汇总计算后得出所需要的结果。

正平衡法和反平衡法试验数据见表 6—7。

表 6—7　　　　　　　　　　试验所需的持续时间

测定方法	锅炉类型	时间 (h)
正平衡	手烧炉	5
	机械层燃炉、煤粉炉	4
反平衡	机械层燃炉、沸腾炉	4
	煤粉炉	3

注意:①试验期间安全阀不得起跳,不得吹灰,一般不得排污。

②每次试验所需的持续时间不得少于表 6—7 的规定。

③各数据的记录时间间隔如下:蒸汽流量、压力和温度应连续自动记录或 5 min 记录一次;排烟温度 10 min,烟气分析 15 min,给水温度等其余项目可 15 min 计量一次。

五、锅炉的燃料消耗量

锅炉每小时燃用的燃料称为锅炉的燃料消耗量,用 B 表示。对于燃煤锅炉,则称 B 为耗煤量。燃料消耗量按下列公式计算。

1. 生产过热蒸汽的锅炉

实际消耗量:

$$B = \frac{D(h_{gq} - h_s) + D_{zy}(h_{zy} - h_s - \frac{rW}{100}) + D_p(h_p - h_s) \times 100}{\eta Q_r} \quad \text{kg/h} \qquad (6—24)$$

式中　D_p——排污量,kg/h;

h_p——排污水的比焓，kJ/kg。

2．生产饱和蒸汽的锅炉

$$B = \frac{D(h_q - h_s - \frac{rW}{100}) + D_p(h_p - h_s) \times 100}{\eta Q_r} \quad \text{kg/h} \qquad (6-25)$$

3．热水锅炉

$$B = \frac{G(h_{cs} - h_{js}) \times 100}{\eta Q_r} \quad \text{kg/h} \qquad (6-26)$$

在燃煤锅炉中，由于存在固体不完全燃烧热损失 q_4，因此将使燃烧所需的空气量和生成的烟气量减少，实际参加燃烧反应的燃料量称为计算燃料消耗量，用 B_j 来表示。即：

$$B_j = B\left(1 - \frac{q_4}{100}\right) \quad \text{kg/h} \qquad (6-27)$$

在计算送风量和烟气量时，应采用计算燃料消耗量 B_j；进行燃料运输系统计算时，则按实际燃料消耗量 B 考虑。

工业锅炉经节能改造后，在相同的有效利用热量 Q 和输入热量 Q_r 的条件下，效率由 η 提高为 $\eta' = \eta + \Delta\eta$，耗煤量 B 减少了 ΔB，其节煤率 k 按下式计算：

$$k = \Delta B/B = \Delta\eta/\eta' \qquad (6-28)$$

例 6—1 如一锅炉房中，一台蒸汽锅炉经热平衡测试参数如下：饱和蒸汽压力为 1.25 MPa，给水温度 104℃，平均蒸发量为 6 t/h，平均耗煤量 880 kg/h，燃煤 Q_{dw}^y = 20 972 kJ/kg，机械不完全燃烧损失 $q_4 = 10\%$，试求锅炉的热效率。

解：饱和蒸汽的比焓值 $h_q = 2787$ kJ/kg，汽化潜热 $r = 1985$ kJ/kg，给水的比焓 $h_s = 440$ kJ/kg，取蒸汽湿度 $W = 2$，则锅炉热效率为：

$$\eta = \frac{D(h_q - h_s - \frac{rW}{100})}{BQ_{dw}^y} \times 100\%$$

$$= \frac{6\,000 \text{ kg/h}\left(2\,787 \text{ kJ/kg} - 440 \text{ kJ/kg} - \frac{1\,985 \text{ kJ/kg} \times 2}{100}\right)}{880 \text{ kg/h} \times 20\,972 \text{ kJ/kg}} \times 100\%$$

$$= 75\%$$

第五节 燃烧设备及燃烧调整

一、手烧炉固定炉排及燃烧调整

由于固定炉排种类很多，这里仅介绍常用的双层炉排。

1．双层炉排的结构

如图 6—4 所示，炉排在炉膛内分上下两层布置。上层炉排一般由直径 $\phi51 \sim \phi76$ mm 的钢管构成，又称水冷炉排。钢管间隙约 25 mm，炉排前低后高与水平线倾斜呈 10°~15°角。对于卧式锅炉，炉排的上管端与集箱或锅筒连接，下管端与前集箱连接，构成单独的水循环回路。下层炉排为固定炉排，由普通铸铁炉排片构成，它的下面是灰坑，两层之间为燃烧室。在下部设置烟气出口，其后部为燃尽室。

在卧式锅炉的前墙或立式锅炉的锅壳上各有三个炉门：上炉门的作用是添煤和通风，经常开闭；中炉门的作用是引燃下炉排上的煤和清渣，只在点火和清炉时打开；下炉门的作用是清灰，在正常运行时，视下炉排的燃烧情况适当打开，以便供风。

2．双层炉排的燃烧特点

在正常运行时，新煤由上炉门间断投入上炉排炽热的火床上。新煤层要布满炉排，不要出现明火。自然通风也由上炉门引入。经过干燥、干馏、挥发分着火、焦炭燃烧等阶段，产生的高温烟气向下进入燃烧室。下炉排上一般不加新煤，只接受由上炉排间隙落下的漏煤，并依靠由灰坑进入的空气继续燃烧，上下炉排产生的高温烟气和可燃气体，在燃烧室内汇合进一步燃烧后，经过烟气出口和燃尽室加热锅炉后部受热面。

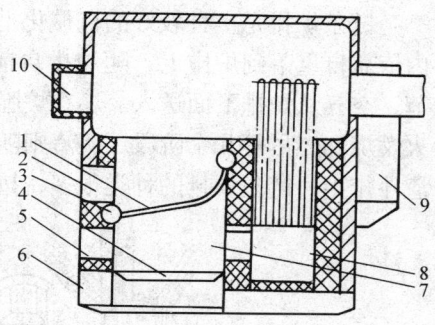

图6—4　双层炉排结构简图
1—上层炉排　2—上炉门　3—前集箱
4—下层炉排　5—中炉门　6—下炉门
7—燃烧室　8—燃尽室
9—后烟箱　10—前烟箱

3．手烧炉的燃烧调整

手烧炉的操作过程可分为投煤、拨火、清炉、停炉等几个步骤。从点火开始分述如下：

(1) 点火　锅炉在点火前应先全开烟道闸板和灰门，使其自然通风约10 min，然后关闭灰门。其次是在炉排上铺一层木柴，在其上面均匀抛撒一层烟煤，然后再放置一些引燃柴和引燃物，即可将其点燃，这时炉门应半开半关。待煤被燃旺之后即可打开灰门，关闭炉门，使其逐渐转入正常燃烧状态。

(2) 投煤　在炉火正常燃烧状态下，人工投煤可采用三种方式。一是将新煤均匀抛撒在整个火床上；二是采用分区投煤，使半个火床总是保持良好的燃烧状态，这样可以减少在加煤时形成强烈的黑烟；三是先将新煤堆放在炉门一侧进行闷烧，至挥发分大部分析出燃烧后，再通过拨火的方法将其撒向整个火床，这样能较好地防止锅炉冒黑烟。

当燃烧达到白炽程度时应抓紧投煤。投煤量要少，但次数要勤，要保持炉床火面的平整均匀。煤层的厚度一般控制在200～250 mm范围内。煤层太薄易出现火口，太厚对通风不利。

煤在燃用前最好适当掺水，其目的是使细煤粉黏结在一起不致被烟气带走，水分的蒸发还可使煤粒间隙增大，有利于通风。掺水工作最好在前一天进行，这样便于水的浸透和混合物混合均匀，煤中的含水量以8%～10%为宜。查验方法是抓煤成团，松开后煤团自然裂开为合适。在煤的拌和过程中和投煤时要注意清除煤中的异物、杂质和石块等。

(3) 拨火与捅火　拨火的目的是平整床面的燃烧，消除形成的火口；捅火的目的是破坏形成的焦渣块，疏松煤层。捅火可借助火棍插入氧化层下面上下前后搅动。这样在疏松煤层的同时可使部分灰渣从炉排缝隙处落入渣坑，达到了疏松煤层和改善通风的目的，碰到大块的焦渣，可从炉门扒出。

拨火与捅火的操作都应迅速，要减少炉门的开启时间，以避免过多的冷空气从炉门进入。

(4) 清炉　清炉的目的是为了减少灰渣层的厚度。清炉最好在暂停用汽或负荷较低时进行。清炉前应关小烟道闸板，减小烟囱的抽力；锅内的水位应高些。清炉的方法一般采用半边交换法。先将燃煤推至半边，将另外半边的灰渣扒出，然后将火床重新铺满，即可恢复运行。燃烧正常后再用同样的方法清除另外半边的灰渣。清炉工作也应注意动作迅速。

二、链条炉排及燃烧调整

1．链条炉排的结构

链条炉排是一种较好的机械化上煤、出渣的燃烧装置，其结构如图6—5所示。煤从煤斗内依靠自重落到炉排上，随炉排自前向后缓慢移动。煤层的厚度由煤闸板升降的高度进行调节，空气从炉排下面送入。煤在炉膛内受到辐射加热，依次经历预热、干燥、挥发分析出、着火燃烧和燃尽等几个阶段。灰渣则随炉排移动到后部，经过挡渣板（俗称老鹰铁）落入后部灰渣斗排出。链条炉排的种类很多，按其结构一般可分为链带式、横梁式和鳞片式三种。

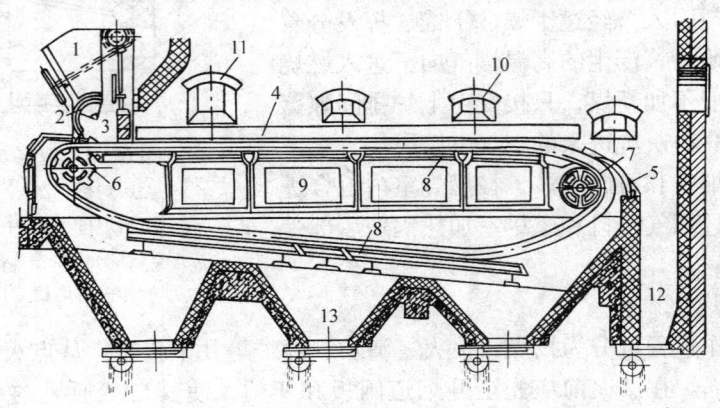

图6—5 链条炉排结构

1—煤斗 2—扇形挡板 3—煤闸板 4—防焦箱 5—老鹰铁 6—主动链轮 7—从动轮
8—炉排支架上下导轨 9—风室 10—拨火孔 11—人孔门 12—灰渣斗 13—漏灰斗

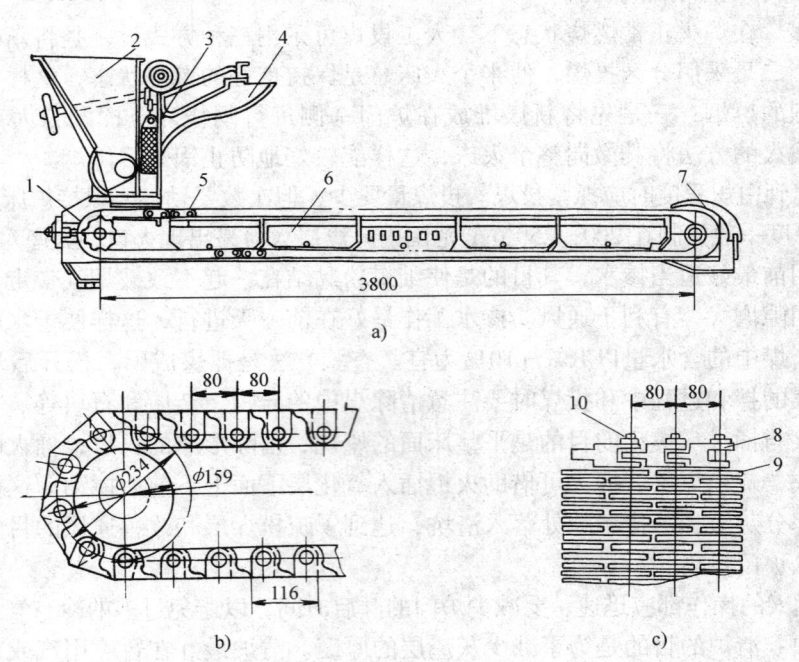

图6—6 链带式炉排结构和炉排片连接方式

a) 炉排结构简图 b) 炉排正面结构示意图 c) 炉排片连接方式

1—主动链轮 2—煤斗 3—煤闸板 4—前拱吊砖架 5—链带式炉排
6—隔风板 7—老鹰铁 8—主动炉排片 9—从动炉排片 10—圆钢拉杆

（1）链带式炉排 链带式炉排属于轻型炉排，其结构和炉排片连接方式如图6—6所示。

炉排片分为主动炉排片和从动炉排片两种，用圆钢拉杆串联在一起，形成一条宽阔的链带，围绕在前链轮和后滚筒上。主动炉排片担负传递整个炉排运动的拉力，因此其厚度比从动炉排片厚，由可锻铸铁制成。从动炉排片由于不承受拉力，可由强度较低的普通灰铸铁制成。

（2）横梁式炉排　横梁式炉排的结构与链带式炉排的主要区别在于采用了许多刚性较大的横梁，如图6—7所示。炉排片装在横梁的相应槽内，横梁固定在传动链条上，传动链条一般是两条以上，由装在前轴（主动轴）上的链轮带动。

（3）鳞片式炉排　鳞片式炉排通常由4～12根互相平行的链条组成，每根链条用铆钉将若干个由大环、小环、垫圈、套管等元件组成的链条串在一起。

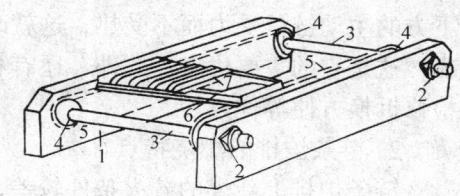

图6—7　横梁式炉排示意图
1—炉排墙板　2—轴承　3—轴　4—链轮
5—链条　6—横梁　7—炉排片

炉排片通过夹板组装在链条上，前后交叠，相互紧贴，呈鱼鳞状，其结构和工作过程如图6—8所示。当炉排片行至尾部向下一步转入空程后，便依靠自重依次翻转过来，倒挂在夹板上，即能自动清除灰渣，并获得冷却。各相邻链条之间，用拉杆与套管相连，使链条之间的距离保持不变。

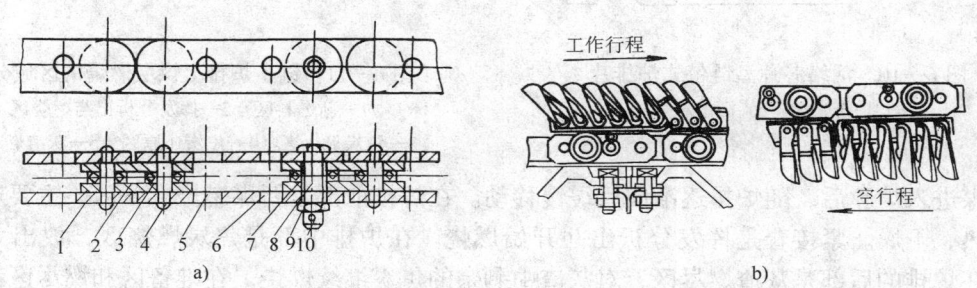

图6—8　鳞片式炉排的链条
a）结构　b）工作过程
1—大环　2—小环　3—垫圈　4—铆钉　5—大孔（穿拉杆）
6—小孔（装夹板）　7—套管　8—螺栓　9—螺母　10—开口销

（4）几种改进型的链带式炉排

1）大块轻型链带式炉排　大块轻型链带式炉排是目前国内出现的一种新型炉排，其炉排片的结构如图6—9所示。其主要特点是：

①工作安全可靠　它克服了以往普通链带式链条炉排的通病，即因一块炉排折断就导致整个炉排运行受阻而使事故扩大。

②质量轻　它比普通链带式炉排片轻一半，显然可以节省材料。

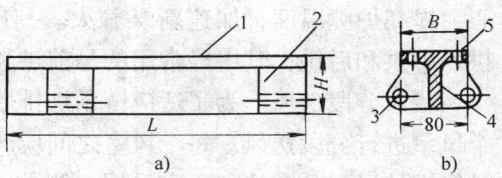

图6—9　大块轻型链带式炉排
a）炉排片正面示意图　b）炉排片剖面图
1—炉排工作面　2—炉排片环脚
3—连接孔　4—加强筋　5—通风孔

③制造、安装、检修均较方便，漏煤少　它克服了普通链带式炉排片数目多，通风间隙不易调整合适的缺点。

2）活络芯片型链带式炉排　活络芯片型链带式炉排的结构如图6—10所示，它由炉排壳体及活络芯片两部分组成。芯片与壳体上均开有连接孔,通过短销连接在一起。但芯片的孔径略大一些,以便芯片活动自如,并在空行程时能自动清理夹灰。壳体两端下部有连接孔,通过短销与主动链带连接。因此,位于主动链上的炉排片仅受热而不受力,而位于炉排下方的主动链只受力而不受热,这就改善了炉排的工作条件。炉排片不易烧坏,运行安全可靠,这是它的主要优点。此外,还有金属消耗量少、漏煤少、通风均匀、炉排片不易堵灰、检修拆换方便等优点。

2. 链条炉排的燃烧特点

链条炉排上新煤的着火条件较差,煤的着火主要依靠炉膛火焰和拱的辐射热,因而上面的煤先着火,然后逐步向下并且由后向前燃烧。这样的燃烧过程,在炉排上就出现了明显的区域分层,如图 6—11 所示。

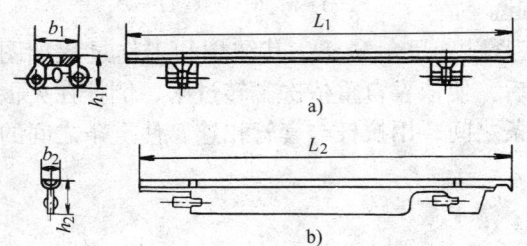

图 6—10 活络芯片型链带式炉排片
a) 炉排壳体 b) 活络芯片

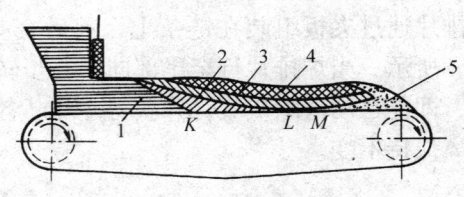

图 6—11 链条炉排上煤层燃烧的区域分层
1—新燃料区 2—挥发分析出与燃烧区
3—焦炭氧化区 4—焦炭还原区 5—灰渣燃尽区

煤进入炉膛后,随炉排逐渐向后缓慢移动。在炉排前部是新煤燃烧准备区,主要进行煤的预热、干燥。紧接着是挥发分析出并开始燃烧。在炉排中部是焦炭燃烧区,放出大量热量。在炉排的后部是灰渣燃尽区,对灰渣中剩余的焦炭继续燃烧。在准备区和燃尽区都不需要很多空气,而在焦炭燃烧区则必须保证有足够的空气。如果不采取分段送风,就会出现空气在炉膛前后两端过剩,在中部不足的弊病。在炉膛中布置炉拱,采用分段送风和二次风就是为了改善上述燃烧状况而设计的,下面分别介绍。

(1) 炉拱 炉墙向炉膛内突出的部分称炉拱。炉拱的主要作用是储蓄热量,调整燃烧中心,提高炉膛温度,加速新煤着火。其次是延长烟气流程,促使燃料充分燃烧。炉拱有前拱、中拱和后拱,其中经常用的是前拱和后拱。

(2) 分段送风 为了适应链条炉排燃烧各区段需要不同风量的特点,在炉排下面隔成几个风室进行分段送风。每个风室之间应严密不漏,以防短路而失去调节作用。为了使整个炉排宽度的风量分布均匀,宜采用双侧进风。

每个风室的风量,均用单独的挡风板分别调节,各挡风板的开度,需根据不同煤种的特征,经过反复运行试验,找出使煤燃烧的最佳开启位置。当煤种变化时,还需要重新调整,以达到最经济的运行效果。一台锅炉最多采用 5~6 个风室,送风分段越多,风量分配越符合燃烧的需要,但分段过多,将使结构复杂。

(3) 二次风 在层燃炉中,从炉排下方送入炉膛的空气称为一次风,从炉排上方送入炉膛的气流称为二次风。

二次风的作用是:

1) 搅动烟气，使烟气与空气很好地混合，以减少气体未完全燃烧造成的热损失。

2) 造成烟气旋涡，延长烟气流程，使煤中可燃物质在炉膛内停留较长时间，以便得到充分燃烧。

3) 依靠旋涡的分离作用，把未燃尽的炭粒甩回火床复燃，从而降低飞灰含炭量，减少固体未完全燃烧造成的热损失。

4) 当用空气作二次风时，还可补充一次风的不足，促进完全燃烧。

3. 链条炉的燃烧调整

链条炉在检查确认具备点火条件后，通过煤闸板的控制，随着炉排的转动先在炉排前部铺上厚约 30 mm 的煤层。煤层距离煤闸板的长度控制在 1~1.5 m。后部炉排可用薄灰渣覆盖，煤层上放置木柴和引燃物，准备工作就绪后即可点引火物。然后小开引风和第一风室送风门，到新煤燃旺后调节煤闸板高度，使煤层厚度增至 70~100 mm。然后慢速转动炉排，适当开启第二风室送风门。随着炉排的转动和炉内燃烧状况的变化，后部风室可依次开启。调节燃烧情况，使焦炭至最后风室处燃尽，全部形成灰渣，最后的风门可以不开。

链条炉在正常运行中的操作调节主要是根据不同的煤种和炉内燃烧状况，及时调整煤层的厚度、炉排的速度及风量风压的分布。现分述如下：

(1) 煤层厚度的调节 为适应锅炉负荷的变化，根据不同煤种的特性，煤层的厚度应随之改变。对灰分大、水分高、颗粒大、灰熔点高的煤，一般应控制煤层厚些，反之应薄些。煤层厚则进煤量大，但通风阻力大，不利于通风。所以应综合评定，因炉因煤进行调节，结合平时操作经验，选择比较合适的煤层厚度。一般链条炉的煤层厚度为 80~140 mm。

(2) 炉排速度的调整 链条炉排的速度可以调节的范围比较大，一般为 2~25 m/h。炉排速度必须与负荷的变化相适应。当锅炉负荷变化时，虽然给煤量也做了相应的增减，但在一般情况下，锅炉负荷变化不大时是通过加快或减慢炉排的转速来增减给煤量的。转速快则进煤量大，反之则小。如果采用调节煤层厚度的办法来适应负荷的变化则不能立即见效，只有当新调节煤层移至炉膛中部时，才会对负荷产生影响。如果需要锅炉在新的负荷下长期稳定运行，才应调节煤层厚度，使给煤量与蒸发量相适应。

在调节炉排速度时，也要注意煤的特性。含有挥发分较少的煤不易着火，炉排速度应调节慢些。如果转速太快则易发生断火现象。含有挥发分较多的煤容易着火燃烧，所以炉排转速应快些。如果太慢，燃烧的高温中心区将会移至前拱下面，易造成前拱烧塌和煤闸板烧坏的现象。所以正常的炉排速度应使燃烧的中心区控制在炉膛中间。

(3) 风量和风压的调整 根据链条炉燃烧的特点，在炉排下设置了许多风室，一般设置 5~10 个。对窄炉排，采用单侧送风，一般设置 5 个。如果炉排较宽，采用双侧送风，一般设置 10 个。风室设置较多，有利于送风量的调节，但风室结构复杂，处理不好易发生风室之间的窜风现象。送风量的大小可通过调节各风室风门的开度来控制。一般炉前侧的风室小开或不开，中部三个风室开得较大，中间的开度最大，最后面的风室也是小开或不开。它们的开启度是根据炉排上各部位燃烧状况的不同，因而所需空气量也不同而调节的。

风压的大小应根据炉排上煤层的厚度来确定。煤层厚，通风阻力大，则需要风压高。煤层薄，通风阻力小，风压应低些，否则细煤粉会被扬起而随烟气飞出，易在燃烧的炉排床面上出现火口，即燃烧层局部出现穿孔的现象。火口的出现使通风受到破坏，整个床面形成燃烧不均匀，局部煤层不能烧透，或不能完全燃烧。

风压大小的调节是通过调节风机的转速来实现的。在风室风门的开度不变的情况下，风机转速的改变就可以增减风量。风机转速快，风压大，则风量大；转速慢，风压小，则风量小。风压与煤层厚度、炉排速度三者之间的调节关系是：厚煤层，高风压，跑慢车；薄煤层，低风压，跑快车。

在锅炉负荷需要调整时，燃烧调节的程序是：负荷需要增大时先增大引风量，再增大送风量，最后增大炉排的速度或同时适当增加煤层厚度。负荷需要减小时应先降低炉排速度，再减小送风量，最后减小引风量，同时适当减小煤层厚度。上述调节程序也不是绝对不变的，司炉人员可以根据自己的经验灵活运用。在调风时应注意控制炉膛的负压，一般应在 30 Pa 左右。

（4）煤的特性要求　煤的自身特性对链条炉的运行调节影响很大。对其特性主要有以下几点要求：

1) 燃用的煤应保持一定的颗粒直径，细碎的煤粉不宜过多，最大煤块的直径应小于 40 mm。

2) 煤的黏结性应适当，黏结性太强易形成结焦，太弱易被送风的风压扬起。

3) 煤中水分的含量要适中，一般控制在 6%～8%。水分应浸透，拌和应均匀。

4) 煤中灰分的含量不宜过多，灰的熔点不宜过低。含量过多会影响燃烧，熔点过低易结焦。

但是，如果煤质太好，例如燃用发热量很高、灰分含量很少的烟煤，则应控制一定的煤层厚度。如果煤层厚度合适，因发热量高则燃烧太强烈，在燃尽区因形成的灰渣层太薄也易被送风扬起。如果增厚煤层则燃烧更强烈。如果减薄煤层控制燃烧的热强度则更易产生火口现象，形成的灰渣层会更薄。为了防止出现上述问题，应事先在煤中掺入一部分已燃用过的灰渣，增大煤中的灰分含量。这样既降低了灰渣中的含碳量，又有利于燃烧的调节。掺入的灰渣量的多少应根据煤质情况和司炉的经验，灵活掌握。

三、抛煤机炉

1. 抛煤机的结构

抛煤机按其播撒燃料的方式不同可分为三种形式，即风力抛煤机、机械抛煤机及机械—风力抛煤机。

风力抛煤机是借助高速气流来播撒燃料；机械抛煤机是依靠旋转的桨叶或摆动的刮板来播撒燃料；而机械—风力抛煤机则是两种播煤方式兼而有之，但以机械抛煤为主。从所播煤层的颗粒分布来看，三种抛煤机的煤层特点分别是：风力抛煤机，其炉排前部粒度较粗，越往后越细，至炉排尾部粒度最细。机械抛煤机恰好相反，沿炉排长度的粒度分布是前细后粗，这样的煤层特点对大颗粒煤的燃尽是很不利的。机械—风力抛煤机的煤层特点，由于结合了两种播煤方式，因而粒度分布比较均匀，目前国内也多采用这种形式。下面主要介绍机械—风力抛煤机的结构及其调整。

这种抛煤机由两个主要部件构成，一个是给煤部件，另一个是抛煤部件，如图6—12所示。给煤部件由推煤活塞及调节平板组成。抛煤部件则由击煤桨叶及转子组成。抛煤机在工作时，煤从煤斗落于调节平板上，再通过往复移动的推煤活塞将煤推出，煤落在击煤桨叶上，由转子带动的桨叶便将其连续不断地播撒于炉排面上。抛煤机的伺服电动机通过减速系统一方面带动偏心轴、曲柄连杆机构和摇臂，使推煤活塞做往复运动，另一方面又带动转子，使桨叶做旋转运动，将推下的煤粒不断抛出。

2. 抛煤机的调节

抛煤机的调节通常包括给煤量的调节及煤的抛程调节。给煤量的调节是通过改变推煤活塞的往复频率和冲程来实现的。提高推煤活塞的往复频率，不仅可加大给煤量，还可改善给煤的连续性，以减轻间断推煤所引起的燃烧脉动和炉膛负压波动。但过高的频率会使运动机件的磨损加快，甚至因发生松动而导致相互间的碰撞，给安全运行带来不利的影响。加大冲程也可增加给煤量，这种调节方式在燃用湿煤时更为合适，它可改善湿煤的堵塞现象。此外，当调节推煤活塞右上方的转动挡板的固定角度时，也可控制下煤量，并防止燃用干煤时产生的"自流"现象。不过转动挡板在实际使用中收效甚微，因而有的厂家已将其改为上、下移动的铸铁闸门。当它与煤斗形状配合适宜时，不仅能调节给煤量，而且对防止煤的"自流"现象也有明显的效果。

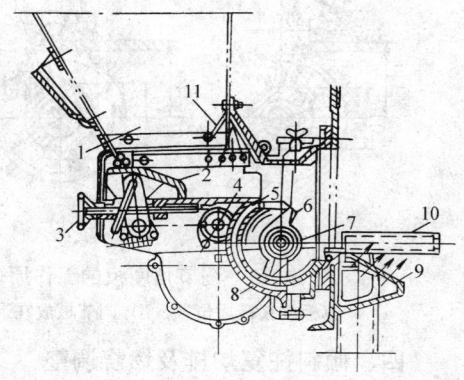

图 6—12 机械—风力抛煤机结构
1—煤斗 2—推煤活塞 3—调节手轮
4—调节平板 5—冷却风喷口 6—击煤桨叶
7—转子 8—冷却风道 9—播煤风槽
10—侧风管 11—转动挡板

抛煤机工作性能的好坏是以其抛煤的均匀程度来衡量的，其中包括沿炉排长度及宽度方向的厚度均匀，以及粒度均匀。抛煤机所抛煤层的粒度分布特性取决于粗细不同粒度的抛程。由于抛煤机对燃煤颗粒度的变化相当敏感，所以，每当燃煤的性质及颗粒特性改变时，就需要进行调节，以保证煤层厚度及粒度的均匀。

抛煤机的抛程调节有两种方法，一是改变转子的转速，二是通过改变调节平板的前后位置，以改变桨叶的击煤角度，如图 6—13 所示。

当转子的转速提高时，所有煤粒的抛程均增大，但转速的调节应有一合理的范围，不可过高。否则，会因打不着煤粒而失去抛煤作用。如上所述，改变调节平板的位置是为了改变桨叶的击煤角度。显然，当调节平板前移时，抛程将缩短，反之，若调节平板向后拉则抛程将加大。

应该指出，这种抛煤机对燃料的含水量比较敏感，当燃用中等水分的燃料时则表现出良好的工作性能，而对含水分高的湿煤则难以适应，轻则影响抛煤质量，重则使抛煤机停止工作，影响锅炉的正常运行。改进的方法一是加大活塞的冲程或增加其往复频率，二是改进推煤活塞的外形，即将原有的斜坡形表面改为阶梯形表面，以降低推煤活塞在行进过程中产生的向上分力，从而减少对上部湿煤的挤压作用。但加大冲程和提高频率均会使推煤量增大，因而尚需降低推煤活塞前端的高度。具体改进如图 6—14 所示。

3. 抛煤机炉的燃烧特点

抛煤机连续地将一小股一小股燃煤抛入炉内，燃煤相互不直接接触，通过炉膛高温区时，表面已经焦化，且相当一部分细煤在炉膛中已经燃烧，抛到炉排上的煤不会黏结在一起，使煤层较疏松。因此，这种燃烧方式处于层燃与空燃之间，着火条件和燃烧条件都比较好，负荷适应性好，调节灵敏，煤种适应范围比较广，是一种较好的机械化燃烧方式。

抛煤机炉的缺点是抛煤机结构复杂，制造质量要求高。均匀性受颗粒影响大，原煤最大颗粒不超过 30~40 mm，含水率也有严格要求，当含水率大于 12% 时，抛煤机很难正常工作。

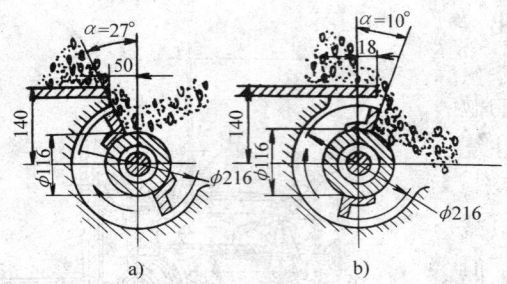

图 6—13 调节角度板的工作原理
a）调节板放在最后位置 b）调节板放在最前位置

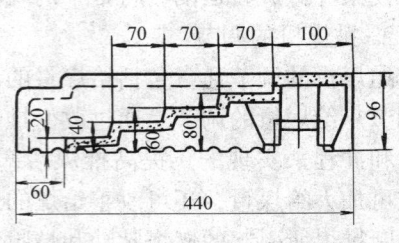

图 6—14 推煤活塞外形的改进

四、倾斜往复炉排及燃烧调整

1．倾斜往复炉排的结构

倾斜式往复炉排主要由固定炉排片、活动炉排片、传动机构和往复机构等部分组成，如图 6—15 所示。

炉排整个燃烧面由各占半数的固定炉排片和活动炉排片组成，两者间隔叠成阶梯状，倾斜 15°～20°。固定炉排片装嵌在固定炉排梁上，固定炉排梁再固定在倾斜的槽钢支架上。活动炉排片装嵌在活动炉排梁上，活动炉排梁搁置在由固定炉排梁两端支出的滚轮上。所有活动炉排梁的两侧下端用连杆连成一个整体。

当电动机启动后，经传动机构带动偏心轮转动，偏心轮通过活动杆、连杆推拉轴、连杆，使活动炉排片在固定炉排片上往复运动，煤随之向下后方推移。

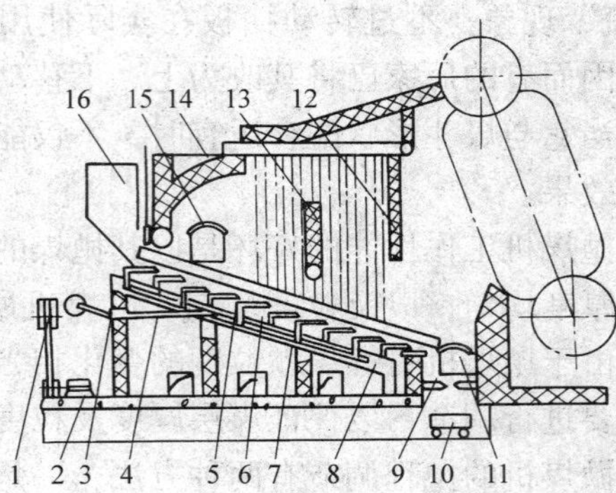

2．倾斜往复炉排的燃烧特点

倾斜往复炉排的燃烧情况与链条炉相似，也采用分段送风和适当加入二次风。燃烧过程也有区段性。它区别于链条炉排的一个主要特点，是炉排与煤有相对运动。当活动炉排向后下方推动时，部分新煤被推到已经燃着的煤的上部。当活动炉排返回时，又带回一部分已经燃着的煤返到尚未燃烧的煤的底部，对新煤进行加热。煤在被推动过程中不断受到挤压，从而破坏焦块与灰壳，同时煤又缓慢翻滚，使煤得到松动与平整，而有利于燃烧。

图 6—15 倾斜往复炉排结构
1—传动机构 2—电动机 3—活动杆 4—连杆推拉轴
5—固定炉排片 6—活动炉排片 7—连杆 8—槽钢支架
9—燃尽炉排 10—渣斗 11—炉灰门 12—后隔墙
13—中隔墙 14—前拱 15—看火门 16—煤斗

3．倾斜往复炉的燃烧调整

倾斜往复炉在点火前先通过煤闸板调整煤层厚度，一般厚度控制在 30～40 mm，推至离煤闸板 500～800 mm 处停止，其余部位的炉排用灰渣覆盖。把木柴和引燃物铺在前拱下的煤层上面，然后即可点火引燃。燃烧后可适当开启前部风室风门。待燃烧旺盛之后即可调整煤层厚度，开动推煤机，逐渐转入正常运行。在运行操作和调节过程中应注意如下问题：

（1）合理调整煤层厚度和风室风门的开度，控制炉膛燃烧温度在 1 100～1 300℃ 范围内，火床面燃烧应均匀。

（2）针对不同的煤种应采用不同的调节方法。对发热量低、难着火的煤应保持较厚的煤层，其厚度一般在 100～140 mm，推煤的速度要慢些、风压要大些，使煤在炉排上有足够的停留时间，以利燃尽。对灰分含量高、易结焦的煤，煤层厚度应适当减薄，为了稳定燃烧，保持锅炉的产蒸汽量，可以调短推煤的行程，增加推煤的次数，达到增强燃烧的目的。对灰分含量少的煤，可适当增大煤层厚度，减慢推煤速度。对挥发分含量高的煤在燃用前应适当掺水，控制水分含量在 8%～10%。对黏结性强的煤，最好用几种煤掺和在一起混烧，以防止出现结焦。总之，司炉应不断总结燃用不同煤质的燃烧经验。

(3) 锅炉负荷需要增减时主要依靠送风量和给煤量的调节，送风量的增减主要是调节风室风门的开度；送煤量的增减主要依靠调节推杆电动机的开停时间来增减推煤的次数。煤层的厚度一般情况下不要调整，否则易造成燃烧工况大的变动。

(4) 如果因锅炉负荷减小、燃烧调节不当、煤质发生变化等情况造成燃烧中心后移，甚至接近尾部渣板处，这时首先应暂停推煤，然后调小或暂时关闭前部风室的风门，开大尾部的风门。在短时间内强化后部燃烧，使燃烧中心逐步前移。最后再逐渐恢复其正常运行。

五、煤粉炉的燃烧特点及燃烧调整

1. 煤粉炉的燃烧特点

煤粉炉是将煤在磨煤机中制成煤粉，然后用空气将煤粉喷入炉膛，在悬浮的状态下燃烧。由于煤粉很细，能与空气良好混合，因此加快了煤的着火和燃尽，燃烧效率高达 90% 以上，且适应外界负荷变化的能力较强。但由于必须配备制粉系统，金属耗量及耗电量都较大。因此，煤粉炉在工业锅炉应用中受到一定的限制。

煤粉炉除炉膛外，主要包括磨煤机和喷燃器两部分。磨煤机种类很多，在小型工业锅炉中常用的是风扇式和锤击式高速磨煤机。风扇式磨煤机结构如图 6—16 所示。

风扇式磨煤机主要由叶轮、外壳及减速箱组成。叶轮的形状类似风机的转子，上面装有 8～12 块冲击板，冲击板用耐磨材料（如锰钢）制成。风扇式磨煤机结构简单，制造方便，外形尺寸小，但磨损严重，冲击板调换麻烦。

燃烧器是煤粉炉的重要部件，燃烧工况组织得如何首先取决于燃烧器及其布置。燃烧器的作用是将煤粉和空气喷入炉膛中燃烧。在小型煤粉炉中常采用旋流式或蜗壳式燃烧器。旋流式燃烧器如图 6—17 所示。

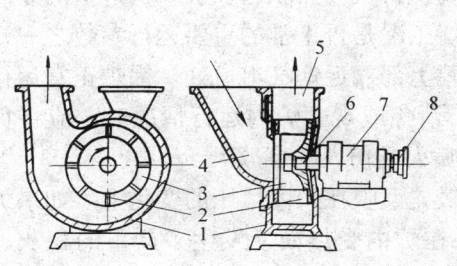

图 6—16 风扇式磨煤机
a) 正面示意图 b) 侧面示意图
1—外壳 2—冲击板 3—叶轮
4—风、煤进口 5—煤粉空气混合物出口
6—轴 7—减速箱 8—联轴器

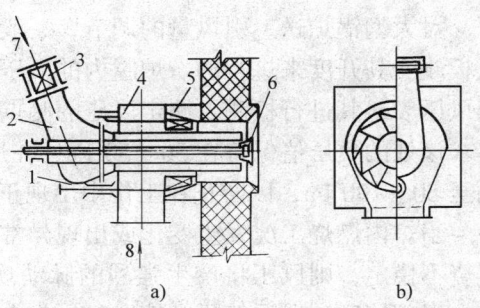

图 6—17 旋流式燃烧器
a) 正面示意图 b) 侧面示意图
1—拉杆 2——次风管 3——次风舌形挡板
4—二次风筒 5—二次风叶轮 6—喷油嘴
7——次风 8—二次风

携带煤粉的一次风一般为直流,二次风则通过轴向叶片组成的叶轮产生旋转,通过叶轮的前后调整,改变了与风道之间的间隙,从而可调节二次风的旋流强度,可更有效地调节出口气流扩散角及回流区的大小,使得出口气流均匀。喷油嘴供升火时燃油点火用。

2. 煤粉炉的燃烧调整

锅炉在运行中为了适应负荷变化的需要,就必须保持炉内燃烧工况的稳定。炉内正常燃烧的关键就是正确增减煤粉的喷入量和一、二次风量的调节配合。根据锅炉负荷的变化应及时均匀地调节送入炉内的煤粉量和风量。有关的调节方法和要求如下:

(1) 煤粉量的调整 对于不同的燃烧设备和不同的煤种,其调节方法也各不相同。煤粉量增减的调节方式与锅炉负荷变化的幅度、制粉系统的运行、给煤机的形式等因素有关。

对配有中间储仓制粉系统的煤粉炉,制粉的出力不会直接影响煤粉的供给量,供煤粉量的大小是通过改变给煤机的转速和喷燃器开启的个数来控制的。当锅炉负荷变化不大时,一般只改变给煤机的转速,以改变进入一次风管的煤粉量。如果锅炉负荷变化较大,则需采用改变开停喷燃器的个数来进行调节。当需要开启喷燃器和给煤粉机时,应先开启一次风的风门,调至所需要的开度,然后对一次风管进行吹扫。当一次风的风压指示正常后,方可开动给煤粉机,并同时开启二次风。这时应注意观察炉内的燃烧情况。在停机时应首先关闭二次风,停止给煤粉机的运转,一次风仍需继续吹扫数分钟,最后调至微开,用风冷却喷口。

对配有直吹式制粉系统的煤粉炉,一般都配有几台独立制粉系统的磨煤机。因其无中间煤粉仓,磨煤机的出力将直接影响煤粉的供给量。当锅炉负荷变化不大时,可通过调节制粉系统的出力来解决。当锅炉负荷增大时,应先开大排粉机的进风口的挡板,增大通风。这样可以利用制粉系统内少量的存粉进行缓冲调节,然后再加快煤粉的加工,以增大供给量。在增大煤粉供给量的同时,要相应地增大二次风量。如果锅炉负荷减小,应先减小煤粉供给量,关小排粉机进风口的挡板,然后相应减小二次风量。如果锅炉的负荷增减变化较大,则采用启动或停止一套制粉系统的运转来进行调节。

(2) 风量的调整 当锅炉负荷发生变化时,送入炉内的风量和煤粉量的增减变化必须相适应。随着煤粉喷入量的增减,对炉内的送、引风量都必须做相应的调节,应尽可能保持炉内最佳的过剩空气系数和负压。炉内的过剩空气量一般通过氧量表进行测定。燃用烟煤时一般控制高温省煤器前的烟气中的含氧量在4%~5%的范围内。要注意消除锅炉漏风的影响。

对大型锅炉送、引风量的调节,一般是通过电动执行机构操纵送、引风机进口的导向挡风板改变其开度来进行的。炉膛内的风压是反映燃烧工况是否正常的重要运行参数之一,常用风压表对其进行检测。测定风压的测点通常在炉膛上部靠近烟气出口处。锅炉正常运行时要求该处的负压值保持在30~50 Pa,在进行吹灰、清焦或观察炉内运行情况时,应将负压调至50~100 Pa,以防止在工作中出现正压而发生喷火或伤人的事故。

当炉内燃烧工况发生变化或出现异常情况时,最先反映在炉内风压的变化上。如果炉内燃烧不稳定,则风压将产生强烈的脉动现象。如果在炉内受热面上发生了严重的积灰、结渣、局部堵塞、泄漏等异常情况时,都会造成燃烧的不稳定。所以在锅炉运行中要注意观察风压表的变化,发现异常应及时查明原因,尽快处理。

(3) 喷燃器的运行调整 炉内燃烧工况的好坏,不仅与送入的一、二次风量和风速有关,而且与炉膛的热负荷以及煤粉在炉内的分布情况有关,即与喷燃器的负荷分配和开停方式有关。

喷燃器保持适当的出口风速和风量是建立良好的空气动力场、使送风和煤粉均匀混合、保证煤粉稳定燃烧的重要条件。如果一次风的风速过高，将会推迟煤粉的着火，风速过低则易烧损喷燃器，并在一次风管内产生煤粉沉积。二次风的风速过高或过低，都会破坏炉内正常的燃烧混合和搅动，破坏燃烧的稳定性。风量的大小则与煤粉着火的过程密切相关。对不同的煤种所采用的风速和一次风量各不相同，对不同的喷燃器，其调节的方法也不一样。

对于不同形式的旋流式喷燃器，为了适应不同的煤种和燃烧工况的要求，它应具有不同的旋流强度和一、二次风量的配比。双蜗壳旋流式喷燃器一般都装有二次风的风量挡板和舌形的风速挡板。一次风的风量挡板装在一次风管的管道上。在锅炉运行中对二次风的风速调节主要是对舌形挡板的调节。调节的依据是煤中挥发分的变化和锅炉负荷的变化。煤的挥发分含量低，应适当关小舌形挡板，反之则调大开度。锅炉的负荷增大则开大舌形挡板，反之则调小开度。对轴向叶轮式旋流喷燃器，一次风的风速只能借助改变一次风的风量来调节。喷燃器出口切向风速的改变一般常和风量的改变配合进行（亦可进行单项调节）。例如调节舌形挡板、调节叶轮轴向叶片的位置或中心锥度等。对于二次风的风量调节，主要是变更总风量，也可以调节二次风的风量挡板。

判断炉内的风速和风量是否合适，主要是根据炉内燃烧是否稳定，炉温分布是否均匀，过热蒸汽的气温升降，以及排烟和机械不完全燃烧热损失的大小来评定。

为了使炉内火焰燃烧中心的位置合理，避免燃烧中心发生偏斜，应对各喷燃器的负荷分配尽量做到均匀和对称，即应将各喷燃器的送风量和供煤粉量尽量调整一致。并排布置的喷燃器，中间的喷嘴负荷可以调节略高些，以适应某些煤种或锅炉负荷的变化，这样可以获得更好的燃烧效果。在锅炉负荷允许的情况下，有时也可以采用多火嘴、少燃料、尽量对称投入运行的方式进行调节。这样的方式风和煤粉混合较好，有利于互相引燃，容易适应锅炉负荷的变化，燃烧较稳定，火焰充满炉膛的程度分布好，调节也很方便。对燃用低挥发分的煤种，还是采用集中火嘴，适当增加煤粉浓度的运行方式比较好。

对于四角布置的摆动式直流喷燃器，应充分利用其喷嘴倾角可以调节的特点，尽量增大其下倾角或改变与中心线的夹角。这样可以更好地调节风与煤粉的混合情况，以适应煤种变化的需要。煤的挥发分含量高时，喷嘴与中心线的夹角可调节大些，这样能使一、二次风较早地混合。评定调节好坏的依据是蒸汽的温度、燃烧的稳定性、炉膛出口处的烟温、炉内的温度分布、炉膛两侧的燃烧产物、飞灰中可燃物的含量等因素。在锅炉负荷增大时，应设法降低炉内的燃烧中心或缩短火焰的长度，避免在水冷壁上出现结渣。在锅炉负荷降低时，为了防止灭火应适当降低炉膛的负压，调节好各喷嘴的送风量和送煤粉量，避免风速有较大的波动。有时也可采用停用部分喷燃器的方法，或者降低炉内的燃烧中心。四角布置的喷燃器可以采用分层停用的方法，也可以采用对角停用定时切换的方法。切换的操作方法是先开启其他的喷燃器使之运行正常，然后方可停用正在运行的喷燃器。切换操作时应注意风量和煤粉量的配合，停用的喷燃器在停止使用后仍要通过少量空气进行冷却，避免造成喷嘴的过热烧损。

六、循环流化床锅炉简介

1. 流态化原理

流态化是一种由固态颗粒与气体充分接触转变成类似流体状态的操作过程。

（1）流态化现象　当气流由下至上通过一个具有符合规定大小颗粒床层的容器时，随着

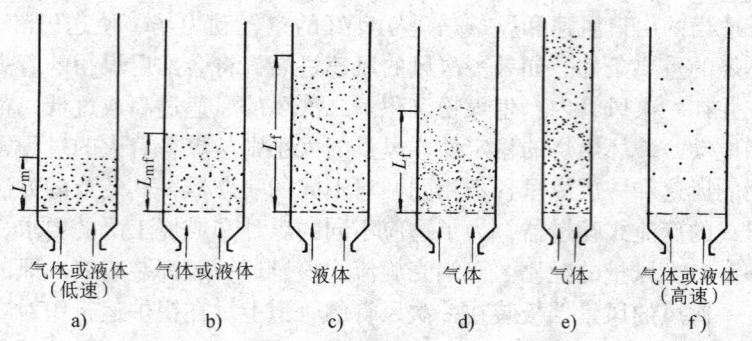

图 6—18 固体颗粒层与流体接触的不同类型
a) 固定床 b) 初始或临界流态化 c) 散式或平稳流态化
d) 聚式或鼓泡流态化 e) 腾涌 f) 呈现气力输送现象的稀相流态化

气流速度的变化，床层颗粒会呈现出各种不同的流动现象，如图 6—18 所示。

固体床料随着流速的增加，床层开始向上膨胀，流速加大，膨胀增大，直到作用在颗粒上的阻力完全托起该颗粒的质量为止。这时颗粒与气流间的阻力与其质量相平衡，相邻颗粒间的挤压力在垂直方向的分力等于零，这时的床层定义为临界流化状态的床层，相应的气流速度称为临界流化速度，这是衡量流化床的一个重要因素。

当稳定运行风速大于临界流化速度时，由于气泡在床层内部的形成和运动，其中一部分粒子随气泡在床层表面的破裂处夹带出床层而扬析出去，但床层的脉动是稳定的，床层的上界面非常清晰。界面以下为密相床层，界面以上为稀区或悬浮空间，这时称为"鼓泡床"。

若进一步提高气流速度，床层气泡急剧长大，床层表面起伏加大，界面模糊难辨，并可能发生不正常的流化状态，如：沟流、腾涌等，这种不稳定床层称为湍流床。一旦流速超过固体颗粒的终端速度时，床层界面消失，不存在密箱床层，粒子随气流飞逸床体，呈现气力输送固体粒子现象的分散相，这种运动过程称为高速床。

(2) 床层压降 流化床流化质量的重要指标是料层压降和风速的关系。

在工程计算中，把沸腾床阻力认为不变，即料层阻力 ΔP，可近似地认为是单位床截面上的料层质量。

$$\Delta P = G/\Delta t = nL_m\gamma_p \quad \text{Pa} \tag{6—29}$$

式中 G ——床内固体颗粒质量，N；
　　　γ_p ——颗粒重度，N/m³；
　　　Δt ——布风板面积，m²；
　　　L_m ——固定床层高度，m；
　　　n ——压强化系数、决定于料层厚度和煤的性质，对于沸腾锅炉燃用 0~8 mm 颗粒度时，不同煤种的 n 值为：石煤、煤矸石：0.9~1；无烟煤：0.8；烟煤：0.77；烟煤矸石：0.82；油页岩：0.7；褐煤：0.5~0.6。

料层阻力维持 4 000~5 000 Pa 比较合适，料层过低运行不稳定，料层过高，运行阻力太大。

(3) 不正常流化现象及其消除方法 由于沸腾炉中使用的煤粒子是不均匀、近似球形的粒子，故运行中达不到理想流化过程，加之炉膛从燃烧考虑并不是柱体状，布风也不是绝对均匀等,这些都会造成不正常的沸腾流化,从而影响组织合理的燃烧。

以下是几种典型的不正常流化现象及消除方法:

1) 沟流 沟流是由于床内料层分布不均,使气流穿过床层时,局部地方形成通道而导致气流短路。这时即使风速超过正常流化速度,料层也不沸腾,如图6—19a所示。沟流形成之后,也可能随风速的增加而加剧原有的沟流崩溃,从而出现新的沟流,床层压降也随之发生较大幅度的振荡,如图6—19b所示。

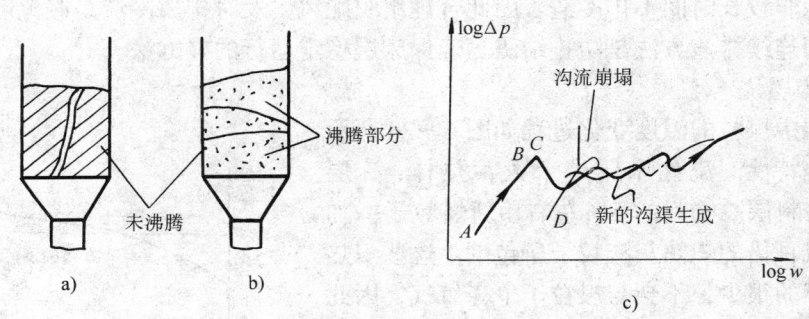

图6—19 沟流现象及床层脉动
a) 贯穿沟流 b) 中间沟流 c) 床层脉动

影响沟流的因素大致有以下几个方面:
①料层筛过宽,细小颗粒多,且运行时风速过低。
②料层太薄,煤粒含水分过多,料层湿而黏结。
③床面积过大,布风装置设计不佳,风帽节距太大。
④料层中的阻挡元件布置不合适,如长鳍片的立式埋管。

在点火启动时风量较小,整个床层没有沸腾,而局部地方呈现喷泉状的煤粒翻滚。因此需要时常扒动床层粒子以免产生局部沟流,在运行中消除沟流的有效方法是加厚料层。

2) 气泡 在鼓泡沸腾过程中,由于风量超过临界流化风量而产生气泡。若气泡分布很不均匀或气泡过大,则会使沸腾不正常。气泡过大会造成床面的波动,同时夹带许多未燃尽煤粒吹出床体而增加损失。另外,气泡内储存一定量的空气,既影响了床层的传热,又影响了床层的燃烧。

产生气泡过大和分布不均匀的因素有:
①布风板设计不佳,风帽的尺寸、布置及开孔不合理。
②料层颗粒太大时,产生气泡较大。
③料层高度不合理,料层过高,气泡太大;料层过低,气泡分布不均。

在床层中适当加装阻挡元件,如交叉或小平埋管,采用小风帽,选择适当的沸腾高度等,都有利于消除大气泡的产生。

3) 腾涌 若沸腾层的高度和床层直径之比过大,则床内气泡直径可能长到接近床层宽度。这时的床层颗粒就如被气泡分成几节一样,呈活塞状向上运动,这些大气泡上升到某一高度破裂时,颗粒大量飞溅,其中大颗粒像雨淋落下,小颗粒随气流带走,这种现象称为腾涌或节涌。

一旦造成腾涌,即难以维持正常运行,风压波动十分剧烈,底部沉积极易结渣,腾涌崩裂时的冲击会加剧对炉壁的磨损。产生腾涌的因素与气泡引起的不正常沸腾的因素相同，只不过更严重罢了。沸腾炉采用宽筛分有利于抑制腾涌，这是由于不同粒径的颗粒相互"润滑"因而大大减小了同一粒径粒子的相互作用力。

4) 分层 采用宽筛分床料会出现在同一风量下，由于各自重力不同，小颗粒在上部沸腾，大颗粒在底部仍处于固定状态的"假沸腾"，并出现分层现象。分层是床内底部结渣的原因之一，风量较小时分层现象尤为突出。正常运行时，由于风速较高，颗粒混合充分，分层不显著，除非较长时间不排冷渣。因此合理组织配风，及时排放冷渣是避免产生分层的可靠方法。采用连续排渣方法是防止结渣、确保床层稳定运行的好方法。

2. 流化床燃烧

燃烧过程中煤粒的温度变化过程如图 6—20 所示。

(1) 燃烧特性 流化床层是个大蓄热体，床层中的新料只占料层总物料的 5% 左右，新煤粒子一加进床内便被成百倍的炽热灰渣粒子所包围。这些炽热的灰渣，可燃的很少，不会与煤粒子争夺氧气，因此起到了"理想供"的作用，可促进煤粒迅速预热、干燥至着火燃烧。煤粒与灰渣处于不停翻滚运动之中，一方面相互撞碰，不断更新表面，另一方面能与空气充分而强烈地混合以完成燃烧。

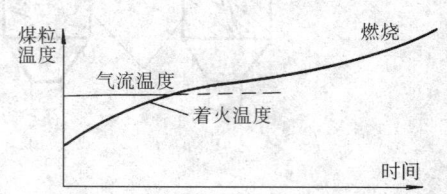

图 6—20 燃烧煤粒的温度随时间的变化

(2) 燃尽时间 根据两箱流化理论，假定沸腾床中的气泡尺寸不变，连续箱中流化介质与燃烧着的煤粒完全混合，从而使煤粒的燃烧速度受到如下两种扩散阻力的制约。

1) 氧从气包箱与乳化箱的交界上向乳化箱扩散。

2) 氧从乳化箱中扩散到每个燃烧着的碳粒。

碳粒在沸腾床连续箱中燃烧、煤粒向周围的扩散反应过程如图 6—21 所示。

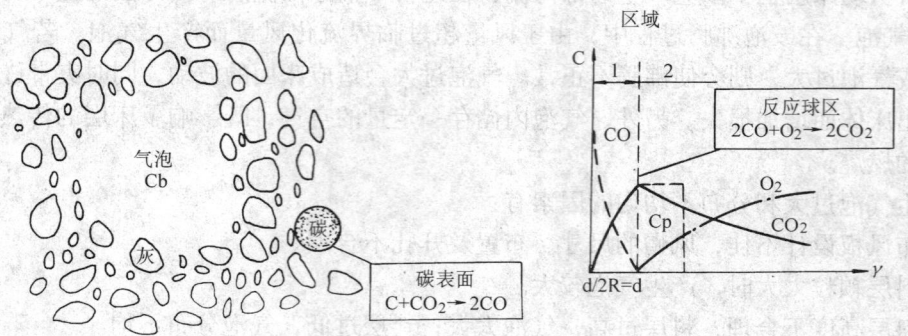

图 6—21 碳粒在沸腾床连续箱中燃烧

测定表明：煤颗粒在床层中的停留时间远大于它的燃尽时间，并且由于流化床的特定过程而使燃烧得以强化，因此，它不仅能高效燃烧优质煤，而且对劣质煤也能稳定燃烧。

(3) 燃烧影响因素 影响燃烧的因素如下：

1) 床层温度 控制床温能防止结焦，并确保添加剂在沸腾炉的脱硫效果达到最佳，但温度过低，反应变得缓慢则会降低燃烧速率，在低负荷运行时易造成熄火。一般来说，床层内部应设置适当的受热面，控制床温比煤灰变形温度 t_1 低 100～150℃ 左右，悬浮空间内侧尽可能少布置受热面，以维持较高的炉膛温度，使得悬浮空间的未燃尽颗粒得以进一步燃烧。

2）床体结构　合理的床体结构可以改善流化质量，降低氧的扩散阻力，并维持稳定燃烧工况，其中对风帽的选择及布置方法是关键。因为风帽能使物料流化均匀，可以减少扬析和风机电耗。此外，合理设置床内受热面，有利于抑制气泡的长大，减少床面波动。运行实际表明，一般而言，适宜的倾斜或水平埋管对燃烧和运行稳定是较为合理的床体结构。

3）煤的性质　煤的挥发和热值是决定床温选择的因素。挥发分含量较高的煤，氧的扩散阻力较小，有利于煤粒燃尽。挥发分低的煤，则要求减小入炉煤的颗粒直径，并提高床层总体温度。煤的筛分特性决定于流化风速的选取，并控制了传热、扬析等一系列性质。减小炉煤的颗粒度及减少入炉煤的筛分范围，就可以减少扬析，提高燃煤效率。

4）给煤方式　为了减少氧的扩散阻力，保证床层给煤均匀，应采用多点分散给煤方式，这样有利于煤粒的燃尽，一般以每平方米有一个给煤点为最佳。国内沸腾炉大多采用正压给煤方式，它有利于煤粒在床层内的纵向、横向混合，缩短入炉煤的着火时间及减小扬析损失，实践证明，采用播煤风效果更佳。

第六节　燃油与燃气锅炉

一、燃油锅炉

1．燃油锅炉简介

燃油锅炉是燃用燃料油的锅炉，常以燃用重油为主，具有一定的压力和温度的燃料油，通过喷嘴，被雾化成细小油滴而喷入炉膛，燃烧所需的空气则借助调风器送入炉内。经炉内高温烟气加热，油滴受热汽化成油气，并与空气混合达到着火温度时，便开始着火燃烧，直到燃尽。

燃油锅炉一般为全自动化，并配有锅炉启动、停炉程序控制。燃烧、给水、油压和油温的自动调节以及高低水位、熄火、超压和低油压的保护，良好的雾化和合理的配风是保证燃料迅速而完全燃烧的基本条件。因此作为燃烧器的雾化器和调风器是燃油炉的关键设备。

在一般情况下，简单机械雾化油嘴只能用改变进油压力的方法来调节油量。在低负荷时由于进油压力降低，雾化质量变差，因而调节幅度有限。回油机械雾化油嘴，是在简单机械雾化油嘴基础上，为改善调节性能而改进成的。它的结构原理与简单机械雾化油嘴基本相同。不同的是在旋流室的前后有两个通道，一个通炉膛喷孔，另一个经过出油管道使油流向油箱。调节回油阀，可以改变回油量。回油量越大，喷油量越小，反之则喷油量越大，因此可以调节油嘴的出力，使进油压力基本稳定，雾化质量得到保证。

燃油炉燃烧所需要的空气是通过调风器送入炉膛的，因此，要求调风器不仅能正确地控制风和油的比例，保证燃烧所需的空气连续均匀地与油混合，而且能保证着火迅速，火焰稳定，燃烧安全。在工业燃油炉中，几乎全部采用旋气式调风器。在这种调风器中，空气做旋转运动，因此在出口处，气流同时具有轴向和切向速度，使气流扩展，在出口附近形成回流区，而且气流在出口处速度很高，混合能力很强。这样既能使油气迅速混合，又能保证油的稳定着火。通过调节手柄可改变叶片的倾角和叶片间的距离，以获得不同的旋流强度，适应锅炉负荷变化的需要。稳焰器位于燃烧器中心出口处,是一个表面开有若干缝隙的锥体,能使气流扩散,形成中心回流区,使火焰稳定。

2. 燃油燃烧的调试方法

燃油锅炉燃油调整主要由调整燃烧器来完成。燃油燃烧器按其对油的雾化方式来分主要有四种,即机械式雾化、转杯式雾化、蒸汽雾化、空气雾化。下面我们着重介绍应用比较广泛的机械式雾化燃烧机。

(1) 机械雾化燃烧机的主要特点

1) 燃烧控制方式为全自动,点火采用高压电子点火。

2) 燃料消耗可根据负荷变化自动调节,因此燃烧效率较高,可调范围广。

3) 有火焰检测保护系统。

4) 设有回油装置,剩余油能回到油箱继续使用。

5) 结构紧凑,操作简单,使用方便,检修容易。

(2) 燃烧机的主要结构

1) 电动机、风机 其主要作用是提供给油燃烧时所需的氧气和对油进行雾化。

2) 油泵 其作用是为燃烧机提供燃料和雾化所需的压力,需要说明的是:

①油泵转向必须正确。

②滤网应定期清洗。

③开始运转前应将油管中的空气排出。

④油泵不能无油空转,否则油泵将损坏。

⑤油泵上应安装真空表及压力表。

3) 风门执行器 它是由可调整的连锁杆与风门和油泵相连,在火位变化时,通过控制机构控制风与油比值的一种装置。风门执行器大体有两类,一类是单油嘴比例调节式,另一类为双段式或三段调节式。

4) 火焰检测装置(俗称电眼)

①必须定期插拔电眼来检查它的灵敏度及可靠性。

②必须定期擦洗电眼的感光部分。

5) 点火器 用于点燃喷射的燃油。

6) 油嘴 油嘴的作用是将油雾化成极小的微粒,并喷入炉膛内进行燃烧。

(3) 燃烧器调节部件的调整 我们将着重介绍油泵、风门执行器、油嘴与稳焰器及点火电极棒间距等的调整。

1) 油泵油压的调整 前面已经讲过油的雾化状况是油燃烧好坏的重要因素之一,所以我们应当知道和掌握对不同型号的燃烧器油泵油压的调整。

①对于 2 级和 3 级燃烧器,油泵油压的调节值见表 6—8。

表 6—8　　　　　　　　　雾化压力推荐值

型号	雾化压力 (MPa)
L1…L9Z	1.0~1.2
L7…L10T	1.0~1.2
MS5Z…MS9Z	2.0~2.5

②对于比例式调节燃烧器,油泵压力见表6—9。

表6—9　　　　　　　　比例式油泵压力表压力

型号	雾化压力（MPa）
RL3…RL11	2.0~3.0
RMS3…RMS11	2.5~3.0

以上雾化压力为推荐值,实际调整时应根据燃烧情况来确定(即保护该燃烧器与锅炉匹配的最佳喷油量,及保证燃烧处于基本完全的状况下)。

2）风门执行器的调整

①双油嘴风门执行器　该风门执行器的四组凸轮开关控制风门的开启角度,用角度来显示风门开启的大小(90°时风门最大,0°时风门关闭)。下面就这四组凸轮开关的调节简述如下:

第一组凸轮开关控制二级电磁阀的调节角度介于20°~60°之间,通常调节为30°左右为宜。

第二组凸轮开关为部分负荷开关,调节范围一般为0~30°之间,一般设定在20°左右点火为宜。

第三组凸轮开关为全负荷开关,它与燃烧器的额定功率有关,最高可调至90°。

第四组凸轮开关须调节到0°,为启动做好准备。

②单油嘴风门执行器(比例调节式)　该执行器有7组凸轮开关,其轴与回油调节阀相连,可进行无级负荷调节。

第一组为全负荷风门开关,它与风门发动机功率有关,最高可调至130°。

第二组为风门关闭开关,调节为30°。

第三组为点火风门开关,设定为30°。

第四组任意设定。

第五组任意设定。

第六组任意设定。

第七组为部分负荷风门开关,调节角度为50°。

此类燃烧器可选配比例跟踪仪来进行负荷的无级调节。

比例跟踪仪由压力或温度传感器、工业控制器组成。压力或温度传感器可将被测点的压力或温度转换为电信号,并反馈给工业控制器,控制器将采集到的信号与预先设定的值进行比较,并输出相应的控制信号给风门执行器,使其可对负荷的变化进行跟踪调节,使燃烧量随负荷的变化而同步变化,从而可使锅炉的气压、温度保持在稳定的状态下,并可节约燃油的消耗量。

3）油嘴与稳焰器及点火电极棒间距的调整　稳焰器的作用是使风机输出的空气产生一个相当稳定的旋涡,使其形成一个低速高温烟气回流区以利于火的稳定,因此,稳焰器必须能遮蔽着火区域中高速运动的二次空气。为了供给火焰根部所需的空气和防止烧坏稳焰器,一般在稳焰器上开有直流孔或切向导流槽,通入少量低速旋流的一次空气,其余大量的空气作为二次空气高速吹入炉内。

稳焰器与油嘴之间的距离可以通过改变稳焰器轴向的相对位置来进行调整,一般它们之间的间距为 0～10 mm。点火棒两极的间距为 3.5～4 mm，距油嘴的高度为 3～5 mm，与油嘴的间距为 0～3 mm，要注意的是点火棒距离其他金属物体要超过 4～6 mm 以上，两棒不能接触。

二、燃气锅炉

1. 燃气锅炉简介

目前我国正在逐渐推广用燃气作为锅炉的燃料。下面我们简单介绍几种燃气燃烧机的种类、结构及安全操作规程。

燃气燃烧机按照气体种类大致分为三种：即天然气、液化气、城市煤气。燃气燃烧机由下列部件组成：

（1）燃气供给装置　燃气供给装置由球阀、减压阀、电磁阀、检漏装置、蝶阀、喷头等组成。

1）球阀是用来开断燃气供给管路的阀门。

2）过滤器可以滤掉燃气中的杂质和油渣，以保护电磁阀和稳压器正常工作。

3）稳压器的作用是将进气端的压力降至燃烧机工作所需压力并稳定在设定的压力下，其操作方法如图 6—22 所示。

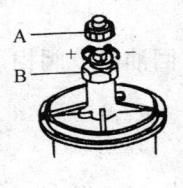

出厂配置：标准弹簧（5～20）×10⁵ Pa
1. 将保护盖 A 旋下
2. 调"+"调节心轴 B "右旋"＝增大出口压力（额定值）
3. 调"-"调节心轴 B "左旋"＝减小出口压力（额定值）
4. 检验额定值
5. 旋上保护盖

a)

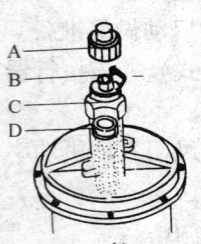

b)

1. 去掉保护盖，将调节心轴 B 向左旋至挡块
2. 将整个调节装置 C 旋出并取出弹簧
3. 装入新弹簧
4. 将整个调节装置装上并调整好所需的出口压力
5. 盖上保护盖 A，将新弹簧的标签牌贴到型号排上

弹簧型号/颜色	出口压力范围 Pa
橙色	(5～20)×10⁵
蓝色	(10～30)×10⁵
红色	(25～55)×10⁵
黄色	(30～70)×10⁵
黑色	(60～110)×10⁵
玫瑰色	(100～150)×10⁵

图 6—22　出口压力的调整
a）额定值调整　b）更换弹簧

4）电磁阀通过程序控制器控制燃气的通断，向燃烧机供气。为保证安全运行，通常都采用两只电磁阀串联工作。

5）检漏装置由 4 个主要部件组成。

①装在电控柜中的程序控制器。

②装在电磁阀测试段间的气压开关。

③装在排气管道中的排气阀（常开）。

④装在排气管道中的气密性指示器。它的作用是在每次燃烧机启动前测试燃气阀组中电磁阀的密封性。

（2）风机、风门执行器、火焰监测装置、安全监测装置

1）风机提供燃烧所需的空气。

2）风门执行器可控制风门挡板及蝶阀的开度。

3）火焰监测装置是一种保护装置，点火失败或意外熄火的情况下可切断燃料供应。

4）安全监测装置包括燃气压力监测开关和风压监测开关，是用来对燃烧过程进行监测与控制，在突然断气或断风的情况下可立即中断燃烧，避免发生事故。

2. 燃气爆炸

如果燃气与一定量的空气混合而达到爆炸极限范围之内，并充满在封闭容器中（如房间或管道中），这时如遇火种就会产生爆炸。

(1) 爆炸的原因　在运行中发生爆炸事故的各种原因其比例大致如下：

违反燃烧安全操作规程的占60%；燃气压力过高或炉膛负压过大，发生燃烧器脱火的占15%～20%；燃气经不严密的切断装置漏入，使可燃混合物聚集在炉膛及烟道的占10%～15%；由于不完全燃烧，在炉膛和烟道中爆炸的占5%～10%。上述情况说明，违反操作程序而发生的爆炸事故最多。

(2) 爆炸的形式　下面介绍几种爆炸：

1）燃气管爆炸　在管道内燃气供应不足的情况下，容易造成负压而吸入空气，形成易爆可燃混合物，为了避免燃气管爆炸的危险，规定管内压力不能低于200 Pa，同时要经常注意用户的压力变化，在有可能生成易爆混合物的时候，严禁火种靠近。

2）燃烧室和烟道内的爆炸　由于燃烧器前的阀门关闭不严，使燃气进入炉膛或烟道内，因而可能形成有爆炸危险的混合物，如遇火种，就会发生爆炸。这类爆炸最为常见，务必引起重视。

3）空气管道内爆炸　在鼓风式燃烧器进风道中，当鼓风机停止工作时，空气压力迅速降低，这时燃气可能倒流入空气管道内，如遇火种，即可产生爆炸。

4）厂房内的爆炸　当燃气漏入封闭或通风不良的厂房内，就可能形成爆炸性混合物，如遇火种就会爆炸，因此，应保持厂房的良好通风。

(3) 减小燃气爆炸破坏力的措施

1）在燃气应用设备上设置防爆门，防爆门本身并不能防止爆炸，但它可以迅速排泄高压烟气，降低爆炸波在炉内或烟道内的破坏力，保护设备不致损坏。

2）使用燃气的房间应有足够大的向外开的门窗。从安全角度出发，每100 m^3 容积的房间，其门窗面积不应少于5 m^2。

3）为了防爆，锅炉房通常为单层设计。

3. 燃气锅炉运行中的注意事项

(1) 由于各种燃气成分不同，其中毒、爆炸及失火危险程度也有所差异，如天然气除了有硫化氢以外，几乎是无毒的。因此，对天然气来说，爆炸或失火是主要危险。而对人工燃气来说，则三种危险都有，特别是含一氧化碳多的煤气，毒性就更大。从这点可以看出，以天然气作为城市燃气比人工燃气优越。

(2) 防止中毒的措施　为了防止燃气对人身的毒害，在气源方面应限制有毒成分（如一氧化碳、硫化氢）的含量，在应用方面，则需注意防止漏气，加强通风，选用先进合理的燃烧装置。

(3) 防止漏气　漏气是引起中毒、爆炸及火灾的主要原因。安全措施的主要任务之一，就是要防止漏气。

1）对燃气管道、阀门及其连接件，要求严密和有一定的强度，不允许燃气泄漏。

2）合理布置管道及设备，加强维护。

第七章 安全附件及常用阀件

第一节 安全阀的作用、类型及安装要求

一、安全阀的作用

安全阀是一种自动泄压报警装置。它的主要作用是当锅炉压力超过允许的数值时,能自动开启泄压。同时能发出音响报警,警告司炉人员,以便采取必要的措施,降低锅炉压力。当锅炉压力降到允许值后,安全阀又能自行关闭,从而使锅炉能在允许的压力范围内安全运行,防止锅炉超压而引起爆炸。

二、安全阀的类型

工业锅炉房常用安全阀按其结构分成三类:

1. 弹簧式安全阀

弹簧式安全阀主要由阀体、阀座、阀芯、阀杆、弹簧、调整螺母和手柄等组成,如图7—1所示。

这种安全阀是利用弹簧的力量,将阀芯压在阀座上,弹簧的压力大小是通过拧紧或放松调整螺母来调节的。当蒸汽压力作用于阀芯上的托力大于弹簧作用在阀芯上的压力时,弹簧就会被压缩,使阀芯被顶起离开阀座,蒸汽向外排泄,即安全阀开启;当作用于阀芯上的托力小于弹簧作用在阀芯上的压力时,弹簧就会伸长,使阀芯下压与阀座重新紧密结合,蒸汽停止排泄,安全阀关闭。手柄可用来进行手动排汽,当抬起手柄时,通过顶起调整螺母带动阀杆使弹簧压缩,将阀芯抬起而达到排泄的目的,这样手柄就可以用来检查阀芯的灵敏程度,也可用作人工紧急泄压。

弹簧式安全阀在开启过程中,由于弹簧的压缩力随阀的开度增大而不断增加,因此不易迅速达到全开位置。为了克服这一缺点,常将阀芯与阀座的接触面做成斜面形,使阀芯除遮盖阀座孔径处,边缘还有少许伸出,如图7—2所示。当蒸汽顶起阀芯后,阀芯边缘也受气压作用从而增加对阀芯的托力,使阀迅速全部开启;当压力降低后,阀芯回座,边缘作用消失,由于蒸汽的作用力突然减小,使阀芯一次闭合,不致产生反复跳动的现象。

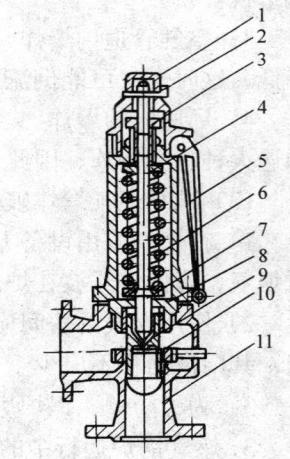

图7—1 弹簧式安全阀
1—阀帽 2—销子 3—调整螺母
4—弹簧压盖 5—手柄 6—弹簧
7—阀杆 8—阀盖 9—阀芯
10—阀座 11—阀体

2. 杠杆式安全阀

杠杆式安全阀主要由阀芯、阀座、杠杆、重锤等组成,如图7—3所示。

这种安全阀是利用重锤的质量,通过杠杆的力矩作用将阀芯压在阀座上。作用在阀芯上

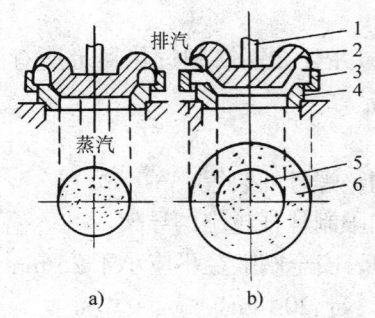
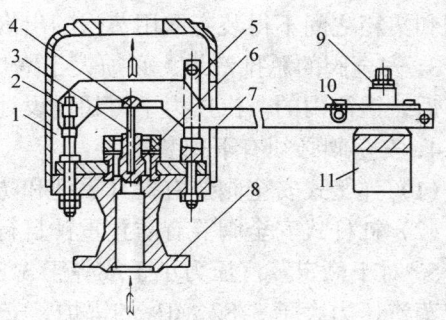

图7—2 安全阀工作原理示意图
a）闭合状态 b）开启状态
1—阀杆 2—阀芯 3—调整环
4—阀座 5—蒸汽作用于阀芯面积
6—排汽时蒸汽作用于阀芯扩大面积

图7—3 杠杆式安全阀
1—阀罩 2—支点 3—杠杆 4—力点
5—导架 6—阀芯 7—杠杆 8—阀座
9—固定螺母 10—调整螺母 11—重锤

的压力大小是通过移动重锤而改变重锤与杠杆支点之间的距离来调整的。当蒸汽压力作用于阀芯上、托力大于重锤通过杠杆作用在阀芯上的压力时，阀芯被顶起离开阀座，蒸汽向外排泄即安全阀开启；当蒸汽作用于阀芯上的托力小于重锤通过杠杆作用在阀芯上的压力时，阀芯下压与阀座重新紧密结合，蒸汽停止排泄即安全阀关闭。为了防止重锤自行移动，可用固定螺母夹紧定位。人工抬起杠杆，可以用来检查阀芯的灵敏程度，也可用作人工紧急泄压。

杠杆式安全阀结构简单，调整方便，工作可靠，也是常用的一种安全阀。

3．脉冲式安全阀

为了减少每台锅炉上安全阀的数量和避免采用大重锤和强力弹簧，在高压、大容量锅炉上目前广泛采用脉冲式安全阀，如图7—4所示。

脉冲式安全阀由主阀和副阀组成，副阀首先动作，从而驱使主阀动作。工业锅炉上采用较少。按开启高低的不同可分为微启式和全启式两类。

微启式安全阀的开启高度为阀座内径的$1/40\sim1/20$，通常做成渐开式，即开启高度随压力的变化而逐渐变化。

全启式安全阀的开启高度大于或等于阀座内径的$1/4$，通常做成急开式的，即阀芯开启过程中的某一瞬间突然起跳而达到全开高度。

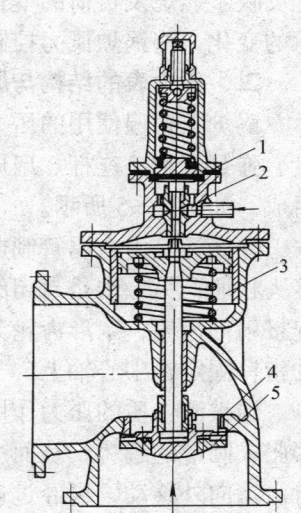

图7—4 脉动式安全阀
1—隔膜 2—副阀芯 3—活塞缸
4—主阀座 5—主阀芯

三、安全阀的安装使用要求

1．蒸汽锅炉额定蒸发量大于0.5 t/h的，至少装设两个阀（不包括省煤器安全阀）；额定蒸发量小于或等于0.5 t/h的，至少装一个安全阀。热水锅炉额定热功率大于1.4 MW时，至少装设两个安全阀；额定热功率小于或等于1.4 MW时，至少装一个安全阀。可分式省煤器出口处和蒸汽过热量出口处，都必须装设安全阀。

2．安全阀应铅直安装，并尽可能装在锅筒集箱的最高位置。在安全阀和锅筒之间或安全阀和集箱之间不得装有取用蒸汽的出汽管和阀门。

3．安全阀的总排汽量，必须大于锅炉额定蒸发量，并且在锅筒和过热器上所有安全阀开启后，锅筒内的蒸汽压力不得超过设计压力的1.1倍。

4．安全阀必须有下列装置：

(1) 弹簧式安全阀要有提升手把和防止随便拧动调整螺母的装置。

(2) 杠杆式安全阀要有防止重锤自行移动的装置和限制杠杆越出的导架。

5．对于额定蒸汽压力小于或等于3.82 MPa的锅炉，安全阀喉径不应小于25 mm；对于额定蒸汽压力大于3.82 MPa的锅炉，安全阀喉径不应小于20 mm。

6．热水锅炉安全阀的喉径不应小于25 mm。安全阀应装设泄水管，在泄水管上不允许装阀门。

7．对于新安装的锅炉及检修后的安全阀，都应检验安全阀的始启压力和回座压力。使用过程中的安全阀一般每年也应校验一次。

8．为了防止安全阀的阀芯和阀座粘连，应定期对安全阀做手动或自动的排汽、放水试验。

第二节 压力表的作用、结构、原理及安装使用要求

一、压力表的作用

压力表是一种测量压力大小的仪表，可用来测量锅炉内的实际压力值，压力表指针的变化反映了燃烧及负荷的变化。司炉人员根据压力表的指示数值来调节燃烧，使之适应外界负荷的变化，将锅炉压力控制在允许范围内，达到安全运行的目的。

二、压力表的结构与原理

锅炉上普遍使用的压力表，主要是弹簧管式压力表，它由表盘、弹簧弯管、连杆、扇形齿轮、小齿轮、中心轴、指针等零件组成，如图7—5所示。

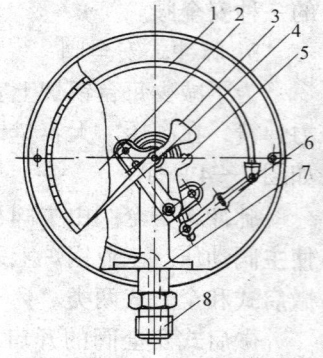

弹簧管是由金属管制成，它的一端固定在支承座上，并与管接头相通；另一端是封闭的自由端，与连杆连接。连杆的另一端连接扇形齿轮，扇形齿轮又与中心轴上的小齿轮相衔接，压力表的指针固定在中心轴上。

当被测介质的压力作用于弹簧管的内壁时，弹簧管截面就有膨胀成圆形的趋势，从而由固定端开始逐渐向外伸张，也就是使自由端向外移动，再经过连杆带动扇形齿轮与小齿轮转动，使指针向顺时针方向偏转一个角度。这时指针在压力表表盘上指示的刻度值，就是锅炉内的压力值。锅炉压力越大，指针偏转角度也越大。当压力降低时，弹簧弯管力图恢复原状，加上游丝的牵制，使指针返回到相应的位置，当压力消失后，弹簧弯管恢复到原来的形状，指针也就回到始点。

图7—5 弹簧管式压力表
1—弹簧弯管　2—表盘　3—指针
4—中心轴　5—扇形齿轮
6—连杆　7—支承座　8—管接头

三、压力表安装使用要求

1．每台蒸汽锅炉必须装有与锅筒蒸汽空间直接相接的压力表。在给水管的调节阀前、可分式省煤器出口、过热器出口与主汽阀之间，都应装压力表。

2. 对于额定蒸汽压力小于 2.5 MPa 的锅炉，压力表精确度不应低于 2.5 级；对于额定蒸汽压力大于或等于 2.5 MPa 的锅炉，压力表的精确度不应低于 1.5 级。对于热水锅炉，压力表的精确度不应低于 2.5 级。

3. 压力表的表盘刻度极限应为工作压力的 1.5～3 倍，最好选用 2 倍。

4. 压力表的表盘大小，应保证司炉人员能清楚地看到压力指示值。

5. 压力表装置的校验和维护，应符合国家计量部门的规定。压力表装用前应校验，并在刻度盘上划红线指出工作压力或选用标有红色箭头的定位压力表。装用后一般每半年至少校验一次，校验后应封印。

6. 压力表的装设应符合下列要求：

(1) 压力表安装的位置应便于观察和冲洗，表盘宜向前倾斜 15°，并应防止受到高温、冰冻和振动等影响。

(2) 压力表与锅筒之间应有存水弯管。

(3) 压力表与积水弯管之间应装有三通旋塞，以便冲洗管路和检查、校验、卸换压力表。

7. 压力表有下列情况之一时，应停止使用：

(1) 有限止钉的压力表在无压时，指针转动后不能回到限止钉处；没有限止钉的压力表在无压力时，指针离零位的灵敏值超过规定的允许误差。

(2) 表面玻璃破碎或表盘刻度模糊不清。

(3) 没有封印，封印损坏或超过校验有效期限。

(4) 表面泄漏或指针跳动。

(5) 其他影响压力表准确的缺陷。

第三节　水位表的作用原理、类型及安装使用要求

一、水位表的作用原理及类型

1. 作用原理

水位表是一种反映液位的测量仪表，用来指示锅炉内水位的高低，可协助司炉人员监视锅炉水位动态，以便控制锅炉水位在正常范围之内。因此，水位表也是蒸汽锅炉的主要安全附件之一。

水位表的作用原理和连通器的作用原理相同。因为锅炉的锅筒是一个大容器，水位表是一个小容器。当将它们连通后，两者的水位必定在同一高度上，所以水位表上显示的水位也就是锅筒内的实际水位。

2. 类型

锅炉上常用的水位表有玻璃管式、玻璃板式、低地位式、双色水位表等。

(1) 玻璃管式水位表　玻璃管式水位表主要由玻璃管、汽旋塞、放水旋塞等构件组成，如图 7—6 所示。图中三个旋塞手柄都是向下的，表明汽旋塞和水旋塞都是通路，而放水旋塞是闭路，这是水位表的正常工作位置。为防止玻璃管炸裂时伤人，最好用薄铁皮制成防护罩。为了便于观察水位，在防护罩的前面开有宽度大于 12 mm、长度与玻璃管可见长度相等的缝隙，并在防护罩后面留有较宽的缝隙，以便光线射入，使司炉人员可以清晰地看到水位。

玻璃管式水位表结构简单，制造安装容易，拆换方便，但显示水位不够清晰，玻璃管容易破碎，适于工作压力不超过 1.6 MPa 的小型锅炉，常用规格有 D_N15 和 D_N20 两种。

（2）平板式水位表　平板式水位表有单面玻璃和双面玻璃两种。主要由玻璃板、金属框盒、汽旋塞、水旋塞和放水旋塞等构件组成，如图 7—7 所示。

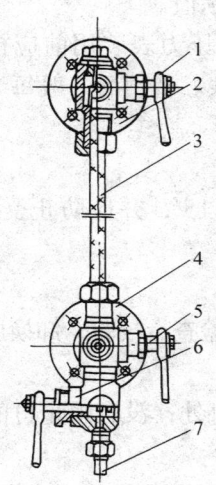

图 7—6　玻璃管式水位表
1—汽旋塞　2—接汽连管的法兰
3—玻璃管　4—接水连管的法兰
5—水旋塞　6—放水旋塞　7—放水管

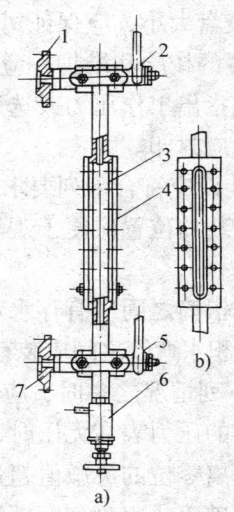

图 7—7　平板式水位表
a) 平板式水位表结构简图　b) 金属框盒、玻璃板侧面结构示意图
1—接气连管的法兰　2—汽旋塞　3—玻璃板　4—金属框盒
5—水旋塞　6—放水旋塞　7—接水连管的法兰

单面玻璃水位表在金属盒的前面镶有一块平板玻璃，在玻璃的内表面刻有三角棱形凹槽。由于光源在前面，光线通过凹槽产生折射作用，使水位表中蒸汽部分较亮，存水部分较暗，汽水分界线相当清晰。双面玻璃板水位表在金属框的前后两面都镶有平板玻璃，光源一般放在后面，光线折射后使水位表中蒸汽部分较暗，而存水部分反而较亮，水位很容易辨别。

平板式水位表结构虽然复杂，但安全可靠，显示水位清晰，所以应用广泛。

（3）低地位水位计

1）作用与原理　当水位表距离操作地面高于 6 m 时，司炉人员观察水位就很不方便，为此应加装低地位水位计。

低地位水位计实质上是一个水位转换器和差压计的组合。它先通过冷凝器将水位转换成压差，然后用平衡这一压差的 U 形管（内部注入重液或轻液）的液位差来显示。

2）形式与结构　常用的低地位水位计有重液和轻液两种形式。重液式低地位水位计主要由冷凝器、沉淀箱、U 形连通管和重液器等构件组成，如图 7—8 所示。

在锅炉运行时，低地位水位计中的阀门除 4、5 开启外，其余均处于关闭状态。当锅筒中的蒸汽不断进入冷凝器凝结成水，多余的水通过溢水管流至沉淀箱时，由于 U 形管右侧水柱的高

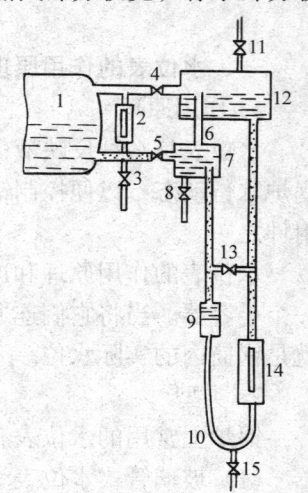

图 7—8　重液式低地位水位计
1—锅筒　2—高水位表
6—溢水管　7—沉淀箱
9—重液器　10—U 形连通管
12—冷凝器　14—低水位表
3、4、5、8、11、13、15—阀门

· 64 ·

度保持不变，U形管左侧的水柱高度却是随锅筒水位的高低而变化。因此，锅筒内水位的变化必然引起U形管中重液液面的变化。当锅筒中的水位升高时，部分重液就从U形管的左边流到右边，使低水位表中的液面随之升高。反之则降低。因此，低地位表上反映的液位与锅炉内的真实水位是完全对应的，这样就便于司炉人员在操作岗位上监视水位的变化。

（4）双色水位表　我国自20世纪80年代初开始研制、生产双色水位表，在不到10年的时间里，双色水位表的生产技术得到了迅速发展，产品不断更新换代。目前双色水位表的种类很多，主要有透射式双色水位表、透反射式双色水位表等。

透射式双色水位表的结构特点是，组成水位表腔体部分的两块平板玻璃构成V形腔体。在V形腔体的一侧是观察孔，另一侧是红、绿色光的入射孔，在入射孔的一侧依次设有凸柱面透镜，红、绿玻璃、光源和反光镜。光源是由位置可以调整的三个灯泡组成。透反射式双色水位表的结构特点是水位表由一块全反射棱镜和一个带槽的金属容体构成连通腔体，与直角形基板紧固而成。基板的一侧设观察孔，另一侧设有绿玻璃、红玻璃、光源、反光板和侧盖板，形成了一个结构独特的双光路照明系统。

二、水位表的安装使用要求

1．每台蒸汽锅炉至少应装有两个彼此独立的水位表。
2．水位表应装在便于观察的地方，并应有下列标志和防护装置：
（1）水位表应有指示最高和最低安全水位的明显标志。
（2）为防止水位表损坏伤人，玻璃管式水位表应有防护装置。如：保护罩、快关阀、自动闭锁珠等。
（3）水位表应有放水阀门和接到安全地点的放水管。
3．水位表的结构和装置应符合下列要求：
（1）锅炉运行时能够冲洗和更换玻璃板（管）。
（2）水位表和锅筒之间的汽水连接管的内径不得小于18 mm。
（3）连接管应尽可能的短，安装时必须保证汽连管中的凝结水能自行流向水位表，水连管中的水应能自行流向锅筒，以防形成假水位。
4．水位表和锅筒之间的汽水连接管上如装有阀门，在正常运行时必须将阀门全开。
5．锅筒上应有与图纸相吻合的正常水位线标志，安装施工时，应据此来确定最高（低）水位线。

第四节　高低水位警报器的作用原理、类型及使用注意事项

一、作用原理

为了保持锅炉水位正常，防止发生缺水或满水事故，对蒸发量大于和等于2 t/h的锅炉，除装设水位表外，还必须装设高低水位警报器。它的作用是：当锅炉的水位高于最高安全水位或低于最低安全水位时，水位警报器就自动发出报警声响和光信号，提醒司炉人员迅速采取措施，防止事故发生。

水位警报器是利用锅筒和警报器内的水位同时升降而造成警报器浮球上下，或者利用锅炉水能够导电的原理而制成的。

二、类型

水位警报器常用的有浮球式和电极式。

1．浮球式水位警报器

浮球式水位警报器的结构主要由报警汽笛、高水位针形阀、低水位针形阀、连杆、高水位浮球和低水位浮球等构件组成，如图7—9所示。

当水位正常时，低水位浮球浸没在水中，高水位浮球悬于蒸汽空间，连杆处于水平平衡的状态，两个针形阀关闭。如水位低于最低水位线，则低水位浮球所受浮力减小，如水位高于最高水位线，则高水位浮球所受浮力增加，此时均会破坏连杆的平衡，而使针形阀开启发出警报。

2．电极式水位警报器

电极式水位警报器的结构主要由一组高、低水位电极，以及附属的电气部分组成，如图7—10所示。高低水位电极的末端位置分别在锅炉最高、最低安全水位处。当锅水上升或下降至最高或最低安全水位时，电极与锅水接触或脱开，使接触电路的电源导通或切断，从而发出警报。常用的警报信号有音响、灯光等。电极式水位警报器还可与燃烧控制机构组成连锁装置，当警报器发出警报信号的同时，即可使燃烧停止。

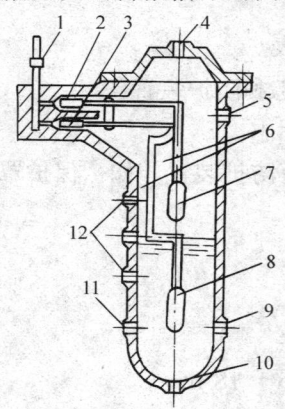
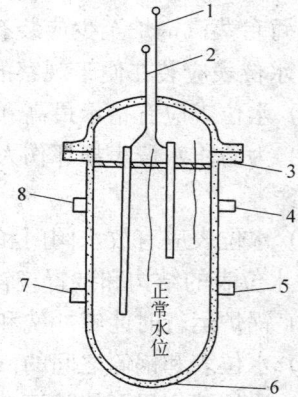

图7—9 浮球式水位警报器
1—报警汽笛 2—高水位阀 3—低水位阀
4—与锅筒汽连管接口 5—水位表汽连管接口 6—连杆
7—高水位浮球 8—低水位浮球 9—水位表水连管接口
10—放水管接口 11—与锅筒水连管接口 12—试水旋塞接口

图7—10 电极式水位警报器
1—高水位电极 2—低水位电极
3—绝缘衬套 4—水位表汽连管接口
5—水位表水连管接口 6—放水管接口
7—与锅筒水连管接口 8—与锅筒汽连管接口

三、使用注意事项

1．水位警报器的高水位与低水位警报音响、灯光颜色是各不相同的。因此，每当发生警报，应首先正确判明是满水还是缺水，然后再采取相应的措施。

2．对于有自动上水装置的，每当水位警报器发出警报，要待情况查清楚，允许上水（或排水）时，首先应使用手动装置进行人工上水（或排水），待水位正常后，方可投入自动上水装置，使锅炉正常投入运行。

第五节 排污阀的作用、类型及使用要求

工业锅炉上装置排污阀，其作用是为了排放锅炉内由于锅水蒸发而残留下来的水垢、泥

渣以及其他有害物质，使锅炉水质控制在允许范围内，使受热面保持清洁，从而确保锅炉的安全经济运行。此外，排污阀也能在停炉或满水时起放水作用。

一、排污的种类

1. 定期排污

定期排污也称间断排污或底部排污，是为了排除锅筒和集箱底部的水垢、泥渣、沉淀物质和腐蚀物等。定期排污的间隔时间按水质化验的锅水品质而定，工业锅炉每班定期排污一次。

2. 连续排污

连续排污也称表面排污或上部排污。这种排污方式是连续不断地将锅筒（上锅筒）中浓度最大的锅水排出，以求降低锅水表面的碱度、氯根和悬浮物等，以防止汽水共腾的发生和减少锅水对锅筒壁的腐蚀。

二、排污阀的类型

定期排污所使用的排污阀有：旋塞阀、闸阀、球阀、摆动式快开排泄阀、齿条闸门式排污阀和直流式截止阀等。

工业锅炉应用最广泛的是齿条闸门式排泄阀和摆动式快开排泄阀。

1. 齿条闸门式排泄阀

齿条闸门式排泄阀主要由齿条、闸板弹簧、底座和阀体等部分组成。

2. 摆动闸门式排泄阀

它与齿条闸门式相似。闸板由两个阀片和中间的弹簧组成，其一端与偏心转动轴相连，当扳动手柄时，轴即转动，带动闸板摆动，达到开启和关闭通路的目的。这种阀门反应快捷，排污效果好，广泛应用于工业锅炉。

三、排污阀的操作方法及注意事项

1. 排污操作方法

排污时先开启慢开阀，再开快开阀进行快速排污。排污结束，先关闭快开阀，再关闭慢开阀。这种操作方法可使慢开阀受到保护，当快开阀损坏时可以不停炉进行更换或修理。排污装置示意图如图7—11所示。

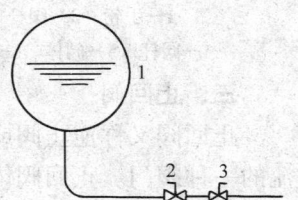

图7—11　排污阀串联装置
1—锅筒　2—慢开阀
3—快开阀

2. 操作注意事项

（1）操作排污阀的人员，若不能直接观察到水位表的水位时，应与水位表的监视人员共同协作进行排污。

（2）排污时不能进行其他操作，若必须进行其他操作时，应先停止排污，关闭排污阀后再去进行。

（3）排污操作结束，排污阀关闭后，要检查排污管道出口，确认没有泄漏。

（4）排污管若完全固定死，则会在与锅炉连接部位产生应力。因此，排污管路要有伸缩性。

第六节　锅炉常用阀门的结构及用途

一、闸阀

闸阀主要由手轮、填料、压盖、阀杆、闸板、阀体等零件组成。闸阀按闸板形式可分为楔式和平行式两大类。楔式大多制成单闸板，两侧密封面成楔形。平行式大多制成双闸板，两侧密封面是平行的。图7—12所示为楔式单闸板闸阀,闸板在阀体内的位置与介质流动方向垂直,闸板升降即是阀门启闭。闸阀在锅炉上使用很广泛,如用作供汽和排污等,但它仅可用于截断汽、水通路(全闭或全开),而不宜用作调节流量(部分开启),否则容易使闸板下半部长期受介质磨损与腐蚀,以致在关闭后接触面不严密而泄漏。

二、截止阀

截止阀主要由阀杆、阀体、阀芯和阀座等零件组成,如图7—13所示。截止阀按介质流动方向可分为标准式、流线式、直流式和角式等数种。安装截止阀时,应特别注意水或蒸汽的流向,要低进高出,即流体从阀芯下部进入,然后通过阀芯与阀座从中间流出。截止阀是工业锅炉上应用最广泛的阀门,多用于截断气体和调节流量的场合,如用作锅炉主气阀、给水阀、分汽缸进出气阀等。

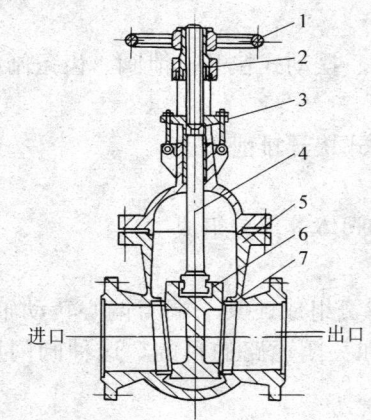
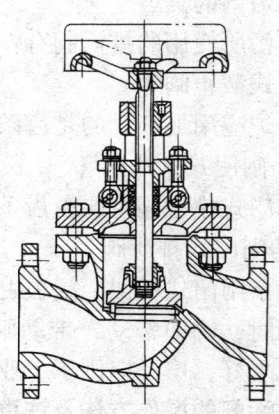

图7—12 楔式单闸板闸阀
1—手轮 2—阀杆螺母 3—压盖
4—阀杆 5—阀体 6—闸板 7—密封面

图7—13 截止阀结构图

三、止回阀

止回阀又称逆止阀或单向阀,是依靠阀前、阀后流体的压力差而自动启闭,以防介质倒流的一种阀门。止回阀体上标有箭头,安装时必须使箭头的指示方向与介质流动方向保持一致。止回阀分为升降式和旋启式两类。升降式止回阀只能安装在水平管道上;旋启式止回阀可安装在水平管道或垂直管道上。

四、减压阀

减压阀的作用是通过节流调节自动将进口蒸汽压力减至某一需要的出口压力,并依靠介质本身的能量,使出口压力自动保持稳定。减压阀的种类很多,工业锅炉房常用的有弹簧式和薄膜式两种结构,如图7—14、图7—15所示。

弹簧式减压阀主要由手轮、弹簧、隔膜、阀杆、阀芯组成,它们连成一体,当薄膜上侧的蒸汽压力高于薄膜下侧的弹簧压力时,薄膜向下移动,使阀芯的开启度减小,从高压端通过的蒸汽流量随之减少,从而使出口处压力降低到额定的范围内。反之,则使出口处压力增加到额定的范围内。

薄膜式减压阀主要由阀体、双阀芯、重锤、阀杆、杠杆和薄膜等部分组成。当高压端蒸汽压力增高时,低压端也相应地增加压力。由于薄膜上部所受到的总的压力大,因此薄膜推

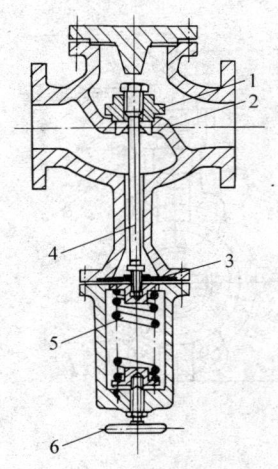
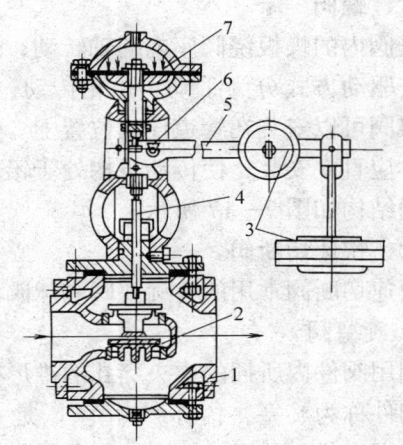

图7—14 弹簧式减压阀
1—阀芯 2—阀座 3—隔膜
4—阀杆 5—弹簧 6—手轮

图7—15 薄膜式减压阀
1—阀体 2—双阀芯 3—重锤 4—阀杆
5—杠杆 6—杠杆支点 7—薄膜

动阀杆下移,从而减小阀芯的开启度,从阀门高压端通过的蒸汽流量随之减少,压力也就降低,直至调整到额定数值。反之,压力则增加,直到调整到额定数值。

五、防爆门

对于用煤粉、油或气体作燃料的锅炉,如果点火前未进行吹扫或误操作,喷嘴有毛病或燃烧不完全,熄火时未能迅速切断燃料等,均容易造成炉膛和尾部烟道风压过高,严重时会引起爆炸和再次燃烧,并会引起炉墙和烟道开裂倒塌,尾部变热而烧坏等事故。常用的防爆门有翻板式和爆破膜式两种形式。

翻板式防爆门又称旋启式防爆门,多装在燃烧室的炉墙上。按其安装位置分为倾斜式和垂直式两种,它们均由门框、门盖和铰链等构件组成,如图7—16a、b所示。当炉膛或烟道内发生气体爆炸时,门盖即自动绕轴开启泄压,然后又自行关闭。

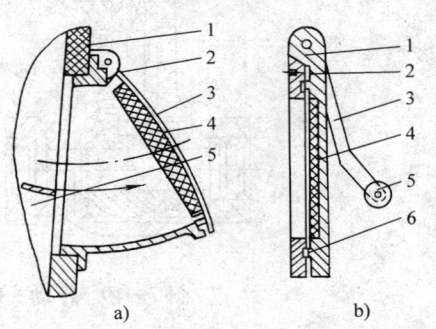

图7—16 防爆门
a) 倾斜翻板式防爆门 b) 垂直翻板式防爆门 c) 爆破膜式防爆门
1—炉墙 2—门框 3—门盖 1—门盖 2—门座 3—杠杆 1—爆破膜 2—夹紧装置
4—耐火保温材料 5—炉膛 4—耐火保温材料 5—重锤 6—石棉绳 3—短管

爆破膜式防爆门多装置于烟道上,由爆破膜和夹紧装置组成,如图7—16c所示。爆破膜一般用石棉、铝和不锈钢等金属薄板制成。当炉膛或烟道内发生气体爆炸时,爆炸膜即被冲击波破坏,起到泄压保护的作用。

六、蝶阀

蝶阀内的蝶板绕阀座内的轴转动，达到启闭的作用。按驱动方式分为手动、蜗轮传动、气动和电动。手动蝶阀可以安装在管道任何位置上。带传动机构的蝶阀，应直立安装，使传动机构处于铅垂位置。手动蝶阀的结构如图 7—17 所示。

七、快速切断阀

快速切断阀常用的有旋塞阀和球阀。

1．旋塞阀

利用阀件内所插的中央穿孔的锥形栓塞以控制启闭的阀件称为旋塞，俗称"考克"，是一种快开式阀门。根据密封面的形式不同，又分填料旋塞、油密封式旋塞和无填料旋塞。

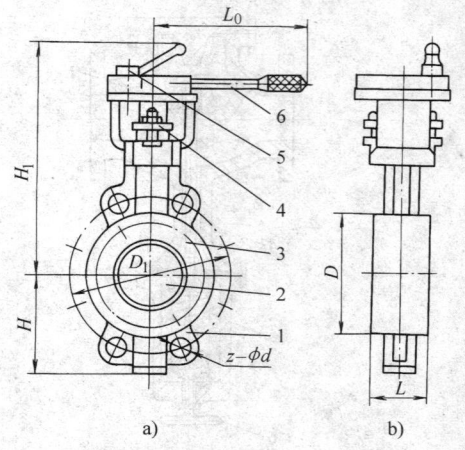

图 7—17　手动蝶阀
a）正面结构简图　b）侧面示意图
1—阀体　2—蝶板　3—盖板
4—填料压盖　5—定位锁紧螺母　6—手柄

旋塞具有结构简单、启闭迅速、操作方便、流体阻力小和流量大的特点。但密封面易磨损，并用力较大，只适用于一般低温、低压流体且开闭迅速的管路中使用。直通式旋塞阀如图 7—18 所示。

2．球阀

球阀的工作原理与旋塞阀一样，是利用一个中间开孔的球体阀心，靠旋转球体来控制阀的开启和关闭。该阀也和旋塞阀一样可做成直通、三通和四通的，是近几年发展较快的阀型之一。

球阀的优点是结构简单，体积小，零件少，质量轻，开关迅速，操作方便，流体阻力小，制作精度要求高，但限于密封结构材料的性能，目前生产的阀不宜用在高温介质中。浮动式球阀如图 7—19 所示。

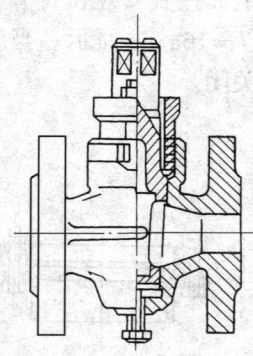

图 7—18　直通式旋塞阀　　　　　　图 7—19　浮动式球阀

八、气动调节阀

气动调节阀由执行机构和调节阀组成。气动执行机构有气动薄膜执行机构及气动活塞执行机构两种。

气动薄膜执行机构和调节阀相连成气动薄膜调节阀，气动薄膜执行机构也可以做成回转式的。

气动活塞执行机构可以和闸阀、大口径高压调节阀、烟道风门等配合使用。

调节阀有直通、三通、角形、隔膜、高压等多种，调节阀是受执行机构的推动而改变阀芯与阀座间的流通面积来调节介质流量。

九、电动调节阀

电动调节阀又称电动执行器，有直行程电动执行器、角行程电动执行器、多转式电动执行器等。

电动调节阀与气动调节阀一样，最终都是受执行机构的推动而改变阀芯与阀座间的流通面积来调节介质流量的。

第七节 燃油、燃气锅炉的附属设备

燃油锅炉的附属设备是确保锅炉安全经济运行必不可少的组成部分，它主要包括重油加热器、油泵、过滤器、油燃烧器设备等。

一、重油加热器

为了保证重油在进入燃烧器前能保持良好的机械雾化状态，应把重油加热到适合于雾化的温度，一般对于较好的重油可加热至50～70℃，而对于劣质重油，则必须加热至70～100℃。

重油加热器有三种，一种为管壳式蒸汽加热器，如图7—20所示。其优点是体积小，占地面积小，但结构较复杂，流速较低。

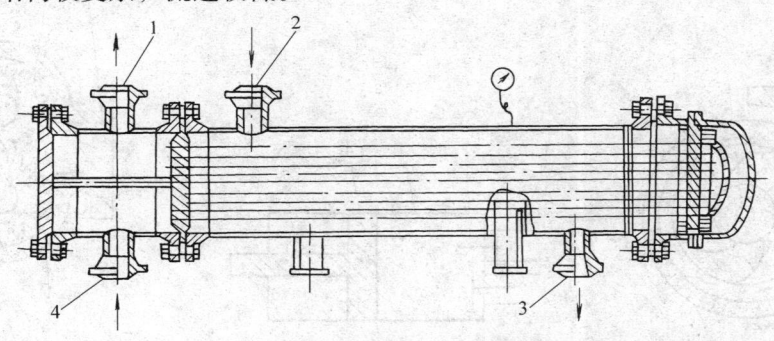

图7—20 管壳式蒸汽加热器
1—重油出口 2—蒸汽入口 3—冷凝水出口 4—重油入口

另一种为套管式蒸汽加热器，如图7—21所示。其优点是结构简单，油在管内的流速较高，但占地面积大，弯头多，流程长，压力损失较大。

还有一种为电加热式的加热器，如图7—22所示。适用于小型锅炉或在未产生蒸汽前使

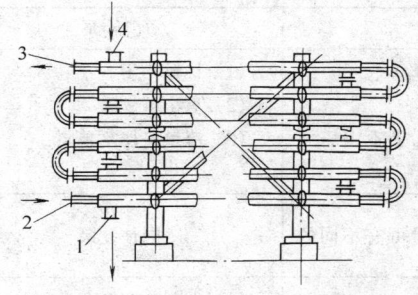

图7—21 套管式蒸汽加热器
1—冷凝水出口 2—重油进口
3—重油出口 4—蒸汽入口

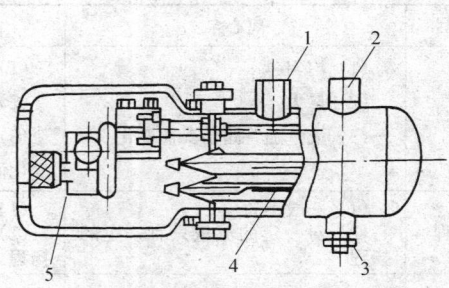

图7—22 电加热式加热器
1—重油出口 2—重油进口 3—排污口
4—电加热管 5—电源线通道

用。为防止加热后的油温过高，产生不良后果，应加装油温控制设备。

二、油泵

油泵是输送燃料油的机械装置，油泵应能保证连续不断地定量向锅炉燃烧器供油，因此油泵必须稳定可靠地工作。

1．油泵的分类

油泵按工作原理可分为叶片式和容积式两大类，叶片式主要有离心泵；容积式可分为往复泵和旋转泵等两种，旋转泵中最常见的是齿轮泵，另外还有螺杆泵和叶（滑）片泵。

（1）离心泵　是由电动机通过转轴带动叶轮进行高速旋转产生离心力，使液体获得能量而完成输送目的的机械装置，如图7—23所示。

（2）往复泵　通过电动机或蒸气使活塞在泵缸内做往复运动，造成泵缸内的工作容积间歇循环地变化，阀门控制液体单向吸入和排出，从而将能量以静压能的形式传递给液体。单作用往复泵的工作原理如图7—24所示。

（3）齿轮泵　属容积旋转泵。主动齿轮由电动机带动旋转，同时主动齿轮又带动从动齿轮朝相反方向旋转，依靠两轮间工作容积的变化，把油品从吸入口转送到排出口，使油品能量增加，其结构如图7—25所示。

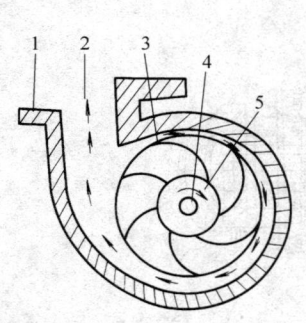
图7—23　离心泵
1—蜗形泵壳　2—出口
3—叶轮　4—转轴　5—吸入口

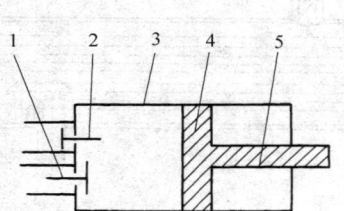
图7—24　单作用往复泵
1—吸入阀门　2—排出阀门
3—泵缸　4—活塞　5—活塞杆

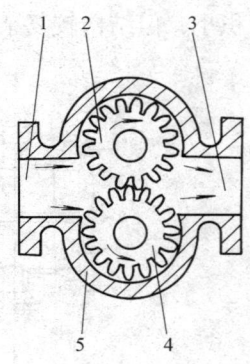
图7—25　齿轮泵
1—吸入口　2—从动齿轮
3—排出口　4—主动齿轮　5—壳体

以上三种泵的特点和性能见表7—1。

表7—1　　　　　　　　　　常用燃油泵的性能

项目	离心泵	往复泵	齿轮泵
流量	(1) 均匀 (2) 量大 (3) 流量随管路情况而变化	(1) 不均匀 (2) 量不大 (3) 流量恒定，几乎不因压力变化而变化	(1) 比较均匀 (2) 量小 (3) 流量与往复泵同
扬程	(1) 一般不高 (2) 对一定的流量只有一定的扬程	(1) 较高 (2) 对一定的流量可有不同的扬程	同往复泵
效率	(1) 最高为70%左右 (2) 在设计点最高，越偏离越远	(1) 80%左右 (2) 对于不同的扬程，效率仍保持较大值	(1) 60%～90% (2) 扬程高时泄漏量大，使效率降低

续表

项目	离心泵	往复泵	齿轮泵
结构	(1) 简易、价廉，安装容易 (2) 高速旋转可直接与电动机相连 (3) 同一流量下，泵体积较小，占地少 (4) 轴密封装置要求高，不能漏气	(1) 零件多，构造复杂 (2) 振动甚大，快速安装较难 (3) 体积大，占地多 (4) 要有吸入和排出活门 (5) 输送腐蚀性液体时构造复杂	(1) 零件少，构造简单，安装容易 (2) 可高速旋转，能与电机直接相连 (3) 体积小，占地少 (4) 无需吸入、排出活门，但制造精度要求较高
操作特点	(1) 有气缚现象，工作前需灌泵，运转中不许漏气 (2) 操作维护方便 (3) 可用出口阀很方便地调节流量 (4) 不会因管路堵塞而发生损坏现象	(1) 因零件多而易出故障，无需灌泵 (2) 检修麻烦，可用蒸气驱动 (3) 不能用出口阀而只能用支路阀调节流量 (4) 扬程流量改变时能保持高效率	(1) 有自吸能力，无需灌泵 (2) 检查比离心泵复杂，比往复泵容易 (3) 调节流量与往复泵相同 (4) 扬程过高时效率显著降低
适用范围	可输送腐蚀性液体或悬浮液，对黏度大的流体不适用，适用于流量大而扬程小的场合	适用于高扬程、小流量的清洁液体的输送	适用于高扬程、小流量的油类等黏稠性液体

叶片泵的工作原理与齿轮泵相似，但其脉动变化和噪声较齿轮泵小。螺杆泵和齿轮泵同属容积式旋转泵。与齿轮泵相比，输送流量均匀、运行平稳、吸入扬程高、噪声小、体积小、效率高。但螺杆泵仅适用于输送清洁液体，当输送含有杂质油品时，必须先过滤，螺杆泵精度要求高，易损坏且难以修理，如无油压自动调整装置，压力易随流量的变化而波动。

2．油泵的选用

（1）选用的一般原则　选用油泵应根据合理、适用、经济、能满足工艺要求等原则，一方面应了解输送油品的性质（如黏度、密度、有无腐蚀性）、操作温度、压力及流量，并通过计算求出此流量下的扬程；另一方面应熟悉泵的型号、性能、规格、材质等，以满足输送的需要。

1）输送黏度小（30°E 以下）、流量大、压力低的油品，宜选用离心泵。

2）输送黏度较大（70～80°E）、流量较小、压力较高的油品，宜选用往复泵。

3）输送黏度大（80～200°E）、流量较小、压力高，而且要求流量均匀时，宜选用螺杆泵、齿轮泵或叶片泵。

（2）常用油泵的型号

1）Y 型离心泵整个系列的扬程范围为 60～600 mm，流量在 6.25～450 m³/h 范围内，适用温度为 45～400℃，该泵适应范围广，这类泵的型号含义是：

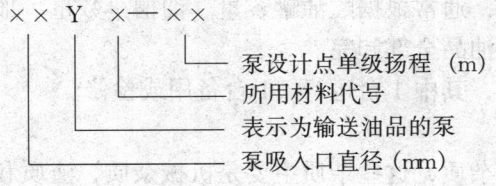

2）齿轮泵主要有 CH 型和 CY 型两种，其中 CY 型为输油泵，表示如下：

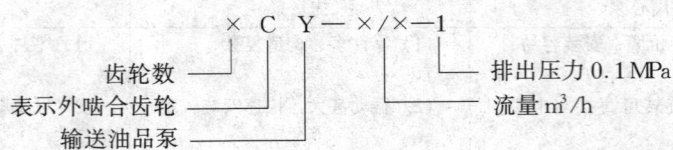

3）往复泵的型号含义

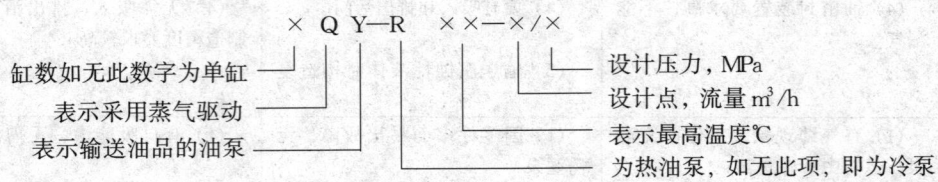

(3) 按用途的选用原则　根据燃料油供应系统的不同用途，油泵可分为供油泵和卸油泵两种，锅炉供油泵常用齿轮泵、叶片泵、螺杆泵等，大型锅炉也采用离心泵。卸油泵多为离心泵和蒸气往复泵。

1）供油泵　供油泵应优先选用离心泵，它具有运行稳定可靠、容易维修管理、供油系统可以不要油压自动调节装置等优点。而齿轮泵和螺杆泵则相反，它们易坏且不易修理，而且供油系统需要设置油压自动调节装置。螺杆泵、齿轮泵具有效率高、体积小、压力高、流量小等优越性，适用于小型锅炉。但应特别注意以下几点：

①齿轮泵入口油温应严格控制在 60℃ 以下。

②尽量减少开停的次数，开停泵时避免暖泵和吹扫。

③在齿轮泵入口加装细过滤器。

同时对供油泵的容量、数量、电源要作如下考虑：

①供油的容量除满足锅炉最大负荷的用油量外，还必须考虑 10%～20% 的回油量。其压力除满足锅炉油嘴雾化所要求的油压外，还应考虑供油管道系统中的压力损失及油泵与油嘴的垂直标高差值。

②大中型锅炉房供油泵的台数，以 4 台为好，其中 2 台运行，每台油泵的出力为全部供油量（包括回油量）的 60%～70%。当一台油泵发生故障，连锁装置失灵不能启动备用油泵时，也不致造成全部锅炉停烧。其余 2 台，1 台备用，1 台检修。中小型锅炉房，可采用 2～3 台油泵。

③供油泵的电源必须可靠，必需时应有备用电源。

④供油泵前后油管道内的流速对于低黏度油：油泵吸入管段为 0.8～1.5 m/s；油泵出口管道为 1～2.5 m/s；回油管道不少于 0.7 m/s。

2）卸油泵　卸油泵一般选用流量大、扬程不太高的泵，常用离心泵和往复泵，也可采用齿轮泵。卸油泵的容量，通常根据贮油罐容量、油槽车数量、加热形式等条件确定，最好在 2 小时内将油槽车内的油品全部卸完。

一般可设 2 台卸油泵，其中 1 台运行，1 台备用或检修。

三、油过滤器

燃料油中含有少量的杂质，这些杂质主要是机械杂质、渣质和固体类碳化物等。它在管中不易通过，容易造成管道堵塞，还会使加热器受到污染腐蚀，损坏油泵，妨碍燃烧器正常工作。更严重的是这些杂质一旦进入炉膛，会使燃烧恶化，甚至导致熄火，发生炉膛爆炸事故。因此，燃料油中的杂质是很危险的，在使用中必须利用油过滤器将其去除。

燃油系统要进行三道过滤。第一道过滤设在卸油泵或输油泵前；第二道过滤设在锅炉供油泵前；第三道过滤设在加热器或燃烧器喷嘴前。

1. 油过滤器的精度

燃油用的过滤器精度可分为三级，即：粗过滤网孔为 5～18 目，间隙约为 4～1.3 mm；中过滤网孔为 20～30 目，间隙约为 0.95～0.5 mm；细过滤网孔为 40～100 目，间隙约为 0.45～0.1 mm。

2. 油过滤器的种类和用途

(1) 插板式过滤器网孔大，适用于常压，一般装在卸油管处。
(2) 直立式过滤器过滤结构简单，流通能力大，洗清方便，多用于低压油管中。
(3) Y 型过滤器直接接入油管中，体积小，做细过滤用。
(4) 卧式过滤器必须水平布置，用于粗过滤。
(5) 叶片式过滤器强度大，体积小，流通能力大，承压高，只作为细过滤用。

3. 油过滤器在使用中的注意事项

(1) 选用时应考虑油品特点、杂质含量、过滤器设置的位置及管道压力等因素。
(2) 核算铭牌所示的出口精度口径（流通截面）。
(3) 过滤器的前后压差超过 0.02 MPa 时，应进行清洗。
(4) 过滤器网周围必须有良好的密封，不得有任何渗油、漏油、短路现象。

四、油燃烧器

油燃烧器是将油料充分燃烧，产生光和热的机电设备。

1. 分类

(1) 按燃料可分为轻油、重油、中质油等。
(2) 按燃料的雾化形式分为机械雾化和介质雾化两类。

1) 机械雾化　机械雾化可分为压力（离心式）雾化和转杯式雾化。压力雾化又可分为简单机械雾化和回油机械雾化。

2) 介质雾化　介质雾化按不同的介质可分为蒸气雾化和空气雾化。蒸气雾化按混合方式又分为内混式和外混式。空气雾化按压力大小又分为高压、中压和低压三种形式。

(3) 按其负荷（油量）调节分为开关型（ON/OFF）、快速二级型、滑动二级型、滑动比例型。

2. 作用

燃油经过燃烧器的高压油泵加压后送至喷嘴（如果使用重油或中质油，还须加热到一定的温度，方能进入油嘴）之后，与高速旋转的空气混合成油气，经高压放电（6 000～12 000 V）产生的电火花点燃形成稳定的火焰，并发生强烈的光和放出大量的热。

3. 对燃烧器的要求

(1) 从火焰根部供给燃烧所必须的空气，使其与油雾迅速均匀混合，以保证燃烧完全。
(2) 使气流有适当的旋流强度或形成回流区，使燃料与空气的混合物处于较高温度场中，以保证着火迅速，燃烧稳定。
(3) 炉膛的结构形状要与燃烧所产生的火焰相适应，火焰充满度良好，不应使火焰冲刷炉墙、炉底和延伸到对流受热面。

(4) 调节幅度大，能适应调节锅炉负荷的需要。

(5) 雾化燃料所消耗的能量小。

(6) 调风装置的阻力小。

(7) 结构简单，运行可靠，便于调节和修理，并易实现燃烧过程的自动控制。

4．构造

油燃烧器由风系统、油系统、点火及稳燃装置、电气系统、伺服电动机5个部分组成。调节方式和规格大小等分别有不同配置。

(1) 风系统　它是由风机、空气挡板、调节套筒、外壳等组成，其中调节套筒用于大规格燃烧器，与空气挡板一起由伺服电动机驱动。

(2) 油系统　油系统由油泵、油泵调节阀、滤网、油预热器、电磁阀、油嘴、回油调节阀等组成。其中在60～70号燃烧器中，重油的油泵、油泵调节阀及油预热器是分体的，而对滑动调节型燃烧器才具备回油调节阀，它与空气挡板一起由伺服电动机驱动。

(3) 点火及稳燃装置　点火装置由点火变压器、点火电极等组成。稳燃装置由调风盘及燃烧头组成。空气进入调风盘被高速旋转，形成旋转气流，在点火电极点火成功后，火焰中心的负压回吸高温气体至火焰根部形成稳定的着火源，而燃烧头的锥形则将二次空气斜向引入火焰的中部以使燃油不致缺氧燃烧。

(4) 电气系统　它由火焰传感器、燃烧程序控制器、燃油加热控制器以及有关电路组成。

(5) 伺服电动机　为风机、油泵、风门调节、回温调节提供动力。在快速调节型燃烧器中，伺服电动机仅驱动风门挡板。

5．燃油燃烧器常见油嘴

燃油锅炉油嘴的雾化质量和调风装置是保证可靠燃烧的主要装置，如雾化不好，配风不合理就会造成下列危害：

(1) 燃烧不完全，污染尾部受热面，排烟温度上升，甚至造成二次燃烧。

(2) 可燃气体、固体未完全燃烧，增加热损失。

(3) 使炉膛结焦。

(4) 灭火打炮，严重时甚至炉膛爆炸。

6．油嘴的分类

按雾化形式可分为机械雾化油嘴、转杯式油嘴、蒸气雾化油嘴、空气雾化油嘴四类。

(1) 机械雾化油嘴　一般情况下，它由油嘴外体、雾化压头、压紧螺盖、滤油网组成，如图7—26所示。

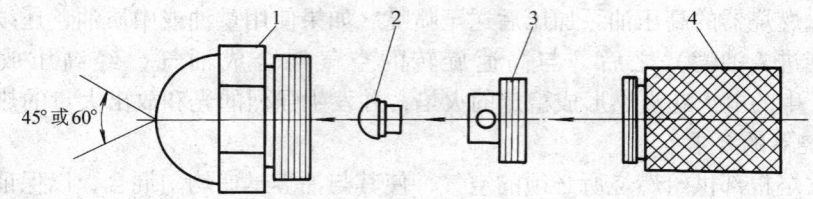

图7—26　简单机械雾化油嘴
1—油嘴外体　2—雾化压头　3—压紧螺盖　4—滤油网

油嘴使用时在正常油压下雾化角为60°或45°，喷嘴堵塞时应拆下清洗或更换滤网，严禁用金属丝捅喷孔，拆装时应保证喷嘴的对中性和密封性，避免螺纹处渗油，造成炉膛结焦。

(2) 转杯式油嘴 转杯式油嘴的组成部分如图 7—27 所示。它的工作原理是油通过空心轴进入高速旋转杯根部，随杯一起旋转，油在离心力的作用下甩出而雾化。轻质油时，采用内面较为平直的杯形，而对重油则采用锥形杯，油的黏度越大，杯的斜度越大。

为了保证雾化质量，杯的转速常采用 3 000～6 000 r/min，而以 4 600 r/min 最为普遍。

(3) 蒸气雾化油嘴 蒸气雾化的原理是利用高速蒸气喷射将油带出破碎为油粒，由于蒸气膨胀和油在炉膛中受烟气的加热和阻力，而把油粒进一步粉碎为更细的油雾。

蒸气雾化时，虽然油的黏度较大，但仍然要求雾化效果良好，油粒要细而均匀。

目前采用的 Y 型蒸气雾化油嘴，其油孔、气孔、混合孔三者呈 Y 形相交，其结构如图 7—28 所示。

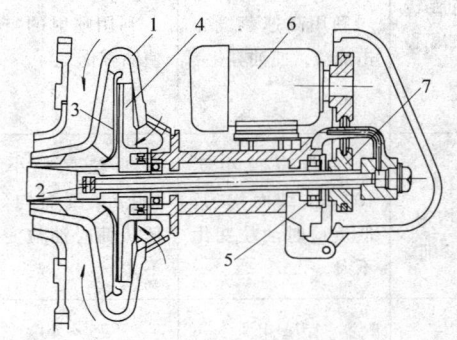
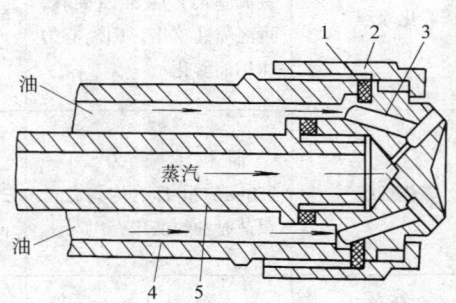

图 7—27 转杯式油嘴
1—转杯 2—油管 3—次风导流片 4——次风机叶轮
5—轴承 6—电动机 7—传动皮带轮

图 7—28 单件式 Y 形油嘴
1—密封垫圈 2—压盖螺帽 3—油嘴
4—外管 5—内管

这种油嘴雾化质量好，油滴粒径较小，使用蒸气压力不小于 0.7 MPa，油压通常在 0.2～2.0 MPa，每千克重油耗用蒸气量为 0.02～0.03 kg。

(4) 空气雾化油嘴 空气雾化油嘴按压力可分为高压（0.1 MPa）、中压（0.04～0.1 MPa）和低压（0.04～0.002 5 MPa）。使用高、中压空气雾化油嘴必须用空气压缩机作压力源。低压空气雾化油嘴适用于小型工业燃油锅炉，它们的结构如图 7—29 所示。

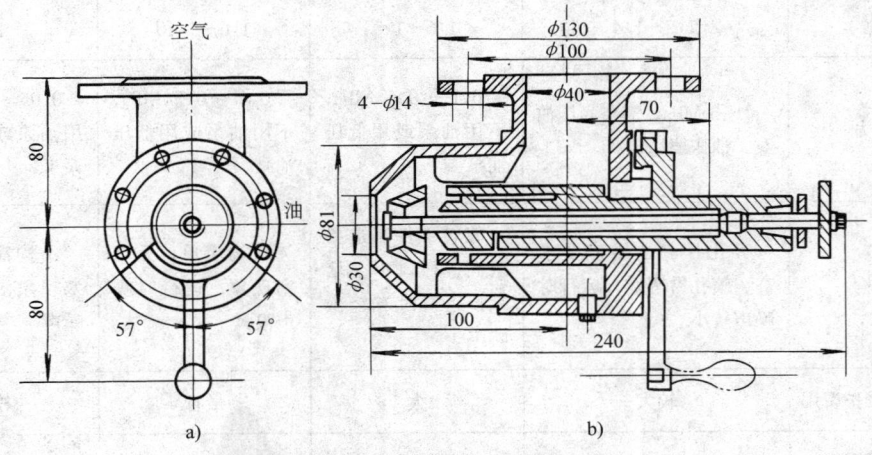

图 7—29 低压空气雾化油嘴
a) 正面剖视结构简图 b) 侧面示意图

其工作过程是油从压力较小的喷口喷出,而空气从油喷口四周喷出,由于空气速度较高,故可以将油雾化喷入炉内。

低压空气雾化油嘴的调节可通过调节出口截面积、出口速度和引入二次空气等方法来实现。

(5) 常见油嘴的特性　常见油嘴的特性见表7—2。

表7—2　　　　　　　　　　　　　常用油嘴特性比较表

特性＼类别	机械雾化油嘴	转杯式油嘴	蒸气雾化油嘴	空气雾化油嘴
雾化原理	高压燃油通过切向槽和旋流室时产生强烈旋转,再经喷孔喷出,因离心力作用而雾化	燃油随高速旋转的杯旋转,在离心力作用下雾化	利用高速蒸气冲击油流,使油雾化	利用喷射的空气使油雾化
雾化细度	油粒直径为20～250 μm,粗细不均匀,低负荷时油粒变粗	油粒直径为100～200 μm,粗细均匀,低负荷时油粒变细	油粒直径小于100 μm,细而均匀,低负荷时油粒变化不大	油粒直径小于100 μm,细而均匀,低负荷时油粒变化不大
雾化角	45°～120°	50°～80°	15°～45°	25°～40°
适用油种	可燃用各种油,燃油黏度为$(14.8～29.6)\times 10^{-4}$ m^2/s	可燃用各种油,燃油黏度为$(14.8～44.4)\times 10^{-4}$ m^2/s	可燃用各种油,燃油黏度为$(59.2～74)\times 10^{-4}$ m^2/s	不宜燃用残渣油,燃油黏度约为37×10^{-4} m^2/s
燃烧特性	火炬形状随负荷变化,火焰短粗	火炬形状不随负荷变化,易于控制,油与空气混合良好	火炬形状容易控制,火焰狭长	火炬形状容易控制,火焰较短
调节比	1:2～1:4	1:6～1:8	1:6～1:10	1:3
燃油压力	1～3 MPa,需要高压油泵,油压要稳定	0.1～0.4 MPa,不用油泵或用低压油泵	0.1～0.5 MPa,不用油泵或用低压油泵	0.05～1 MPa,不用油泵或用低压油泵
油嘴结构	雾化片制造维修要求高,喷孔易堵塞,运行时噪声较小	旋转部件制造要求高,杯口不会堵塞,运行时有轻微响声	结构简单,无堵塞现象,运行时噪声很大	结构简单,无堵塞现象,运行时有噪声
设备投资和维护费用	较大	大	最省	较省
雾化能量消耗	最小	较小	很大	较小

续表

特性 \ 类别	机械雾化油嘴	转杯式油嘴	蒸气雾化油嘴	空气雾化油嘴
雾化介质参数	—	转速 3 000～5 000 r/min	蒸气压力（2～7）$\times 10^4$ MPa	空气压力为（0.5～2）$\times 10^4$ MPa
雾化剂消耗量	—	—	0.3～0.6 kg（气），1 kg（油）	理论空气量的75%～100%
雾化剂喷出速度	—	—	300～400 m/s	50～80 m/s
适用范围	适用于快装锅炉以及前墙布置的大型锅炉，可用于正压或微正压锅炉	适用于小型（快装）锅炉以及前墙、两结对墙布置的大型锅炉，不适用于正压或微正压锅炉	适用于小型（快装）锅炉和四角布置的大型锅炉，可用于正压或微正压锅炉	只适用于小型锅炉，不适用于正压或微正压锅炉

7. 燃油燃烧器的调风及稳燃装置

燃油燃烧器的调风及稳燃装置可分为单级、两级和三级。

（1）单级燃烧器 其风门经调试后是固定不变的。

（2）两级燃烧器 两级燃烧器风门调节装置由伺服电动机驱动，转动风门可改变进风量。型号为SQN30—111的两级燃烧器结构如图7—30所示。

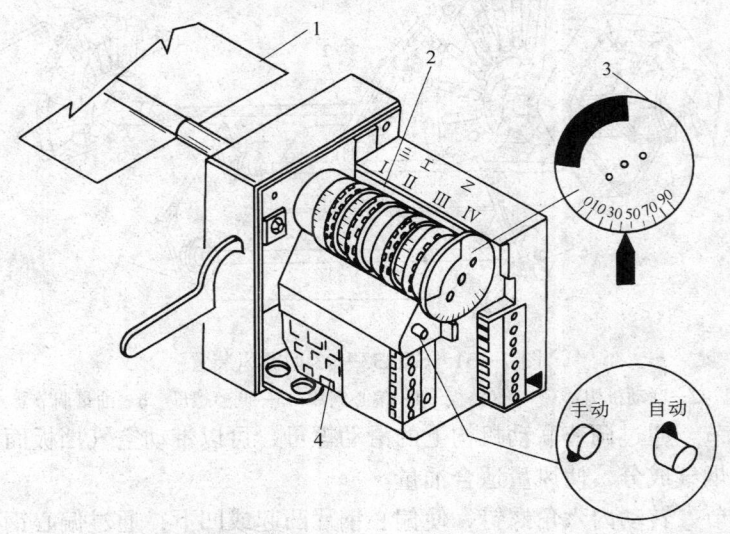

图7—30 SQN30—111型调风装置
1—空气挡板 2—凸轮组件 3—刻度盘 4—伺服电动机

在调试时，必须进行如下机械调整：

1) 设定小火时风门开度（1号喷嘴运行），凸轮开关Ⅲ。
2) 设定大火时风门开度（两个喷嘴同时运行），凸轮开关Ⅰ。
3) 设定2号喷嘴的投运，凸轮开关Ⅳ。

4）在上述设定后，进行烟气测试，最终设定Ⅲ及Ⅰ。

凸轮开关Ⅳ不应超过调节范围Ⅰ、Ⅲ的2/3，否则由于风量过大，火焰将会被吹熄。

调风装置SQN30—111的极限及辅助开关的设定为：

凸轮开关

Ⅰ 关闭/小火 0℃

Ⅱ 大火 最高至90℃

Ⅲ 0～50℃

Ⅳ 2号电磁阀，为Ⅰ、Ⅱ之间2/3处

（3）三级燃烧器 三级燃烧器所用的伺服电动机与两级燃烧器基本相同，只是多了几个辅助开关。

8．滑动型燃烧器的调风装置

（1）风油调节 伺服电动机带动凸轮机构沿顺时针方向转至大火位置，可调弹簧带带动风门挡板连接件为前吹扫打开风门。

在前吹扫末期，凸轮盘顶开油量调节阀，使风门挡板转到点火负荷位置，油量调节器全开，只有小部分油在喷嘴里雾化，大部分回流到油箱。

与此同时，风门关小，以使供风量满足雾化油量的需要。

伺服电动机驱动联动机构如图7—31所示。

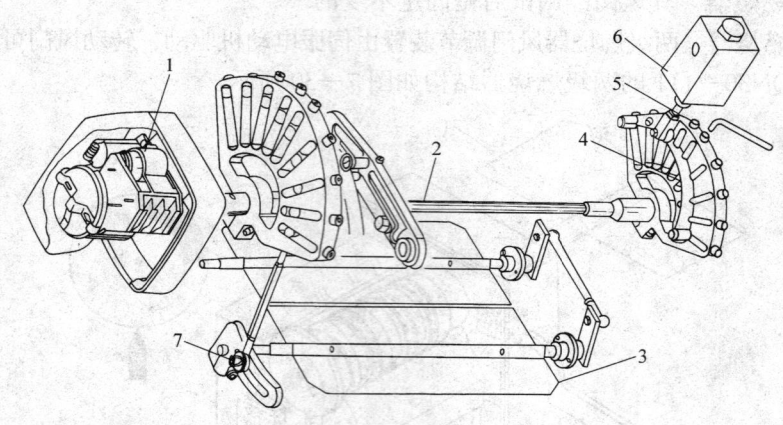

图7—31 SQL33—03型调风装置

1—伺服电动机 2—联动机构 3—空气挡板 4—偏心钢片 5—调整螺母 6—油量调节器 7—滑动螺母

（2）风量调节 通过调节联动机构上的滑动螺母，可以带动空气挡板而调节其开度，并在各负荷点测量烟气成分，使风量适合油量。

（3）油量调节 转动内六角螺钉，使偏心钢片凸起或凹下，通过偏心钢片来顶动油量调节器，从而达到油量调节的目的。

9．稳燃装置

又称风碟，其结构如图7—32所示。

稳燃板均装在燃烧器的出风口处，根据燃烧器使用条件的不同，可进行适当调节，往里调火焰形状变尖，风压增高，出风量减小；往外调火焰形态变宽，风压降低，出风量增大。经验证明稳燃板调整至火焰呈扩散状、光线不刺眼为佳。

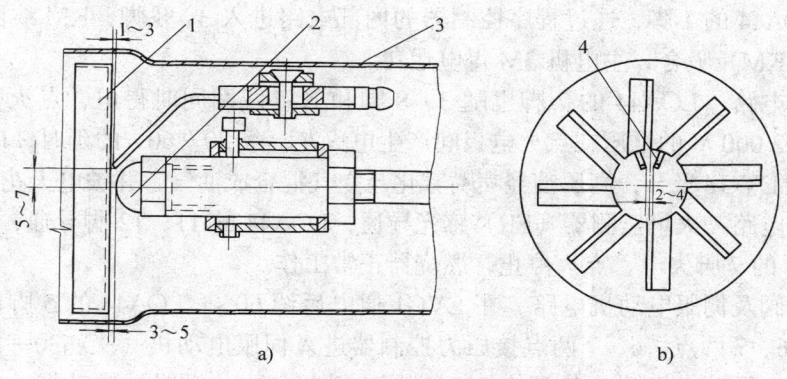

图 7—32 燃烧及稳燃装置
a) 正面结构简图 b) 侧面示意图
1—稳燃板 2—喷油嘴 3—燃烧筒 4—点火电极

10．燃油燃烧器的电气控制原理

燃烧器的电气控制主要由主电机供电电路、电磁阀电路、点火电路、感光电路及伺服电动机电路所组成。LOA44 型电气控制电路如图 7—33 所示。

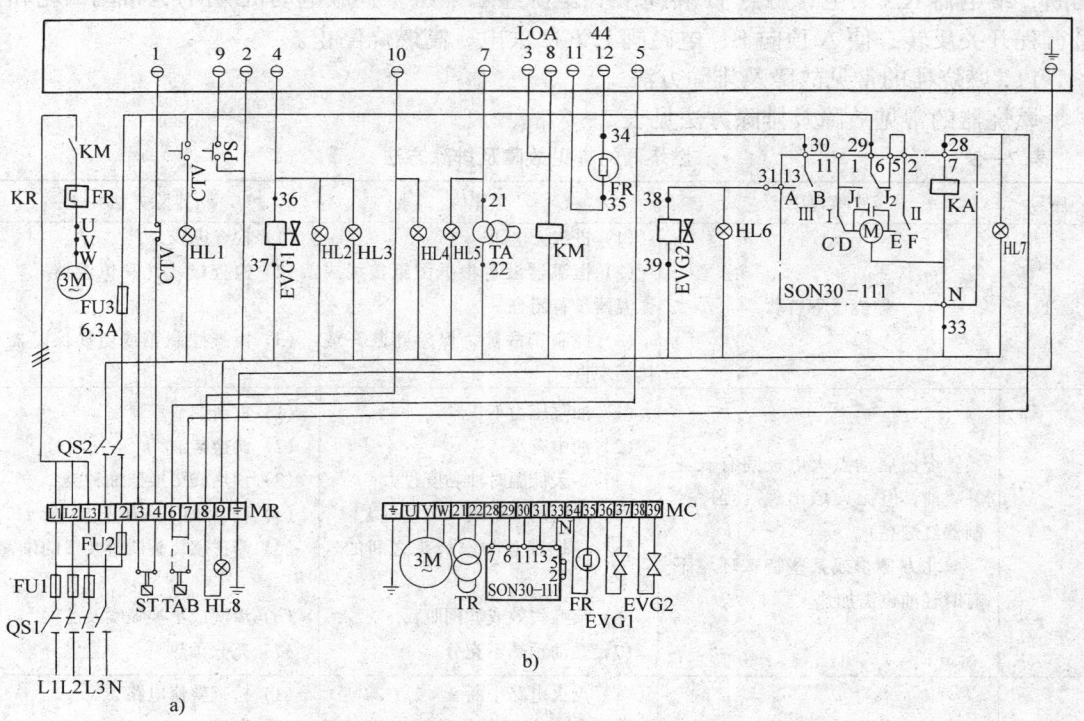

图 7—33 LOA44 型电气控制电路
a) 控制电路原理图 b) 集成电路板

（1）风门复位电路（伺服电动机电路） 当电网三相四线电源，经闸刀开关和熔断器进入接线板，一相经接线板，二相经开关和熔断器进入伺服电动机的 6 脚，经 E 点进入伺服电动机，伺服电动机逆时针转动，带动凸轮和空气挡板转过一个人为设定的角度，使轮的各触点回到相应的位置（高燃烧人为停机情况下，才有此程序）。

（2）主电机电路 当 QS2 开关闭合，电流经接线板（MR）的 3、4 点（接压力控制器），进入 LOA44 的 1 脚，通过程序控制器的内部电路进入 3、8 脚，KM 线圈得电将接触器的主触点（KM）吸合，主电机 3M 得电运转。

（3）点火电路　LOA44 的 7 脚也随 3、8 脚和 KM 线圈同时得电，点火变压器（TA）产生 6 000～12 000 V 的电压在点火电板间产生电火花。经 20～60 s 的延时，LOA44 的 4 脚得电，电磁阀 EVG1 吸开，高压油经喷嘴雾化与空气混合成油气，并被电火花点燃。

（4）感光电路　火焰监测器（FR）感光导通，LOA44 的 11、12 脚导通，经延时约 10 s 左右，LOA44 的 7 脚失电，点火停止，燃烧器正常工作。

（5）电磁阀及伺服电动机电路　在 EVG1 通电后约 60 s，LOA44 的 5 脚得电，经接线板（MR）的 6、7 两点，6、7 两点接压力控制器进入伺服电动机（SON30—111）的 7 脚，继电器线圈 KA 得电，将触点 J2 吸向 J1，伺服电动机得电，顺时针转动带动凸轮和空气挡板转过一个人为设定的角度，凸轮顶动Ⅲ号行程开关，触点由 B 顶向 A，伺服电动机 13 点得电，电磁阀 EVG2 同时得电，打开高燃烧油路，高燃烧喷嘴喷油，同时凹轮顶动Ⅰ号行程开关，触点由 D 顶向 C，Ⅱ号行程开关的触点由 F 顶向 E，伺服电动机失电停转，保持高燃烧。当锅内压力达到人为设定的压力时，压力控制器（TAB）的触点断开，6、7 两点被切断，继电器 KA 失电，触点 J1 转向 J2，电源经 E 点进入伺服电动机（M），带动凹轮和Ⅲ号行程开关反转，使 A 顶向 B，电磁阀 EVG2 失电，高燃烧停止。

11. 燃烧器的常见故障及排除方法

燃烧器的常见故障及排除方法见表 7—3。

表 7—3　　　　　　　　　　　　　　燃烧器的常见故障及排除方法

序号	故障现象	产生原因	排除方法
1	燃烧器不启动	（1）进线无电压 （2）恒温器没有根据图纸接线或恒温器没有闭合 （3）控制箱故障，保险器断开或接触不良	（1）检查进线 （2）检查接线柱和恒温器 （3）检查控制箱或更换保险器
2	燃烧器启动点火电极间有火花并喷油，但无火焰出现（程序控制器红灯亮） ＊北方冬季或某些特殊环境下有时轻油也需加热	（1）油泵压力不正常 （2）油中有水 （3）冬天低温时油黏度过大 （4）风门调节不当，风量过大 （5）稳燃圆盘与燃烧头之间的气道太大 （6）喷嘴失效或滤网脏污 （7）燃油预热不充分	（1）重新调节 （2）调换柴油 （3）预热或更换柴油种类 （4）调节风门，调小进风量 （5）修正燃烧头调整装置的位置 （6）清洗或更换喷嘴及滤网 （7）充分预热
3	燃烧器启动、喷油，但点火电极间无火花出现（程序控制器红灯亮）	（1）点火电路中断 （2）点火变压器的导线由于时间长而失效 （3）点火变压器导线接触不良 （4）点火变压器损坏 （5）点火电极间距不正确 （6）电极向地放电，但没有在两电极头间放火花，这是由于点火极绝缘陶瓷裂损或脏污、结炭渣	（1）检查整修电路 （2）更换 （3）将其拧紧 （4）更换 （5）按要求调整正确 （6）清洗或更换

续表

序号	故障现象	产生原因	排除方法
4	燃烧器启动有点火火花，但不喷油（程序控制器红灯亮）	（1）一相脱落 （2）电动机失效 （3）燃油没有到达油泵上 （4）油箱中无油 （5）吸油嘴上阀门未打开 （6）喷嘴堵塞 （7）电动机转向相反 （8）油泵故障 （9）油箱预热器的过滤器堵塞 （10）在预热器上形成的水蒸气或气体耽误了灌注（这时压力表达到预定压力，且大大超过程序所允许的最长时间极限）	（1）检查电源线 （2）修理或更换 （3）检查吸油管 （4）注满油 （5）打开阀门 （6）取下彻底清洗 （7）调换三相电源 （8）修理或更换 （9）取下清洗 （10）转动几次预热器的螺塞，使其放松，并排出所有的残存水，若出来的不是水而是油，产生的气体可能来自燃油蒸发，应不断降低恒温器的温度直到低于100℃；此外，也要检查油箱的倾斜度

五、燃气燃烧器

1．燃烧器的分类

燃气燃烧器是燃气锅炉的重要部件，其种类繁杂，可从不同方面进行分类，燃气锅炉常用燃烧器的主要分类如下：

（1）按燃烧方式分

1）扩散式　燃烧所需空气不预先与燃气混合，一次空气系数 $\alpha_1 = 0$。

2）大气式　燃烧所需的部分空气预先与燃气混合，$\alpha_1 = 0.4 \sim 0.7$。

3）无焰式　燃烧所需的全部空气预先与燃气混合，$\alpha_1 = 1.05 \sim 1.10$。

（2）按空气供给方式分

1）空气由炉膛负压吸入。

2）空气由高速喷射的燃气吸入。

3）空气由机械鼓风进入。

（3）按燃料种类分

1）纯燃气燃烧器，仅限于燃用燃气。

2）燃气—燃油联合燃烧器，可同时或单独燃用燃气或燃油。

3）燃气—煤粉联合燃烧器，可同时或单独燃用燃气或煤粉。

（4）按特殊功能分

1）浸没燃烧器。

2）高速燃烧器。

3）脉冲燃烧器。

4）低 NO 燃烧器。

2．常见燃烧器

（1）火焰燃烧器

1）套管式燃烧器　如图 7—34 所示，它是由相套的大管和小管组成，燃气从中间小管流出，空气从管子夹套中流出，两者在火道或燃烧室内边混合边燃烧。其特点是结构简单，工作稳定。缺点是，燃气与空气属同心平行气流，混合效果较差，火炬较长。适用于小型燃气锅炉。

2) 蜗壳式旋流燃烧器　图7—35所示为中心供气蜗壳式旋流燃烧器。空气经蜗壳形成旋流，燃气从中心燃气管上的小孔垂直喷入空气旋流中，从而增大两种气流的接触面，使混合强化，燃气与空气混合后经缩放型喷口再进入炉膛。这样既增强混合又使流速均匀提高，有利于防止火道内产生回火。当燃用天然气时，燃气压力约为15 kPa，空气流速为20～40 m/s，喷口处气流速度为20～50 m/s，喷嘴出口处流速为10～22 m/s，过量空气系数为1.1，喷入天然气的距离约在400～500 mm以上，此时预混合已相当强烈，火焰也不发光。

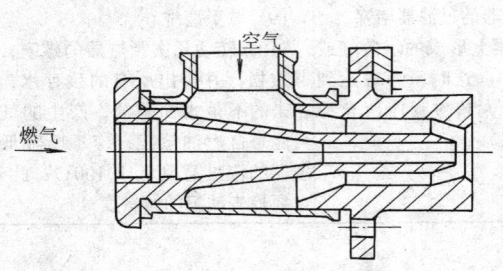 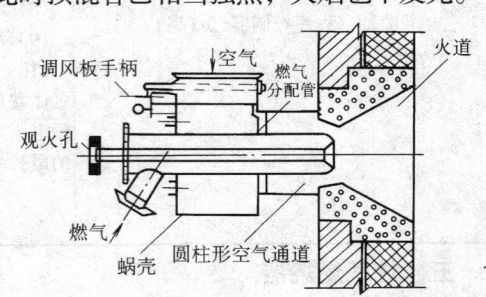

图7—34　套管式燃烧器　　　　　图7—35　中心供气蜗壳式旋流燃烧器

3) 大气式燃烧器　图7—36所示为两种大气式燃烧器的结构示意图。其特点是：不需配置鼓风装置送风，燃烧所需空气靠引射作用吸入。燃气可在较低压力下工作。在燃烧器内，仅一部分空气和燃气混合，在炉膛内还需补入二次风。结构十分简单，主要由引射器及头部两大部件组成，如图7—37所示。但当燃烧器热功率大时，结构显得笨重，故一般多用于小型锅炉。

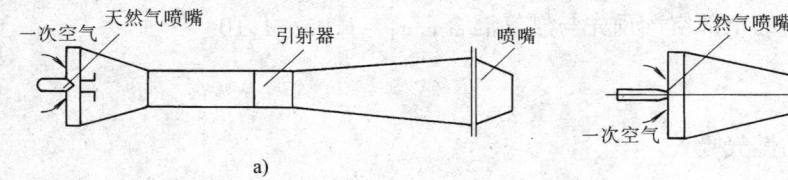

图7—36　大气式燃烧器
a) Ⅰ型　b) Ⅱ型

Ⅰ型燃烧器：气流形状最佳，阻力系数最小，但长度最长，如图7—36a所示。
Ⅱ型燃烧器：尺寸较小，但压力损失较大，如图7—36b所示。

(2) 无焰燃烧器

1) 燃烧道型无焰燃烧器　该型燃烧器由混合装置、燃烧道和喷头三个部分组成，如图7—38所示。

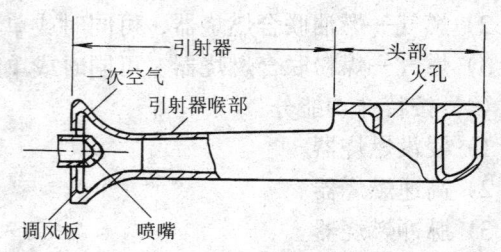

图7—37　大气式引射燃烧器

①混合装置　其作用是使燃气和空气良好混合。混合有两种方式：其一为燃气和空气均被加压后在混合装置内混合。其二为喷射器引射混合，可以是空气引射燃气，也可以是燃气引射空气。但多数以燃气作喷射介质，直接从大气中吸入空气。为了保证吸入必要的空气，

并防止回火,要求燃气必须具有一定的压力,通常天然气为30～100 kPa,高炉煤气为5～10 kPa,高炉—焦炉混合煤气为15～20 kPa。

②燃烧道 其结构由若干层耐火隔墙组成,炽热的耐火隔墙既是可燃气体迅速稳定着火的点火源,又将可燃气流分割成许多薄层,增加可燃气体表面积,改善混合,从而大大强化燃烧。

③喷头 它将燃气和空气混合物以一定的速度喷入燃烧道内,并要求在最小负荷时,燃气、空气混合物流出喷头的速度应比火焰传播速度高出25%以上,以防止回火,但也不宜过高,以避免火焰不稳定或造成脱火现象。对热负荷大的喷头,需用空气或水来冷却,以防止烧坏喷头。

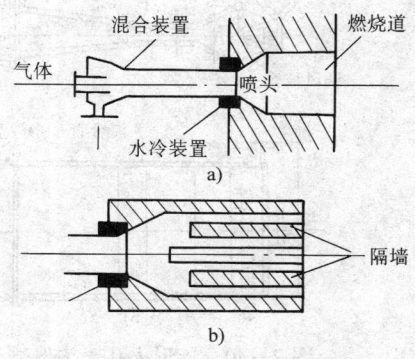

图7—38 无焰燃烧器原理图
a) 燃烧器构造示意图 b) 燃烧道构造简图

2) 带稳焰器的无焰燃烧器 图7—39所示为其结构简图,它由笆状稳焰器、扩散管、喉管、收缩管、吸音罩和喷嘴等部件组成。吸音罩由毛毡或玻璃纤维组成,笆状稳焰器用宽6mm、厚0.5 mm的耐高温薄钢板制成,间距约为1.5 mm,其主要性能及结构尺寸见表7—4。

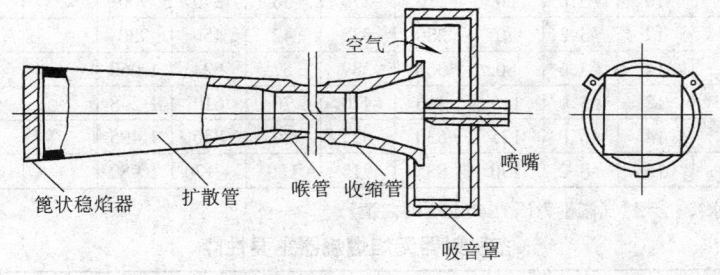

图7—39 带稳焰器的无焰燃烧器

表7—4 带稳焰器的无焰燃烧器的主要性能及结构尺寸

型号	不同压力(kPa)时天然气流量(m³/h)			喷嘴孔径 d_p (mm)	总长度 L (mm)	稳焰器尺寸 b(mm)× h(mm)	消声器尺寸 D_1 (mm)	燃气进口尺寸 D_2 (mm)	质量 (kg)
	10	30	50						
Ⅰ	50.0	88.0	123.0	10.8	2 127	208×203	500	50	39
Ⅱ	75.5	133.0	172.5	13.2	2 424	243×243	560	50	47
Ⅲ	147.0	255.0	331.0	19.0	3 200	344×344	675	80	65

3) 矩形火孔无焰燃烧器 如图7—40所示,它是由调风手柄、调风板、燃气管、喷嘴、混合管、水冷矩形头部等部件组成。其特点是喷嘴喷出的火焰呈扁平形。燃气与空气在扁平形引射器中能较好地混合。其主要特性见表7—5。

4) 多引射器无焰燃烧器 其结构如图7—41所示,它是由喷孔混合管、水冷头部、稳焰锥体等部件组成。其优点是:采用多喷孔,混合管较短,混合气流遇到稳焰锥体后,相互撞击,强化燃烧。其主要特性见表7—6。

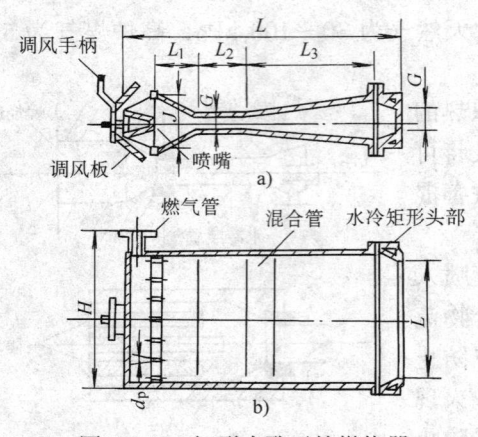
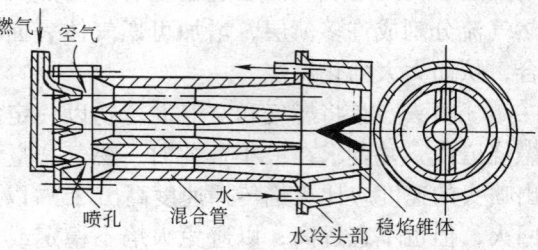

图7—40 矩形火孔无焰燃烧器
a) 正剖面示意图 b) 横剖面示意图

图7—41 多引射器无焰燃烧器

表7—5　　　　　　　　矩形火孔无焰燃烧器主要尺寸和性能

型号	天然气流量 (m^3/h)	燃气喷孔 n	燃气喷孔 d_p	火孔直径 (mm) a	火孔直径 (mm) b	火孔直径 (mm) c	混合管 (mm) G	混合管 (mm) H	混合管 (mm) L	其他尺寸 (mm) L_1	其他尺寸 (mm) L_2	其他尺寸 (mm) L_3	其他尺寸 (mm) J
Ⅰ	50	8	φ2.8	50	195	225	30	360	720				
Ⅱ	75	10	φ3.0	60	230	270	36	370	900				
Ⅲ	100	12	φ3.2	70	280	322	42	456	930				
Ⅳ	150	14	φ3.6	80	363	389	52	524	1 060				
Ⅴ	300	12	φ5.0	115	416	470	70	610	1 248				
Ⅵ	500	14	φ6.0	125	630	685	80	830	1 495				
Ⅶ	1 000	15	φ8.2	190	835	915	120	1 170	1 980				

注：Ⅰ～Ⅳ号无水冷；天然气流量为压力40 kPa时之值。

表7—6　　　　　　　　多引射器无焰燃烧器主要性能

项目	型号 Ⅰ	型号 Ⅱ	型号 Ⅲ	型号 Ⅳ	型号 Ⅴ
天然气流量 (m^3/h)	37～132 5～60	26～114 3～60	67～196 7～60	31～140 3～60	140～350 18～60
调节比	1:3.6	1:4.5	1:2.9	1:4.5	1:2.5
火孔直径 (mm)	210	210	250	250	350
稳焰锥体直径 (mm)	80	110	80	150	150

(3) 鼓风式燃烧器　为了强化燃气与空气的混合，提高燃烧强度，使燃烧器结构紧凑，单个热负荷高，工业锅炉的燃烧器常采用机械鼓风的办法。这时燃烧速度、燃烧完善程度和火焰长度完全取决于燃气和空气的混合。利用鼓风式燃烧器的主要部件配风器和燃气分流器，可以使空气和燃气之间有一定的速度差，使燃气和空气分成相互有交叉的细流，并使空气强烈旋转，以便混合得更加完善，保证气体混合物在火道和炉内迅速燃烧。鼓风式燃烧器可以利用空气预热器的热空气，并具有较大的调节比，且能使用低压燃气。其缺点就是鼓风需增加电耗。

鼓风式燃烧器一般由配风器、燃气分流器和火道组成。其分类见表7—7，常用的有旋流

表 7—7　　　　　　　　　　鼓风式燃烧器的分类

类别	配风器形式	燃气分流器形式
套管式	圆筒式	单管式或多管式
旋流式	切向式	中心式
	蜗壳式	周边式
	轴向叶片	
	切向叶片	中心—周边联合式
平流式	圆筒式	中心式　多枪式
	文丘利式	中心—周边联合式

式和平流式两种。这两种燃烧器的配风器结构与油燃烧器基本相似，其结构均较简单。燃烧形成的火焰特征与通常旋风式和直流式油燃烧器也相似。

下面介绍两种常用燃气燃烧器。

1) 周边供气蜗壳式燃烧器　如图 7—42 所示，空气通过蜗壳产生强烈旋转后，进入内筒继续旋转向前，燃气由管子进入内环套，并从内筒中部和端部的两排小孔径高速喷入旋转的空气流，两者强烈混合后进入火道燃烧。在内筒进口处的圆周上匀布着一排曲边矩形孔，一小部分空气从这些小孔进入外环套，作为二次风在内筒端部环缝流出，冷却燃烧器。这种燃烧器混合强烈，燃烧完善，过量空气系数小，$\alpha = 1.05$。但阻力较大，燃气压力为 10 kPa，空气压力为 1 kPa。

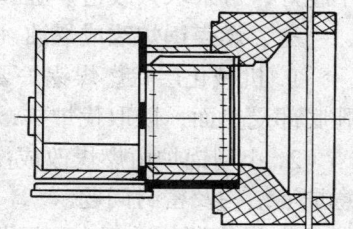

图 7—42　周边供气蜗壳式燃烧器

2) 多枪平流燃烧器　多枪平流燃烧器的结构如图 7—43 所示。

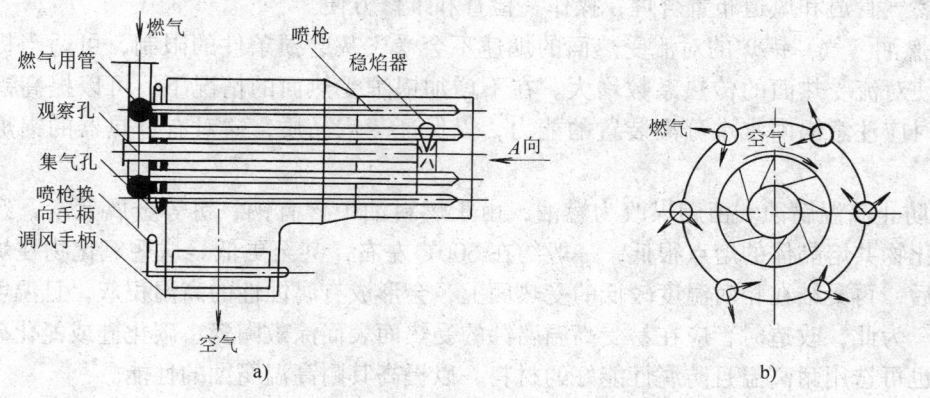

图 7—43　多枪平流燃烧器
a) 正面结构示意图　b) A 向视图

高压燃气由母管道进入集气孔，然后再流入分布在同一圆周上的 6 根喷枪，通过喷枪多孔头部高速喷出，其射流方向与流经稳燃器的少部分空气所形成的旋转空气流的方向正好相交，因而提高了燃气与空气之间的相对速度，大大强化了混合。转动喷枪换向手柄，可以改变喷孔的射流方向，借改变混合程度来调节火焰的长度和宽度。燃气射流速度高，有较强的刚性，它能穿入与其成正交状态的二次风，使混合得到改善，而稳定燃烧。这种燃烧器的过量空气系数可达 1.03。由于大部分空气不旋转，因此降低了鼓风电耗。空气压头为 800 Pa，燃气为6 000 Pa，燃气量为0.43 m³/s。这种燃烧器还可以达到更大的容量，以适应大中型锅炉的需要。

六、燃煤锅炉改成燃油（气）锅炉的基本原则

1．被改造的燃煤锅炉必须具备以下条件：

（1）原锅炉的受压元件必须基本完好，有继续使用的价值。

（2）原锅炉的水汽系统和送、引风系统必须基本完好。

2．改造后的锅炉应达到的目的

（1）保持原锅炉的额定参数（如气压、气温、给回水温度等）不变。

（2）保持或提高原锅炉的出力和效率。

（3）通过改造达到消烟除尘，满足环保要求。

（4）锅炉改造方案必须简单易行、投资少、见效快、工期短。因此锅炉改造的涉及面越小越好，可采取只改造炉膛和燃烧装置，改造部分不超出锅炉本体基本结构范围。

七、燃煤锅炉改成燃油（气）锅炉的注意事项

1．机械化层状燃煤锅炉要改成燃油（气）锅炉，首先应取掉前后拱，同时考虑增加炉膛底部受热面，以取代炉排，防止炉排过热烧坏。

2．小型锅炉由燃煤改成燃油（气）炉，即由原来的负压燃烧变为微正压燃烧，必须注意炉墙结构及密封问题。

3．燃烧器的选型和布置与炉膛形式关系密切，应使炉内火焰充满度比较好，不形成气流死角；避免相邻燃烧器的火焰相互干扰；低负荷时保持火焰在炉膛中心位置，避免火焰中心偏离炉膛对称中心；未燃尽的燃气与空气混合物不应接触受热面，以免形成气体不完全燃烧；高温火焰要避免高速冲刷受热面，以免受热面热强度过高使管壁过热等。燃烧器布置还要考虑燃气管道和风道布置合理，操作、检查和维修方便。

4．燃油（气）锅炉的对流受热面的烟速不会受飞灰磨损条件的限制，可适当提高烟气流速，使对流受热面的传热系数增大。在不增加锅炉受热面的情况下，可以提高锅炉的出力，此时应注意锅内汽水分离装置的能力，以保证蒸汽品质，这对有过热器的锅炉尤为重要。

5．防止高温腐蚀。由燃煤改为燃油，由于燃料油中含有钠、钒等金属元素，经燃烧后生成氧化物共熔晶体的熔点很低，一般约在600℃左右，甚至更低。这些氧化物在炉膛高温下升华后，再凝结在相对温度较低的受热面上，会形成有腐蚀性的高温积灰，且温度越高腐蚀越快。为此，改造时，应在易受高温腐蚀的受热面表面涂敷陶瓷、碳化硅或氮化硅等特种涂料，也可选用耐高温且防腐性能好的材料，以提高其耐高温腐蚀的性能。

6．防止炉膛爆炸。燃煤炉改为燃油（气）炉时，当燃油雾化不良或燃烧不完全的油滴（燃气）在炉膛或炉尾部受热面聚集时，就会发生着火或爆炸。因此，在锅炉的适当部位应装置防爆门，同时在自动化控制上应增设点火程序控制和熄火保护装置，以保证锅炉安全运行。

第八章 热工仪表与自动调节

第一节 常用仪表的工作原理、结构及使用注意事项

一、温度表

用来完成测量温度的仪器叫温度仪表，简称温度表。锅炉生产中使用的温度仪表有多种类型，最常用的有液体膨胀式温度计、压力式温度计、热电偶温度计、热电阻温度计等。

1. 液体膨胀式温度计

液体膨胀式温度计是基于液体受温度变化（热膨胀或冷收缩）的性质实现测温的。工作液的膨胀系数越大，则它的膨胀体积越大，测温精度越高。利用酒精或水银做工作液制成的玻璃温度计是这类温度计的主要产品，可实现 −200～500℃ 范围内的温度测量。

利用这种原理制成的玻璃温度计结构简单，主要由带有感温泡的玻璃毛细管、感温物质和刻度标尺所组成。按刻度标尺形式可分为棒式、内标式和外标式三种类型，如图 8—1 所示。

当其下部的感温包在被测介质中受到温度的作用后，感温液体就会沿着玻璃毛细管上升（热胀）或下降（冷缩），当感温液体与被测介质温度相同时，毛细管中感温液体将不再上升或下降，其高度就代表被测介质温度，温度值由温度标尺上读得。使用液体膨胀式温度计应注意以下几点：

（1）使用液体膨胀式温度计时，应将尾部全部浸入被测介质中。如果插入深度不够，则会带来测量误差。当工作条件不能满足要求时，应对液柱露出部分进行修正。

（2）根据实际测温要求合理选择温度计的量程和精度。被测温度一般在全量程的 30%～90% 之间。

（3）水银温度计在读数时应看球形面的顶点；酒精等有机液体应看凹形面的最低点。

（4）温度计在使用中应避免剧烈振动。

（5）在长期使用中应定期进行校验，校验合格后才能继续使用。

（6）使用中如发现工作液体中断，应停止使用，进行维修或更换。

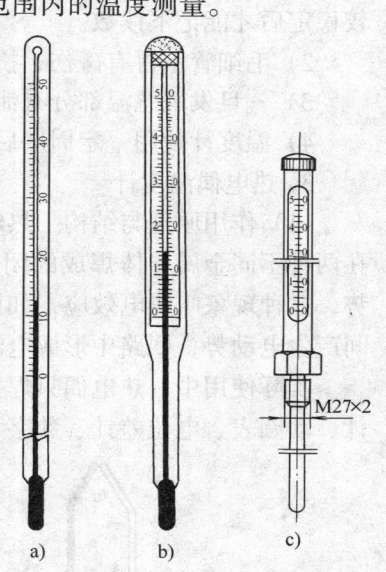

图 8—1 玻璃温度计的外形
a) 棒式玻璃温度计 b) 内标式玻璃温度计 c) 外标式玻璃温度计

2. 压力式温度计

（1）工作原理 压力式温度计是利用感温物质的压力随温度而变化的特性来工作的。测量时，温包放置在被测介质中，当被测介质温度发生变化时，温包内感温物质受热而压力发生变化，温度升高，压力增大，温度降低，压力减小。压力的变化经毛细管传递到弹簧管，弹簧管一端固定，而另一端（自由端）因压力变化而产生位移，通过传动机构带动指针指示

出相应的温度变化值。

(2) 结构及类型　无论哪一类压力式温度计都是由温包、毛细管和弹簧管压力计三个基本部分组成。温包直接与被测介质接触，用来感受被测介质的温度变化，因此要求它有较高的机械强度、小的膨胀系数、高的热导率以及抗腐蚀性能。仪表外形及结构原理如图 8—2 所示。

压力式温度计按功能来分有指示式、记录式、报警式（带电接点）和调节式等各种类型；按填充物质不同又可分为气体压力式温度计、蒸汽压力式温度计和液体压力式温度计。

(3) 使用注意事项

1) 由于压力式温度计是通过毛细管传递压力指示温度的，滞后较大，读数时，应该待示值较稳定后才能记下读数。

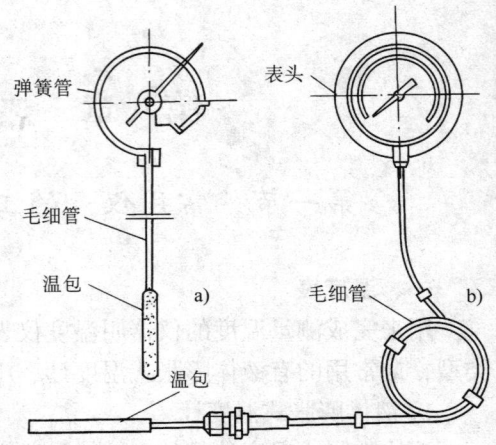

图 8—2　压力式温度计结构原理图
a) 结构原理　b) 外形

2) 毛细管不得有碰伤、挤压或打折情况发生，其弯曲半径应大于 50 mm。
3) 一旦发现感温部分有泄漏，应立即停用，进行修理或更换。
4) 温度计使用一定周期后应重新进行示值校验。

3. 热电偶温度计

(1) 作用原理与结构　热电偶测温原理是基于一种金属和另一种金属之间的热电现象。在两种不同金属导体焊成的闭合回路中，当两焊接端温度不同时，其回路中就会产生电动势，这种现象叫热电效应，如图 8—3 所示。当 t_1 端温度高于 t_0 端温度时，A、B 电极之间产生电动势，回路中形成电流 I，温差越大，电动势也越大。

实际使用中，热电偶只焊接一端，称工作端，另一端不焊接，称冷端，用来接入如毫伏计、动圈表、电位差计、数字显示仪等配用热电偶的显示仪表，如图 8—4 所示。

 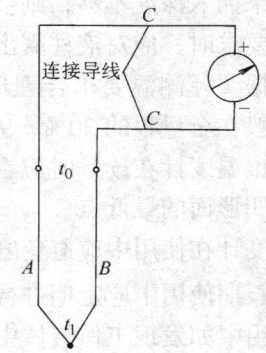

图 8—3　热电偶回路　　　　　　　图 8—4　接显示仪表的热电偶回路

热电偶根据其使用的金属材料不同，可进行不同范围的温度测量，常用热电偶测温范围见表 8—1。

根据不同的测温要求和测量对象，工业热电偶产品的结构形式各不相同，但其主要部件

表 8—1　　　　　　　　　　常用热电偶测温范围

热电偶名称	分度号	测温范围（℃）	长期（℃）	短期（℃）	精度等级
铂铑$_{10}$—铂	S	600～1 600	1 300	1 600	±0.25%t
铂铑$_{30}$—铂铑$_6$	B	800～1 700	1 600	1 800	±0.5%t
镍铬—镍硅	K	400～1 300	1 000	1 200	±0.75%t
镍铬—康铜	E	-40～900	600	800	±0.75%t

注：t 为测量点的温度值。

都是由热电极、绝缘管、保护套管、接线盒等部分构成。外形如图 8—5 所示。

铠装热电偶是为适应复杂结构和狭小位置的安装要求而生产的，这种热电偶具有反应灵敏、挠性好、耐振动等特点。

（2）使用注意事项　热电偶虽然结构简单、测温范围宽，但如果使用不当，则会造成很大的浪费和测量误差。因此必须注意以下几点：

1）根据测温范围及被测介质，选择合适的热电偶类型。二次仪表必须与热电偶的分度号相符。

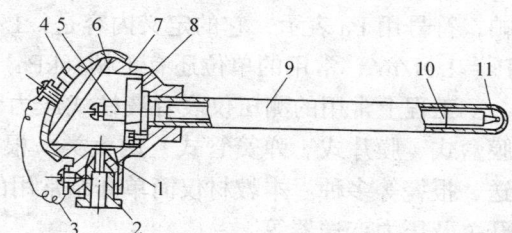

图 8—5　普通工业用热电偶基型产品的结构
1—出线孔密封圈　2—出线螺母　3—链条
4—盖　5—接线柱　6—盖的密封圈　7—接线盒
8—接线座　9—保护管　10—绝缘管　11—热电极

2）必须进行冷端温度补偿。
3）热电偶不得从保护套中抽出直接与被测介质接触使用。
4）接线极性应正确。
5）测量管道温度时，应保证有足够的插入深度。
6）应进行定期校验。

4．热电阻温度计

（1）工作原理与结构　热电阻温度计是根据导体（金属丝）的电阻随温度变化而变化的原理工作的。温度越高，金属的电阻值越大。因此，只要测得热电阻的阻值，即可相应地测量出被测物质的温度。

由铂丝和绝缘铜丝绕在专用支架上制成的铂电阻温度计和铜电阻温度计，是用得最普遍的测温元件。热电阻测温范围见表 8—2。

表 8—2　　　　　　　　　　热电阻的测温范围

热电阻类型	分度号	0℃时电阻值（Ω）	测量范围（℃）	精度等级
铂热电阻	Pt100	100	-200～500	±(0.3+6×10^{-3})t
铜热电阻	Cu50	50	-50～100	±0.25%t

注：t 为测量点的温度值。

常用热电阻由测温元件、保护管等构成，如图 8—6 所示。

与热电阻配套组成回路的二次显示仪表主要有动圈式指示仪表、数字显示仪表、自动记录仪表等。

（2）使用注意事项

1）根据测温范围和被测对象选择合适类型的热电阻。
2）考虑适当的插入深度（测液体或蒸汽时，感温元件应置于管道中心线），使测出的温度能代表被测介质的平均温度。
3）热电阻与二次表的连接应采用三线制接法，以消除连接导线的电阻随环境温度变化引起的误差。

4）一只热电阻只能与一块显示仪表连接测温。

5）普通热电阻不适于用在有剧烈振动的场合。

二、压力表

压力是仪表生产中的一个基本参数，其定义为作用在单位面积上的力。压力有表压力（正压力）、真空（负压力）、大气压力和绝对压力之分。

衡量压力值大小的单位叫压力单位，国际单位制中使用的基本压力单位是帕斯卡，简称帕，符号用 Pa 表示，它的定义内容是：1 牛顿的力作用在 1 平方米的面积上，其表达式为 $1 \text{ Pa}=1 \text{ N/m}^2$，常用的单位还有千帕（kPa）、兆帕（MPa）等。

工程上常用的测压仪表有液柱式压力计（如单管式、U 形管式）和弹性式压力计（如膜盒式、膜片式、弹簧管式）两大类。根据生产需要，压力仪表有指示、记录、远传、变送、报警等多种。本教材仅简单介绍常用的膜盒式压力计、弹簧管式压力表、真空表、压力开关及压力变送器等。

1. 风压表

测量空气、烟气等微小压力应用得最广泛的仪表是膜盒式压力计。该压力计结构简单，主要由膜盒、传动部件和指示部分等构成，如图 8—7 所示。

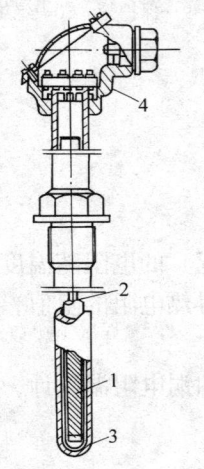

图 8—6　热电阻的构造

1—感温元件　2—引出线

3—保护套管　4—接线盒

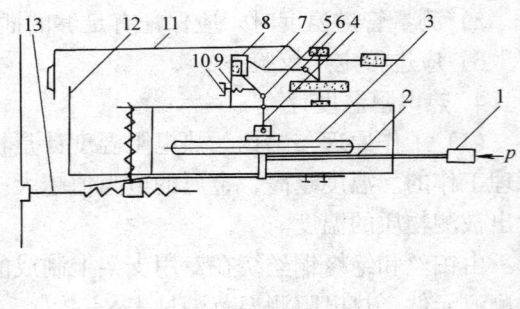

图 8—7　膜盒式压力计结构原理图

1—接头　2—导管　3—膜盒　4—连杆　5—铰链块

6—曲柄　7—拉杆　8—微调支板　9—转轴

10—调节螺钉　11—指针　12—刻度盘　13—调零轴

膜盒压力计是用两个同心的波纹膜片沿其边沿焊接在一起，构成空心膜盒作为仪表的敏感元件。被测压力由接头 1 和导管 2 引入膜盒 3，在被测压力的作用下，膜盒受压扩张（或收缩）产生位移，推动连杆 4 和铰链块 5 移动，使指针偏转从而在刻度盘上指示出被测压力大小。

膜盒压力计的使用应注意以下几点：

（1）膜盒压力计安装时应垂直于仪表盘面。

（2）应根据测量要求选择合适的量程，避免有过量程压力信号冲击仪表，而造成膜盒损坏。

（3）仪表应定期进行校验。

（4）使用中应保证仪表管路畅通。

（5）测量波动大的压力信号时，可采取一定的阻尼措施，以保证读数正确和延长膜盒使用寿命。

2. 弹簧管压力表

详见第七章第二节压力表的作用、结构、原理及安装使用要求。

3. 真空表

真空表是用来测量真空（也叫负压力）大小的仪表。习惯上把测量范围在 -0.04~0 MPa 之间的真空表叫负压表（或吸力计）。电厂常用它来测量锅炉制粉管道、烟气管道及炉膛的压力。又把测量范围在 -0.1~0 MPa（即绝对真空）的仪表叫真空表。真空表有液柱式和弹簧管式两大类，弹簧管式真空表应用得最多，其整体构造、作用原理与本节所述压力表相同，只是感压元件的受力方向相反。弹簧管真空表（简称真空表）的工作原理如图 8—8 所示。

当弹簧管内通入真空（负压力）p_z 时，由于弹簧管外所受大气压力大于管内被测压力，在这两个力的作用下，弹簧管产生卷曲变形，自由端向内卷曲产生直线位移，并通过连杆、扇形齿轮推动指针，在刻度盘上指示出被测真空度。用弹簧管制成的还有一种既可测量真空，又能测量压力的仪表，叫压力真空表（有时也叫联成表）。其结构与前述弹簧管压力表、真空表完全相同，只是零位设在刻度盘中间的某一部位，零位的一边为负压力，另一边为正压力。

弹簧管真空表（真空压力表）的使用可参照普通弹簧管压力表的注意事项，只是要特别注意防泄漏。

4. 压力开关

压力开关也叫压力控制器或压力继电器。它可将被测压力转换成开关量信号，以实现对压力参数的报警和控制。它的感压部件是弹性元件，它的工作原理属杠杆测力原理。其典型结构如图 8—9 所示。

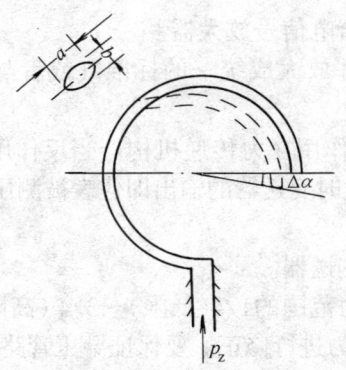

图 8—8 弹簧管真空表原理

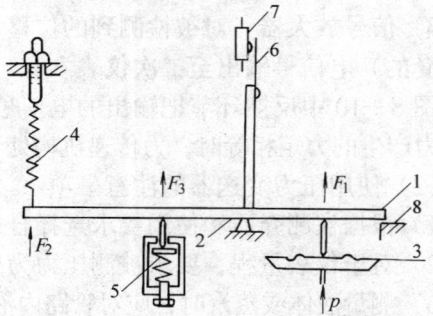

图 8—9 压力开关的典型结构

1—主杠杆 2—杠杆支点 3—测量元件
4—复位弹簧 5—差值弹簧 6—缓冲弹簧片
7—微动开关 8—限位器

当被测压力 p 进入弹性元件后，弹性元件变形产生一个推力 F_1，推动杠杆朝一个方向偏转，并带动微动开关闭合，发出开关量信号。复位弹簧 4 有两个作用，一是被测压力 p 降低时，靠弹簧力的反作用，使杠杆反方向偏转，微动开关复位，接点断开；另一方面，调节弹簧的松紧，可改变压力开关的压力动作值。调整差值弹簧 5 可改变微动开关闭合与断开之间的压力范围值。通常压力开关的复位弹簧和差值弹簧均带有指针，指示整定的动作值，以方便读数。

使用压力开关应当注意的要点是：
(1) 根据被测介质的情况，要求选择适合测量要求的压力控制器。
(2) 测量液体介质时，应考虑液柱差引入的误差。
(3) 仪表、仪表管路及连接处不能有泄漏。
(4) 从压力开关刻度盘上读取的数值准确度不高，仅可做参考。
(5) 应定期进行动作值的整定。

5. 压力变送器

(1) 作用原理与结构　压力变送器把压力信号转换成相应的电信号，并传至二次显示仪表进行压力读数或调节。压力变送器根据压力信号转换方法大致可分为基于差动变压器转换原理制成的差动式压力变送器，采用霍尔元件制成的霍尔压力变送器，采用扩散硅技术制成的扩散硅压力变送器等。

压力变送器虽然其压力变换原理、电路结构以及外形尺寸各不相同，但就其测量过程来讲，均是由以下三个基本环节组成，如图8—10所示。

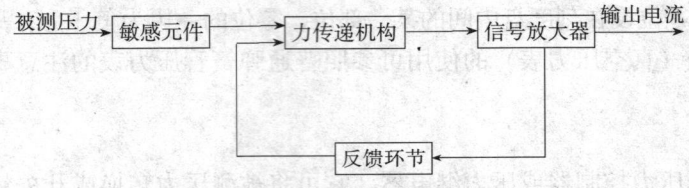

图8—10　压力变送器原理框图

1) 敏感元件（也叫测量部件）　接受被测压力，并将其转换成机械量的位移，推动力传递系统。

2) 力传递机构　按受机械位移量（经放大）传递给电信号放大器。

3) 信号放大器　对被检测到的位移量进行位移，并放大成统一的标准（或者与二次仪表配套的）电信号输出至二次仪表。

图8—10中反馈环节把输出的电信号进行变换后反作用在力传递机构。当反作用力与被测压力产生的力矩相等时，力传递机构处于平衡状态，此时变送器的输出即代表被测压力值。

(2) 使用压力变送器的注意事项

1) 根据被测介质和使用要求选择合适类型的压力变送器。
2) 对于仪表量程，要求被测压力为变送器测量压力范围的1/4(低限)～3/4（高限）。
3) 测量液体或蒸汽时，应对管路内液柱产生的静压力进行修正。要保证导压管路畅通。
4) 变送器应远离强振动、强磁干扰、高温热源等环境。
5) 注意信号有正、负极性，不能接反。
6) 变送器应定期检修和示值校验，保证仪表测量精度。

三、流量表

1. 差压式流量计

差压式流量计是基于流体流动的节流原理制成的。若在圆管中与管道轴线垂直方向固定一个中间具有圆孔而孔径比管道直径小的阻挡件，则当流体流过此阻挡件时，流速增加，静压力减小，在阻挡件前后产生静压差。这个静压差（Δp）与管流量（Q）形成一定的函数关系，用差压计测出阻挡件前后的压差，即可间接求出流体的流量。造成这种节流现象的阻挡件称为节流件。它和取压装置、节流件前后直管段、安装法兰等统称为节流装置。

差压式流量计由节流装置、引压管和差压计等三部分组成,如图8—11所示。

差压式流量计发展较早,经长期的实践,积累了可靠的试验数据和运行经验,成为工业上广泛应用的管流流量计。国内外已把最常用的孔板、喷嘴、文丘利管等节流装置标准化,称为标准节流装置。采用标准节流装置不需要用实验方法进行标定,根据规定的计算方法就可得到差压和流量的关系。只要严格按照国家标准进行制造和安装,就能保证流量测量的精度。

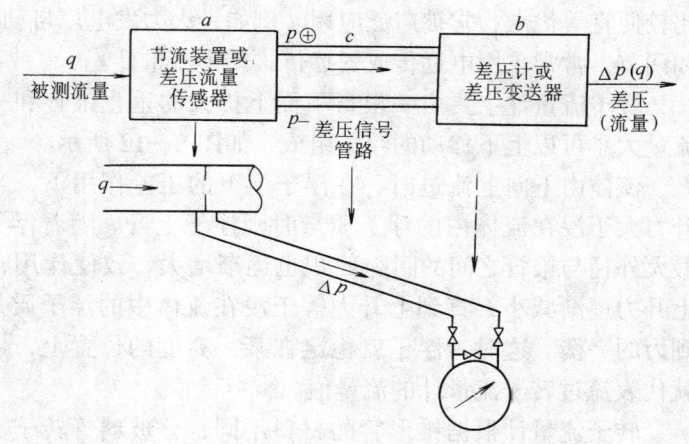

图8—11 差压式流量计组成示意图

流过节流装置的流量和压差呈平方根关系。因此,配套的流量表应由差压计、开方器及显示仪表组成,称为差压式流量计。工程上流量计量单位常用 m^3/h 或 kg/h;节流件的开孔直径 d 和管径 D 用 mm;压差 Δp 用 Pa;工作状态下被测流体的密度 ρ 用 kg/m^3。则流量实用方程式为:

$$Q = 0.003\,999\alpha\varepsilon d^2 \sqrt{\frac{\Delta p}{\rho}} = 0.003\,999\alpha\varepsilon\beta^2 D^2 \sqrt{\frac{\Delta p}{\rho}} \tag{8—1}$$

$$M = 0.003\,999\alpha\varepsilon d^2 \sqrt{\rho \times \Delta p} = 0.003\,999\alpha\varepsilon\beta^2 D^2 \sqrt{\rho \times \Delta p} \tag{8—2}$$

式中　Q——流体的体积流量,m^3/h;

　　　M——流体的质量流量,kg/h;

　　　d——工作状态下节流件的孔径,mm;

　　　D——流体管道的内径,mm;

　　　Δp——压差,Pa;

　　　β——节流件与管道孔径之比,$\beta = d/D$;

　　　ρ——工作状态下的流体密度,kg/m^3;

　　　α——流量系数;

　　　ε——流体的膨胀校正系数。

差压式流量计在使用中应注意的事项:

(1) 流体在节流装置前后,应该始终保持单相流体,即气体或液体,蒸气不应含水。

(2) 流体在节流装置前后有足够的直管段,一般孔板前为 (10~20)D,孔板后为 $5D$,D 为管道内径。其他节流件如喷嘴、文丘利管对前后直管段都有严格要求。

(3) 节流件安装在管道中应保证节流件前端面与管道轴线垂直,不垂直度不得超过±1%。

(4) 被测流体为液体时,在导压管的最高点应装设集气器式排气阀,以便收集和定期排出管路中的气体。

(5) 被测流体为蒸汽时,在正负压管路中的冷凝器必须保持有相等的高度且恒定不变。

2. 转子流量计

转子流量计由于其灵敏度高、结构简单、直观、压损小、测量范围大、维修方便、价格比较便宜等优点，常被广泛应用。例如，火力发电厂自动点火控制系统中对轻油流量的测量和调节，常常采用电远传或气远传式转子流量计。

转子流量计主要由一根自下而上扩大的垂直锥管和一只随流体流量大小可以上下移动的浮子组成，如图8—12所示。

流体由下向上流过时，在浮子上下的压差作用下，当浮子的上升力大于浸在流体内的浮子质量时则浮子上升。随着浮子上升，它最大外径与锥管之间的间隙面积也逐渐增大，致使作用在浮子上的上升力逐渐减小，直到上升力等于浸在流体中的浮子质量时，才达到力的平衡。这时，浮子就稳定在某一高度的位置上，该位置高度就代表流过转子流量计的流量值。

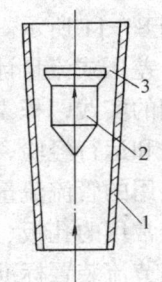

图8—12 转子流量计测量原理
1—锥管 2—浮子
3—环隙

转子流量计根据锥形管的材料不同，分玻璃管转子流量计和金属管转子流量计。

玻璃管转子流量计一般用来测量低压常温下不带颗粒悬浮物的透明液体或气体。由于读数直观、结构简单和便于维护，被广泛应用于只需直观的场合。玻璃转子流量计虽然具有很多优点，但它只适用于就地指示，而且信号不能远传，玻璃管强度不够，所以不能用于测量高温高压及不透明流体。在工业生产中，常采用金属管转子流量计进行就地指示，远传指示，并实现记录、积算、自控等多种功能。下面分别介绍。

(1) 玻璃转子流量计 玻璃转子流量计由一根垂直安装的有刻度标尺的玻璃锥形管和在锥形管中沿其轴线方向自由移动的金属或非金属转子所构成，被测流体流量的大小是由转子相对于锥管上的刻度位置的变化来反映的。

玻璃管转子流量计有两种刻度方法。一种是按高度等分刻度，另附一张容积流量（Q）和高度（h）的 Q—h 刻度曲线，根据 h 查取 Q；另一种是直接以容积流量 Q（或质量流量 M）刻度。不论哪一种刻度方法，都需要标明标定介质的名称、密度、温度和压力。

(2) 金属管转子流量计 金属管转子流量计与玻璃管转子流量计的测量原理相同，不同的是锥形管由金属制成。这样不仅能耐高温高压，而且能选择适当的金属材料，以适应腐蚀性介质的测量。金属锥管不透明，不能直观地看到转子的位移。因此，必须把转子位移进行转换，这主要依靠磁耦合原理来实现。

金属管转子流量计根据远传信号方式的不同，分为电远传和气远传两种。电远传型转子流量计把转子位移转换成 $0\sim10$ mA（或 $4\sim20$ mA）的直流电流信号，与电动单元仪表配套使用。气远传型转子流量计把转子位移信号转换成为相应的 $0.02\sim0.1$ MPa 的气压信号输出。

(3) 转子流量计在使用中应该注意的事项

1) 根据介质情况和测量要求，选择合适类型的流量计。

2) 安装正确，用于脏污流体时，应在仪表上游加装过滤器。当被测流体中可能有铁磁杂质时，在仪表前应加装磁过滤器。

3) 玻璃管转子流量计是直读式仪表，锥管刻度有流量刻度和百分刻度两种。采用流量刻度标尺的流量计可根据转子高度直接读出流量值；对于百分刻度的玻璃转子流量计，要特别注意刻度读数与流量的换算问题。

4) 远传式转子流量计，无论是电远传还是气远传，在正常运行时只允许调整转换器输出零位的高低，其他一般不做调整。

5）使用测量液体的流量计，要注意把变送器壳体内的气体排尽，以免影响测量精度。

6）根据被测流体的脏污情况要定期冲洗，以保证测量精度。

3．流速式流量计

当流通截面积恒定时，通过该截面的流体容积流量与平均流速成正比，直接或间接地测得流体的平均流速，就可求得流量。涡轮流量计、旋翼式水表、叶轮流量计等都是根据这一原理而工作的。

（1）涡轮流量计　涡轮流量计是将涡轮置于被测流体中，当被测流体通过变送器时，冲击涡轮叶片，使涡轮旋转，在一定的流量范围内和一定的流体黏度下，涡轮转速与流速成正比。当涡轮转动时，涡轮上的导磁不锈钢制成的螺旋形叶片轮流接近处于管壁上的检测线圈，周期性地改变检测线圈磁电回路的磁阻，使通过的磁通量发生周期性变化，进而使检测线圈发生与流量成正比的脉冲信号。此脉冲信号经前置放大器放大后，可远距离传送至显示仪表。涡轮流量计的显示仪表是一个脉冲频率测量和计数的仪表。涡轮流量计的工作原理如图8—13所示。

涡轮流量计具有测量精度高、测量范围广、压力损失小、惯性小等优点，其变送器输出为与流量成正比的脉冲信号。该信号通过传输线路不会降低精度，所以便于远传和易于进行累积和显示。涡轮流量计虽有很多优点，但由于涡轮必须安装在管道内，因此被测流体的清洁度要求较高。流体的温度、黏度、密度对仪表指示值也有较大的影响。而且由于有转动部分，因此会带来轴承的磨损，使仪表的使用年限受到影响。涡轮流量计可用于测量水、轻质油的石油溶剂（如添加剂、催化剂等）、酸类、碱类、液态氧、液态氮、液态氢以及空气、氧气等介质的流量。而最宜测量的介质是比较洁净的低黏度液体。

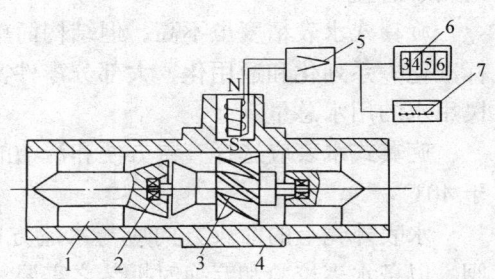

图8—13　涡轮流量计工作原理示意图
1—导流器　2—轴承　3—涡轮　4—壳体
5—前置放大器　6—累积流量计算器
7—瞬时流量指示仪表

涡轮流量计的测量精度主要取决于变送器的转速—频率（或转数—脉冲）的转换精度，也取决于变送器结构特性的线性度。涡轮流量变送器主要由导流器、涡轮本体、转速转换器（永久磁钢和感应线圈）等部分组成。与涡轮流量变送器配套的二次仪表实际上是转速测量仪表，只是增加了累积计算部分。随着集成电路的发展，数字式仪表迅速发展，但其二次仪表的测量原理却是大同小异。整个仪表由瞬时流量指示系统和流量积算系统两大部分组成。从线路的构成及其任务来看，可分为五大部分，即前置放大和放大整形；频率—电路转换及瞬时流量模拟显示；单位换算（仪表常数设定和闸门时间设定）及累积流量计算；晶振校准；电源。不同型号的仪表，可根据其功能对这几部分取舍匹配。

涡轮流量计在使用中应该注意以下几个问题：

1）摩阻问题　流量测量线性范围的下限值，主要取决于叶轮上的阻尼力。阻尼力大，下限测量值就大，测量的线性范围就缩小。该阻尼力由轴承的摩擦阻力和信号发生器中电磁系统的阻力所组成。

2）定位问题　涡轮流量计运行时，变送器应严格按照校验时的位置安置。位置不同，轴承摩阻就不同，同一流量下涡轮转速也就不同，从而引起仪表常数数值的变化。所以按水平位置校验的变送器，必须水平安装。

3) 流态问题　涡轮流量计的仪表特性直接受流体流动状态的影响，对变送器进口速度尤为敏感，进口流速的突变和流体的旋转可使测量误差达到不能允许的程度。所以，涡轮流量变送器前应有若干倍于管道直径长度的直管段。

4) 参数问题　涡轮流量计的测量信号受流体压力、温度、黏度、测量范围、密度等多种参数的影响。在使用中不予以足够重视就会严重影响测量精度。所以在使用中应严格按照所要求的参数使用。

(2) 旋翼式水表　旋翼式水表由外壳、叶轮盒、叶轮和记数器组成，如图 8—14 所示。

它以叶轮轴的转数为依据，借助管道内的流体压力产生动能，水流通过水轮盒时推动叶轮旋转，其旋转与水流速度成正比。叶轮轴的转动，通过齿轮转换成指针的读数，在表盘上指示出流过水表的用水总量。

图 8—14　旋翼式水表结构示意图

旋翼式水表精度虽不高，但结构简单，使用方便，价格低廉，并已经统一设计，实现了标准化、系列化和通用化，大部分零件实现了塑料化。它可用来计量水厂、企业工艺流程及民用水的用水总量。

旋翼式水表应选择查看方便和清洁的地点安装水表，周围空气的温度不得低于 0℃ 或高于 40℃。

水表外壳上的箭头方向应与水流方向相同，必须水平安装。水表上游管道应装有截止阀，以备水表校验和互换时拆装之需要。

旋翼式水表只能用在水压小于 1 MPa 的场合，在高压水的情况下，切不能用这种水表来测量水的流量。

4. 漩涡流量计

漩涡流量计是基于流体振荡原理进行流量测量的，主要有流体自然振荡的卡门漩涡分离型和强迫振荡的漩涡进动型两种。前者称漩涡（涡街）流量计，后者称漩进漩涡流量计。

(1) 漩涡流量计（涡街流量计）　在流体中垂直于流向插入一根非流线型柱状（如圆柱体、三角柱体、矩形柱体等）物体，即为漩涡发生体。当流速大于一定值时，在其左右两侧将产生两排旋转方向相反、交替出现的漩涡，如图 8—15 所示。这两排平行的漩涡列即称为卡门涡街。这种现象称卡门涡街现象。依据这种原理制成的漩涡流量计又叫涡街流量计。

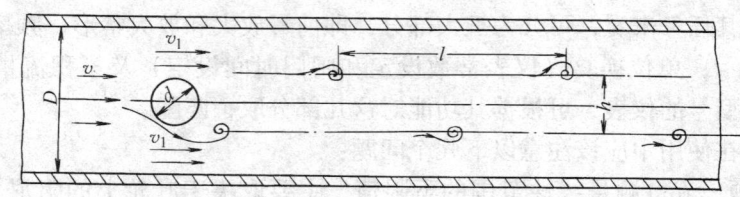

图 8—15　卡门涡街形成原理示意图

当漩涡列之间的距离 h 和同列的两个漩涡之间的距离 l 满足公式 $h/l = 0.281$ 时，所产

生的漩涡频率 f（单侧）和流体速度 v 以及漩涡发生体的宽度 d 有如下关系：

$$f = St v / d \tag{8—3}$$

式中　St——与漩涡发生体宽度以及流体雷诺数有关的系数，称斯特罗哈尔系数。

由式（8—3）可以看出，流体流过插入管道中形状和特征尺寸已定的漩涡发生体时，流体的速度与漩涡发生的频率成正比例，因而只要事先掌握斯特罗哈尔系数，并测量出漩涡发生的频率，就可测量出流体的流量。

漩涡流量计主要由壳体、漩涡发生体、频率检测元件、信号处理等部分组成。根据检测频率的原理和检测元件的不同，漩涡流量计主要有压电式、应力式、电容式和超声波式等类型的产品。限于篇幅，这里不作详述。

漩涡流量计结构简单、量程比宽、稳定性能好，只要使用正确，就能得到高精确度的测量数值。使用时，应注意以下事项：

1）根据被测流体情况选择合适类型和测量范围的仪表。
2）保证有最低要求长度的直管段，仪表方向不能装反。
3）仪表周围应无强磁场干扰，且保证良好接地。
4）仪表启用时应避免水锤现象和汽水冲击情况发生。
5）定期对流量系数进行标定。

（2）旋进式漩涡流量计　旋进式漩涡流量计是利用旋进式的漩涡现象进行流量测量的。其原理如图8—16所示。

当流体通过一组螺旋叶片后即被强制旋转形成漩涡流。漩涡流的中心是速度很高的涡核，外围为环流，在收缩段漩涡流加速，涡核与流量计的轴线相一致，当进入扩大管后，受到约束的漩涡流产生绕轴线螺旋状进动的现象，其进动频率和流体的体积流量成比例。

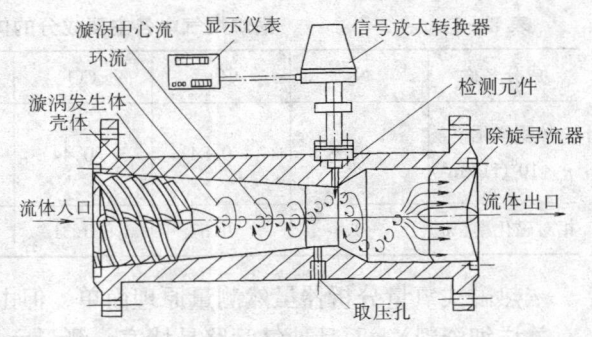

图8—16　旋进式漩涡流量计的工作原理

1）旋进漩涡流量计的结构与作用　主要由壳体、漩涡发生体、除漩导流器、漩涡进动频率检测元件及信号放大转换器组成。各部分的主要作用是：

①壳体　固定内部各部件。内壁制成特殊的几何形状，以利产生漩涡的进动。壳体两端带有法兰，以便与被测管道连接。

②漩涡发生体　迫使流体形成强有力的漩涡流，也称涡势，以利信号检测。

③除漩导流器　装在壳体的出口处，用来消除被测流体的旋转和脉动。

④检测元件　也叫感测元件，装于管体收缩段之后、扩大段之前，用于检测漩涡的进动频率。

⑤信号放大器　对检测元件测得的信号加以放大、滤波和整形；输出与漩涡进动频率成正比的脉冲信号给显示仪表；进行被测介质的流量显示和计算。

2）旋进式漩涡流量计的使用注意事项
①本流量计仅适用于介质为气体的流量测量。

②对被测介质要求：不带颗粒、水滴、沾污物，且对不锈钢或铝合金不起腐蚀作用。
③避免振动和强磁干扰。
④保证有一定长度的直管段，且保证管道内径与变送器内径尺寸的偏差不大于1%。
⑤定期清除检测元件上粘附的脏物。

第二节　烟气成分分析仪表

一、烟氧表

锅炉燃烧的好坏，通常可通过分析烟气中氧气（O_2）的含量来判断。对于燃煤锅炉，烟气中的 O_2 最好保持在3%～5%；对燃油锅炉，烟气中的 O_2 最好保持在1.5%～3%。目前最常用的烟氧表是热磁式氧量分析器和氧化锆氧量分析仪两种。

1．热磁式氧量分析器

热磁式氧量分析器是利用气体的磁化特性来测量混合气体中 O_2 含量的。任何物质处在磁场中都要被磁化，但各物质的磁化率不同，因而不同的物质其磁化程度也不同。锅炉烟气各成分中，氧的磁化率最大（见表8—3）且为正值。因而烟气在磁场中所受力的大小主要由烟气中 O_2 的含量所决定。

表8—3　　　　　锅炉烟气中各主要成分的体积磁化率（20℃以下）

成分名称	N_2	CO_2	CO	H_2	H_2O	CH_4	O_2
体积磁化率 $n\times 10^9(H/cm^4)$	-0.58	-0.84	-0.44	-0.16	-0.58	+1	+142
相对磁化率(%)	-0.4	-0.57	-0.31	-0.11	-0.4	+0.68	+100

热磁式氧量分析器虽然测量原理简单，但由于必须有一套复杂的烟气净化系统（请参阅有关详细资料），而且抽气管路易堵塞，测量元件易腐蚀，因此，已逐渐被氧化锆氧量分析仪所取代。

2．氧化锆氧量分析仪

（1）工作原理　氧化锆氧量分析仪是根据氧浓度差电池的原理进行工作的。氧化锆测氧元件是氧化锆管。其结构如图8—17所示。

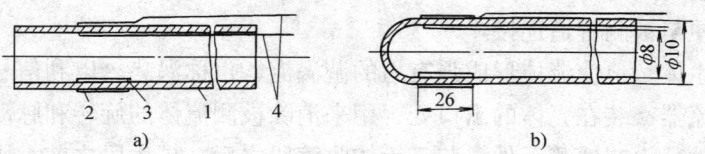

图8—17　氧化锆管的结构
a) 无封头氧化锆管　b) 有封头氧化锆管
1—氧化锆管　2、3—外、内铂电极　4—电极引出线

测氧元件是本身材料已稳定化了的氧化锆小管子，在管子的内、外壁有一部分相对应处都涂上一层铂，经烧结处理形成多孔铂电极板，并在极板上各烧结一根铂丝作为电池引线，内壁一侧引线为正极，外壁一侧为负极。测氧时，锆管的内侧通入空气做参比，外侧通入烟

气,根据浓差电池的原理,当氧化锆两侧的氧浓度不同时,电极上将产生浓差电势。当温度一定时,该电势与烟气的氧浓度按一定的关系发生变化。

(2) 测量系统 实际的氧化锆分析仪由测量系统和温度控制系统两部分组成,如图8—18所示。一方面由氧化锆管、铂电极、氧量变送器和二次仪表组成的测量系统,以空气为标准完成对烟气中含氧成分的测量;另一方面由加热丝、热电偶、电源和温控装置完成对氧化锆元件的恒温测量和控制,温度稳定在600℃以上,以保证测量结果的准确性。

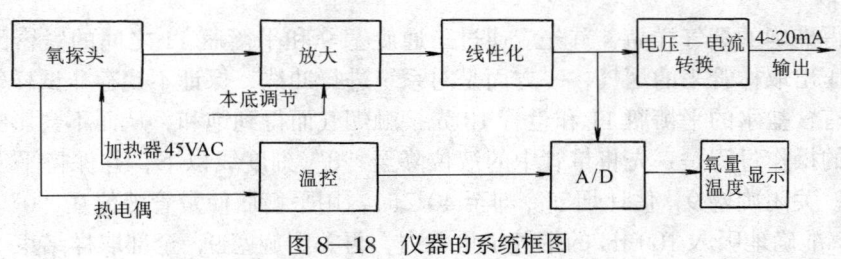

图8—18 仪器的系统框图

(3) 氧化锆氧分析仪的使用注意事项

1) 氧化锆是测量烟气中 O_2 含量的仪表,不能用在有火苗的地方和用于其他可燃气体中 O_2 的测量。

2) 为保证温度控制的正确,温度测量连线须用与热电偶分度号相同的补偿导线,并注意正负极性不能接反。

3) 用油点火升温的锅炉在使用氧化锆时,最好在升温后再慢慢送入锆头,以防油烟堵塞过滤器。

4) 定期用标准气对氧化锆进行校准,定期对温度控制值进行检查。

二、奥式分析器

奥式分析器又叫奥氏(奥尔沙)烟气分析器。通常用于对燃煤锅炉烟气成分中的氧化物(RO_2)、氧(O_2)和一氧化碳(CO)的含量进行分析,由此确定锅炉排烟处的过剩空气系数。

1. 结构及作用原理

奥式分析器是根据某些化学溶液对烟气中特定成分具有吸收作用的原理,利用容积测定的方法来确定气体成分含量的。分析仪装置系统如图8—19所示。它主要包括过滤烟气杂质的过滤器、装有化学溶液的吸收瓶、测量烟气体积的量管(100 ml)、用来吸入和压出烟气的水准瓶及切换旋塞等。

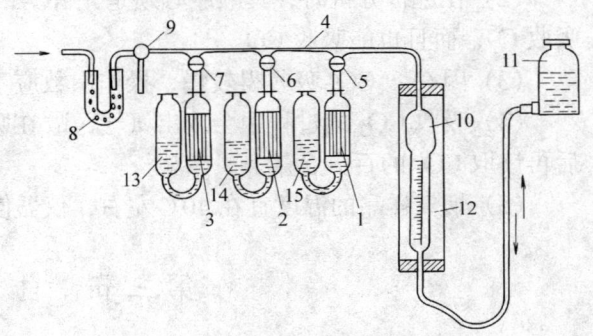

图8—19 奥氏分析器示意图
1、2、3—吸收瓶 4—梳形管 5、6、7—旋塞 8—过滤器
9—三通旋塞 10—量管 11—平衡瓶(水准瓶)
12—水套管 13、14、15—缓冲瓶

通常第一个吸收瓶装有 KOH 溶液,用以吸收 RO_2($CO_2 + SO_2$);第二个瓶内装有焦性没食子酸[$C_6(OH)_3$] + NaOH 溶液,用以吸收 O_2;第三个瓶装有 CuCl + NH_3 溶液,用以吸收 CO。

吸收瓶的药液可按下述方法配制：

KOH 溶液：100 g KOH（试剂纯）溶于 200 ml 蒸馏水。

焦性没食子酸[$C_6(OH)_3$] + NaOH 溶液：在 130 ml 蒸馏水中加入 190 g NaOH，另取 20 g 焦性没食子酸 [$C_6(OH)_3$] 溶于 60 ml 蒸馏水，再迅速将这两种溶液混合密闭存于避光处。

CuCl + NH_3 溶液：35 g NH_3Cl、28 g CuCl 溶于 100 ml 蒸馏水中，然后再加 40 ml 氨水，过滤后立即倒入插有铜丝的吸收瓶内。

2．烟气取样

为了获得准确的烟气样品，首先应通过三通旋塞 9 和平衡瓶 11 之间的紧密配合，连续数次吸入和压出取样管来的烟气，一方面是对系统进行冲洗，保证不残存非试样气体，另一方面是使装有食盐水的平衡瓶 11 和量管 10 先接触烟气而得到饱和，从而不会影响分析。正式烟气取样的操作过程是：先将量管中的液位降至"0"刻度线以下，并保持平衡瓶与量管的液位一致，关闭旋塞 9，估计烟气冷却至 40℃时，用平衡瓶使量管液位在"0"刻度线上，打开旋塞 9，准确地吸入 100 ml 的烟气于量管内，再关闭旋塞 9，全部取样结束（注意取样时其他旋塞应关闭，量管读数时应看液体的凹面）。

3．分析

（1）打开旋塞 5，先抬高后降低平衡瓶 11，把烟气样品往吸收瓶 1 内抽送 4～5 次后，复位吸收瓶药液液位至原来位置，关闭旋塞 5，对齐量管与平衡瓶的液位，读取气样减少的体积，即为 RO_2 含量的百分数。

（2）用同样的办法，用吸收瓶 2 吸收 O_2 的百分含量，用吸收瓶 3 吸收 CO 的百分含量。

4．使用注意事项

（1）使用前必须检查仪器的严密性，各旋塞接头、烟气取样管均不得泄漏。

（2）在进行分析时，其顺序必须是先 RO_2，再 O_2 和 CO。焦性没食子酸的碱溶液不但能吸收 O_2，而且也能吸收 CO_2。

（3）因 O_2、CO_2 吸收得较慢，操作次数应不少于 6~7 次。

（4）吸收 CO_2 的过程中会放出氨气，故在吸收 CO_2 后，应将气样用吸收瓶 1 吸收氨气后再读取 CO_2 的百分含量。

（5）烟气样品的温度宜在 40℃左右，仪器使用环境温度宜在 20℃左右。

第三节　自动调节

自动控制不但能极大地减轻操作人员的劳动强度，而且对保障安全生产、提高设备出力、增加经济效益都有着十分重要的作用。目前已被广泛地应用到各个领域。

采用技术先进、节能、省力的自动化装置，代替人工去进行调节，将被调参数自动稳定在规定值附近的过程叫自动调节过程。随着科学技术的发展，自动控制技术也得到了飞速的发展，尤其是计算机控制技术的应用，使自动调节的准确性、快速性和稳定性等技术指标均有了可靠保证。本教材着重介绍在锅炉生产过程中应用的给水自动调节、燃烧自动调节和有关程序控制、计算机集散控制的构成及工作原理。

一、给水自动调节

1．单冲量给水自动调节系统

单冲量给水自动调节系统的任务就是维持锅筒水位在允许的波动范围之内，方法是通过改变给水调节阀的开度来控制给水流量，以维持锅筒水位。在图8—20所示的单冲量调节系统中，被调量是锅筒水位，给水流量为调节变量，变送器为测量部件，调节器将变送器来的水位信号进行运算放大后，通过执行器改变调节阀的开度，从而完成水位调节。在这个系统中，调节器只接受水位一个变量信号。这种只接受一个调节变量的给水调节系统叫单冲量给水调节系统。这种系统不能克服虚假水位和给水流量对水位扰动的影响，所以仅适用于低参数、小容量的锅炉水位调节。

在实际运行中，调节阀开度的变化与锅筒水位的变化成反比例关系。即当水位升高时，调节阀关小；水位降低时，调节阀开大。如果调节阀的特性为线性时，其开度的变化等于给水流量变化的相对值。在调节系统处于稳定状态时，给水流量等于蒸汽流量。

单冲量调节系统一般采用比例（调节器输出信号随汽包水位信号的大小成比例地改变）调节规律，响应迅速，具有较好的稳定性，但这种方式存在一定的静态偏差。

2. 双冲量给水自动调节系统

单冲量调节系统不能克服虚假水位的不利影响，例如负荷突然增加时，蒸汽流量大于给水流量，但此时的水位不是下降而是迅速上升，负荷突然减小时，水位却先下降，然后慢慢上升。所以单冲量调节系统由于虚假水位现象的影响，会使调节阀朝着与负荷变化相反的方向动作，造成蒸汽流量与给水流量相差过大，从而影响调节，使水位波动范围加大。如果采用图8—21所示的双冲量调节系统，就能克服上述虚假水位的影响。

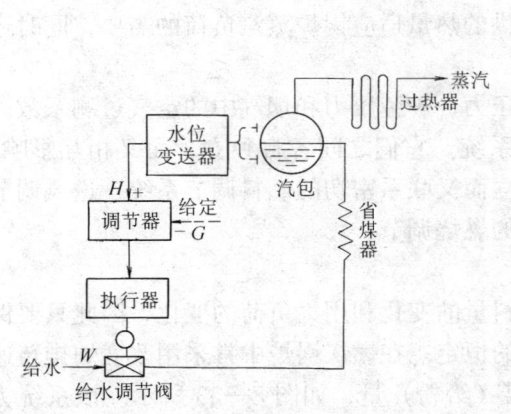

图8—20 单冲量给水自动调节系统

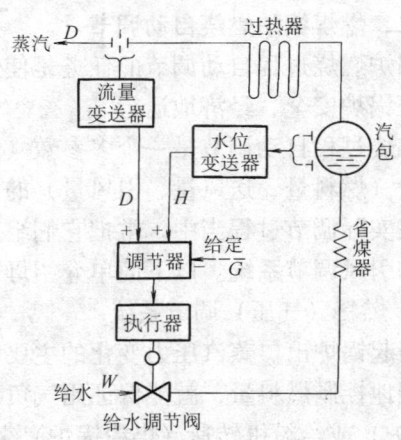

图8—21 双冲量给水自动调节系统

在这个系统中，仍采用比例规律调节器，它接受汽包水位和蒸汽流量两个变量信号，水位是主信号，蒸汽流量作为前馈信号用来防止在负荷变化时出现"虚假水位"现象的影响，使调节阀按正确方向动作，以减少水位的动态偏差。其动作过程是：当蒸汽流量减少应当使调节阀关小时，而此时出现的水位下降虚假信号却要使给水调节阀开大，这两个信号在调节器中相互制约，调节器不会立即动作而产生蒸汽流量反方向的调节作用；等到给水流量与蒸汽流量的不平衡引起水位真正上升时，调节器才会发出指令关小调节阀，使水位得到恢复。反之，当蒸汽流量增大需要开大调节阀时，出现水位上升的虚假信号会使调节阀关小，但是调节器也不会立即动作，只有等水位真正下降时，调节器才会发出指令开大调节阀，使水位恢复正常。系统调整时，改变蒸汽流量信号的大小，可得到3种不同的静态偏差特性，应注意选择最佳整定值。

3. 三冲量给水自动调节系统

在双冲量给水自动调节系统中，引入了蒸汽流量信号，克服了"虚假水位"使调节器产生反方向作用的缺点，改善了蒸汽流量扰动时的调节质量，但这种系统不能迅速消除给水流量扰动对水位的影响。当调节阀开度不变时，若给水压力、管道阻力或汽包压力变化引起调节阀前后差压变化时，将引起给水流量扰动。由于这种扰动作用于水位的变化有较大的传递延迟和不灵敏区，所以调节过程会出现大的动态偏差。

在三冲量给水自动调节系统中，调节器接受汽包水位、蒸汽流量、给水流量三个信号，如图8—22所示。系统中汽包水位是主信号，任何扰动引起的水位变化，都会使调节器输出动作信号，改变给水流量，使水位恢复到给定值；蒸汽流量信号是前馈信号，防止由于"虚假水位"而使调节器产生错误的动作，改善蒸汽流量扰动时的调节质量；当给水流量变化时，给水流量差压信号反应很快，该信号作为介质反馈信号加入到调节器中，使调节器在水位还未变化时就可根据反馈信号消除给水流量引起的内扰，起到稳定给水流量的作用，使调节过程稳定。

大中型锅炉由于受延迟时间和负荷变化大（飞升速度快）的影响，"虚假水位"现象也较严重，为了达到水位调节质量的要求，所以广泛地采用三冲量给水自动调节系统。

使用三冲量给水自动调节系统，应当注意汽包水位、蒸汽流量、给水流量三个信号的合理配合，同时，除水位信号外，蒸汽流量、给水流量的信号在进入综合作用前要分流，这是因为水位虽是主信号，但其变化范围最小，所以必须将变化大的信号进行分流，使它们与水位信号相适应。

二、燃煤锅炉燃烧自动调节

锅炉燃烧过程自动调节的任务是使燃料所提供的热量适应锅炉蒸汽负荷的需要，同时还应保证锅炉安全、经济地运行。

燃烧过程自动调节是一个多参数（锅炉出口压力、炉膛压力和烟气中的空气过剩系数）、多变量（燃料量、送风量、引风量）的复杂调节系统。它们之间各自独立，而又相互影响，因此在实际调节过程当中，常把它们组成相互独立而又联系密切的燃料调节系统、送风调节系统和引风调节系统。以下简单介绍母管式锅炉的燃烧调节。

1. 燃料（气压）调节系统

引起锅炉出口蒸汽压力变化的主要原因是燃料量的变化和用气负荷的变化，因此只要保证合理地控制燃料量，就能保证用气负荷和压力的恒定。在燃煤锅炉中常采用改变炉排转速（链条炉）或给粉机转速（煤粉锅炉）来调节给煤（给粉）量，如图8—23所示。该系统为中间仓储式煤粉炉串级气压调节系统，可适用于母管式或独立式用气系统。

当蒸汽压力受到系统负荷或其他外界扰动而变化时，其信号经主调节器1与设定值进行比较放大后，送至副调节器2，进行二次放大，然后向同步操作器发出动作指令，最后通过控制器去控制给粉机转速的增减，从而改变给粉量。

该系统引入了两个校正信号，一个是主蒸汽流量前馈信号；另一个是具有反馈作用的汽包压力。当负荷稳定时，气压等参数稳定，调节系统状态也稳定。当负荷有变动时，蒸汽流量先于蒸汽压力发生变化，副调节器会根据流量变化迅速作出判断，发出增、减燃料的命令，保证供入的热量与送出的热量相平衡，提前达到蒸汽压力的稳定。另一方面进入锅炉的燃料量的增减，首先受影响的是汽包压力，副调节器在汽包压力信号的作用下，及时控制燃料量的增加投入或减少投入，从而起到稳定系统运行的作用。

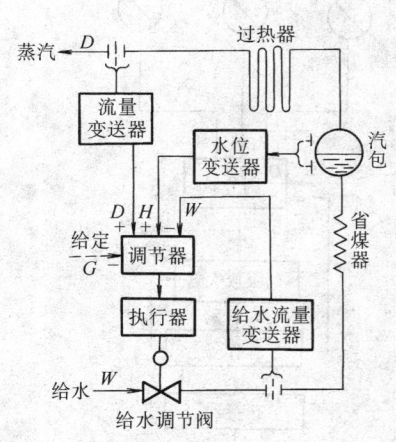
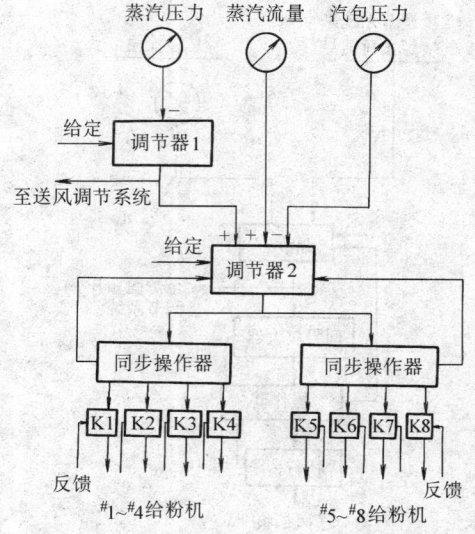

图 8—22 三冲量给水自动调节系统　　图 8—23 燃料（气压）串级调节系统框图

需要说明的是，蒸汽流量和汽包压力两个信号的作用不能代替蒸汽压力的作用。另外，将主调节器的输出信号同时送给送风调节系统，是为了达到在调节燃料量的同时，送风量也能同时得到改变，以满足合理的风、粉（煤）配合比例。

2．送风调节系统

送风调节系统的任务是改变送风量，使之与燃料（煤或煤粉）量相适应，保证燃料在炉膛内燃烧时有恰当的空气量，即维护一定的过剩系数，使燃烧经济性最佳。试验表明，最佳的过剩空气系数是锅炉负荷的函数，它随负荷的增高而减少，只要维持过剩空气系数在某一范围内，锅炉效率便会有较高的数值。

实际运行中，直接采用过剩空气系数作被调量，测量上尚有困难，目前常采用风煤比或烟气中氧的含量作被调量。

（1）采用风煤比作被调量的调节系统　此系统可分为给定负荷—空气送风调节（如图 8—24 所示）和热量—空气送风调节（如图 8—25 所示）两个小系统来讨论。

在给定负荷—空气送风调节系统中，当负荷变化时，给定负荷信号使送风调节系统和气压（燃料）调节系统同时动作。调节器发出的动作指令一方面用来改变送风机挡板的开度，调节送风量，另一方面送给炉膛负压（引风量）调节系统，使引风量也得到及时调节，保证炉膛负压在一定的范围内。送风流量作为反馈信号以稳定调节系统。这种系统由于风、煤扰动下的动态特性基本相同，所以风煤比动态偏差较小，但不能很好地消除燃料侧发生的扰动。

在热量—空气送风调节系统中，当负荷发生变化时，热量蒸汽流量信号发生变化，经调节器运算发出调节风门挡板开度的指令。但由于热量信号反映燃料量的变化约有 15 s 的延迟，所以送风调节系统的动作将滞后于气压调节系统，风煤比动态偏差较大。其优点是当燃料发生扰动时，两个调节系统能很好地协调，风煤比静态偏差较小。

在上述的两个系统中，如果引入的不是给定负荷或热量而是蒸汽流量信号，将热量—空气系统的汽包压力微分信号取消后，就组成蒸汽—空气送风调节系统，当负荷变化时，蒸汽流量信号立即变化，调节系统动作快，风量能及时跟上煤量的变化，从而减少了风煤比的动

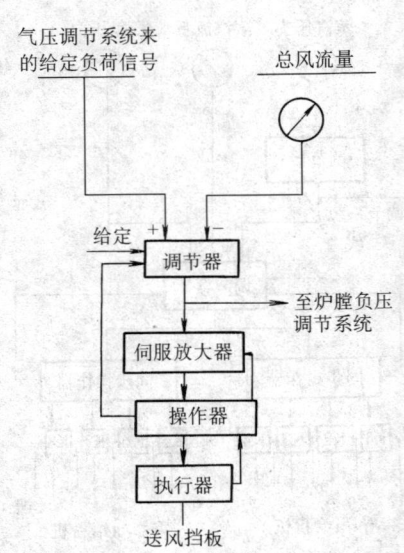
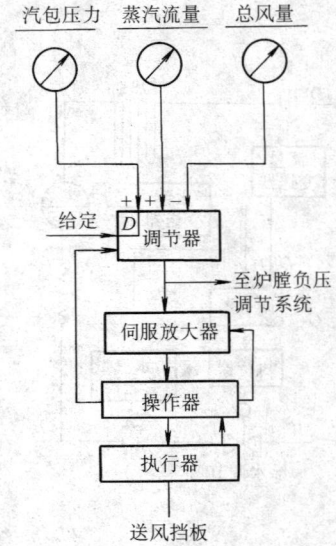

图 8—24 给定负荷—空气送风调节系统框图　　图 8—25 热量—空气送风调节系统框图

态偏差，其缺点是不能保证燃料侧发生扰动时的风煤比。

（2）用氧化锆测量烟气含氧量的送风调节系统　氧化锆测量烟气含氧量惯性小，反应灵敏，对调节有利，调节通道没有延迟，惯性也很小，动态特性较好。因此，原则上可采用简单的单回路系统。但对于扰动来的信号反应也快，当负荷变化较大时，只按氧量偏差来调节，其结果动态偏差必然较大。为进一步改善调节品质，引入了给定负荷信号作前馈信号，如图 8—26 所示。这种系统由于氧化锆测量准确，没有延迟，能随负荷变化随意调节，可以实现最经济的燃烧，调节效果好，在各种炉型中获得广泛应用。但应当注意的是，需要对氧化锆氧量表进行定期校准，因为它的使用有效期为 6～18 个月。

3. 引风调节系统

锅炉引风调节系统主要用于维持炉膛负压稳定，使之保持在 -20～-40 Pa 范围内以稳定燃烧，保持锅炉卫生和方便维护工作。

因炉膛负压的信号容易获取，其延迟较小，原则上可采用简单的单回路调节系统，但是当送风量改变时，引风量只有在炉膛负压偏离给定值后，才由引风调节系统去改变。这样，引风量的变化落后于送风量，同时，炉膛负压的变化与引风量的变化也有一定的滞后，所以必然造成炉膛负压在较大的范围内波动，这对稳定燃烧非常不利。为了克服这个缺点，可把送风调节器的输出作为引风调节系统的前馈信号，如图 8—27 所示。静态时，炉膛负压保持为给定值；当送风量改变时，由送风调节系统来的前馈信号，使引风调节系统立即动作，引风量随着送风量同时协调变化，从而可使炉膛负压的变化范围较小。

投入燃烧调节系统的使用注意事项主要有以下几点：

（1）送风机、引风机的最大、最小开度应予以限制，以防止炉膛灭火。

（2）负荷变化率不能太大，以防止燃料调节失调。

（3）一般情况下，应先投引风调节系统，再投送风及燃料调节系统，以防止燃烧不稳。

（4）有条件时，应设保护与连锁功能，以防止事故发生。

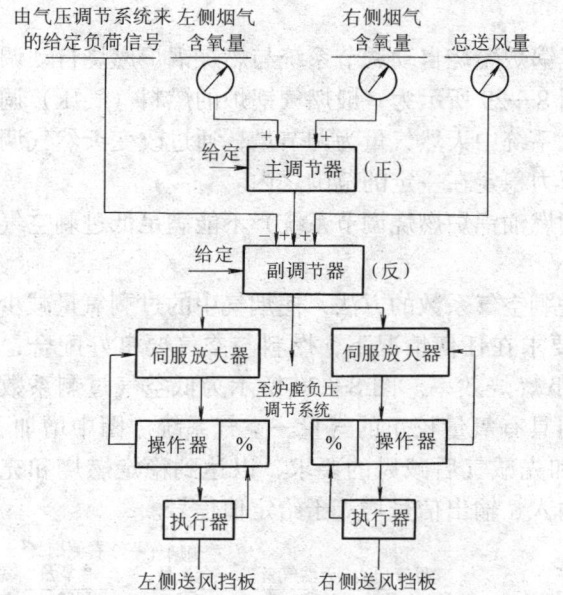
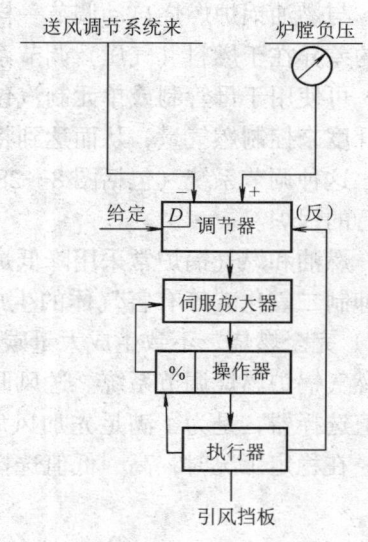

图 8—26 具有氧量校正的给定负荷—空气送风系统框图

图 8—27 具有动态联系的炉膛负压调节系统框图

三、燃油锅炉燃烧自动调节系统

燃油锅炉燃烧自动调节系统与燃煤锅炉相比，差异主要在于燃料（气压）调节系统。

图 8—28 所示为组成母管制燃油锅炉的气压调节系统及油量—空气送风调节系统，系统中取消了间接而又复杂的热量（或给定负荷等）信号，直接采用燃油量作反馈信号。油的成分较稳定，它较之热量信号便于测量且更准确，所以能直接用来代表所需热量。系统由于反应燃料扰动没有延迟，因而消除内扰更及时。

进油量和回油量之差即为进入锅炉的燃油量。油量信号一方面反馈给气压调节器消除内扰稳定调节过程，另一方面送给送风调节系统，作为风量调节的前馈信号。当母管压力受到外界扰动升高或降低时，主调节器 1 与给定值进行比较后输出偏差信号至副调节器 2，通过执行机构改变回油门，调节燃油量，保证母管压力稳定在一定的范围内。

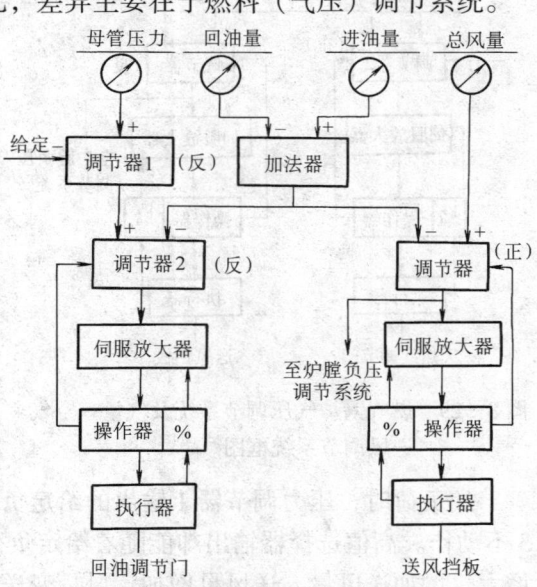

图 8—28 燃油锅炉气压调节系统及油量—空气送风调节系统框图

这个系统也适用于单元机组，压力采用机前压力信号。该系统控制回油调节门，对稳定油枪压力比控制进油阀要好。

燃油锅炉的送风调节也相应采用燃料—空气送风系统代替热量—空气送风系统，当然也可以采用给定负荷空气系统。燃油炉的引风调节系统与燃煤炉相同，不再重复。

四、燃气锅炉燃烧自动调节系统

与燃油锅炉燃烧自动调节一样，燃气锅炉燃烧自动调节系统与燃煤锅炉燃烧自动调节系统的差异在于燃料（气压）调节系统。图 8—29 所示为一般燃气锅炉的燃料（气压）调节系统，可使用于母管制或单元制汽包锅炉。系统中天然气量为调节量，通过改变天然气调节门的开度来控制燃气量，从而达到将蒸汽压力稳定在一定的范围之内。

这种调节系统（包括图 8—28 所示的燃油锅炉燃烧调节系统）不能满足低过剩空气系数运行的锅炉。

燃油和燃气锅炉常采用降低炉膛中过剩空气系数的方法，使烟气中的过剩氧量减少，从而抑制二氧化碳等有害气体的生成；还要求在任何情况下，燃料与空气要良好配合，使气（油）完全燃烧，不致生成大量碳黑，降低燃烧效率。图 8—30 所示为低空气过剩系数运行的燃气锅炉燃烧调节系统。送风调节采用具有氧量校正的气量—空气系统。图中增加了高、低值选择器，是为了满足先加风后加气和先减气后减风的要求，以达到稳定燃烧和充分燃烧。在稳定工况时，高、低值选择器的输入、输出信号均等于给定值信号。

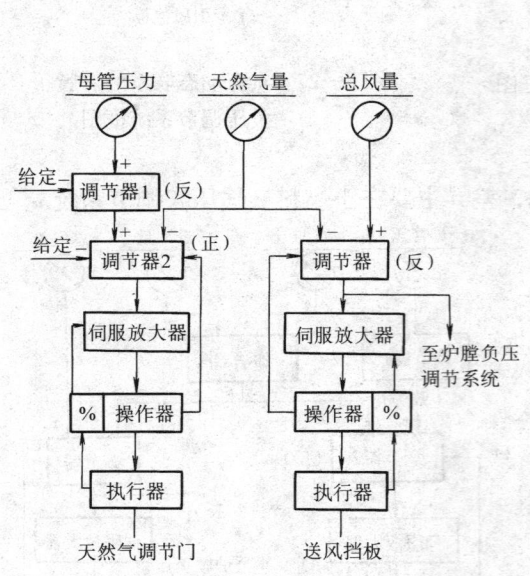

图 8—29　燃气锅炉气压调节系统及气量—空气送风调节系统框图

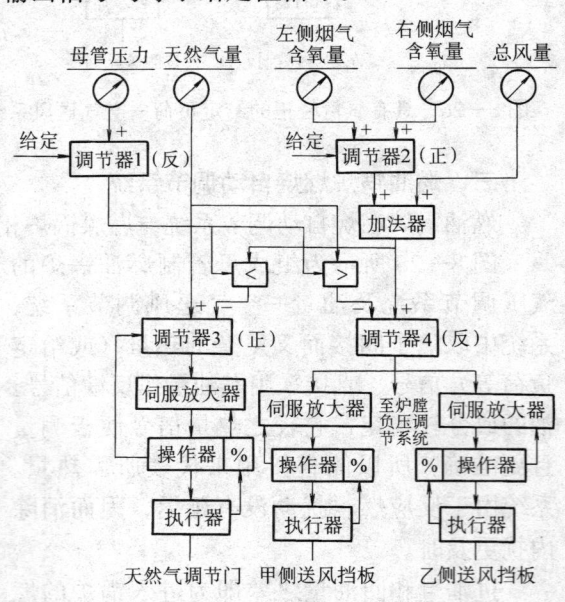

图 8—30　低过剩空气系数运行的燃气锅炉燃烧调节系统框图

加负荷时，压力调节器 1 输出的给定负荷信号增大，低值选择器输出不变，燃料调节器 3 不动作。高值选择器输出却能随着给定负荷信号的增大而增大，使送风调节器 4 的输出也增大，增加送风量。送风量增加，风量变送器信号使加法器输出增加，低值选择器反方向作用输出增大，使燃料调节器 3 输出增大，开大燃气调节阀，增加进入炉膛的燃气量，直至低值选择器的两个输入信号重新相等为止。同时，高值选择器的两个输入信号也随着气量的增加慢慢趋于平衡，达到了先加风后加气的目的。

减负荷则相反，当给定负荷减少时，送风调节器 4 先不动作。低值选择器输出减少，燃料调节器输出减少，关小供气调节阀，减少进入炉膛的燃气量。随着燃气量的减少，高值选择器的输出也减少，使送风调节器 4 动作，减少送风量，直至高、低选择器的输入、输出信号均相等为止，达到了先减气后减风的目的。

燃油锅炉只需用燃油量替换系统中的燃气量，并把燃料调节器 3 的换向开关扳往正方向即可。

五、程序控制系统

程序控制是按一定的顺序、条件和时间的要求，对工艺过程中的若干相关设备进行自动控制。完成这种控制过程的系统叫程序控制系统。它有两个特点，一是输入、输出信号均为开关信号，二是生产过程的操作规律要遵循事先规定的顺序或取决于被测变量的逻辑组合关系。

1．程序控制装置及分类

按预定程序或被测参数完成逻辑关系组合，发出控制指令给被控设备的装置叫程序控制装置，它是程序控制系统的关键部件。程序控制装置类型较多，按程序可变性分类主要有以下几种：

（1）固定式程序控制装置

1）有触点式　由继电器、接触器按一定的逻辑关系用导线连接起来组成。

2）无触点式　由二极管、三极管等分立元件按一定的逻辑关系用导线连接起来组成。

（2）可变式程序控制装置

1）凸轮及鼓式程序控制器　由电动机驱动许多不同角位移的凸轮或插有销子的转鼓进行工作。

2）二极管矩阵式　将编程或移码用的二极管连接在矩阵板的行、列母线之间，用改变二极管的位置来改变程序。

3）穿孔带式　在纸带上穿孔编好程序，由光电读卡机读入。

4）功能插卡式　将晶体管和集成电路等按一定的功能要求装配在一块标准印刷电路板上，此电路板称为插卡，通过插卡的组合完成不同的程序控制。

5）可编程序控制器　以微处理器为核心，通过软件进行各种控制的程序编制。

可编程序控制器由于其改变功能简单，编程容易，可靠性高，容量大，处理速度快等许多优点，因而得到日益广泛的应用。

2．系统功能

程序控制系统应具备的基本功能是：一是按程序执行规定的操作项目和操作量；二是在前一步程序完成后，根据转换条件进行程序的转换；三是被执行的结果要有状态反馈。

显然，对于以上要求，一般的程序控制系统均能满足。但随着工业生产的发展，工艺的不断完善，对自动化水平的要求越来越高，尤其是计算机控制系统的建立，要求各控制系统之间必须是统一的协调控制，同时对系统的灵活性、通用性、可靠性和数据运算等都提出了高标准的要求。以下所列是以可编程序控制器（PC 机）为核心建立起来的控制系统的一些基本功能。

（1）通信功能　设有标准通信接口与其他系统交换信息。

（2）数据运算功能　可完成各种数据运算（加、减、乘、除、比较）。

（3）存储功能　可进行程序存储、数据存储、报警存储。

（4）故障自诊断功能　系统内设有诊断程序，对设备工作状态进行监视。

（5）修改程序功能　可通过编程器完成新的程序编程。

（6）显示功能　可显示参数、画面、流程等。

(7) 操作功能　可通过面板、键盘等完成各种操作。

(8) 打印功能　可打印各种报表，进行生产管理。

3．程序控制系统的组成

程序控制系统的组成按工作流程来分，主要由启动程序指令（来自操作者的命令）、对被控设备发出控制命令的设备或装置以及最终执行程序的被控投备三部分组成。按硬件结构分，主要由发出操作指令并能对控制过程进行监视的操作台（完成逻辑关系运算）、接受和发出控制指令的控制柜及最终执行控制任务的外围设备三部分组成，如图8—31所示。

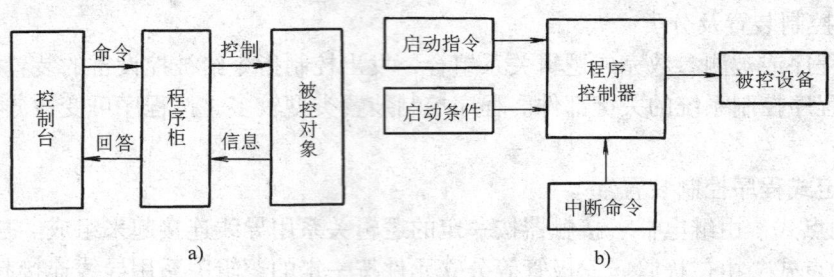

图8—31　程序控制系统组成
a) 工作过程　b) 硬件结构框图

4．应用举例

在锅炉控制中，锅炉吹扫、定期排污、炉膛清（吹）扫、输煤及锅炉自动点火等过程都有程序控制系统的应用，下面以定期排污系统为例，简单说明程序控制装置的应用。典型的定期排污工艺流程如图8—32所示。

排污的目的是降低炉水的含盐量，提高蒸汽品质，防止炉内结垢。

锅炉在运行中随着汽包中的水不断蒸发，炉水的含盐量不断升高，因此在运行一段时间后（一般间隔8 h左右）应排污一次，水质较差的在启动过程中还应增加排污次数。排污的操作顺序是：先开总排污门，即"0号门"，然后按顺序开启排污门，经过规定的时间后，重新关闭，再开下一个门……，最后再关闭"0号门"。

图8—33所示为根据工艺流程给出的条件和要求编制的程控框图。在这个控制系统中，实际上由启动程序、执行程序和中断程序三部分组成。

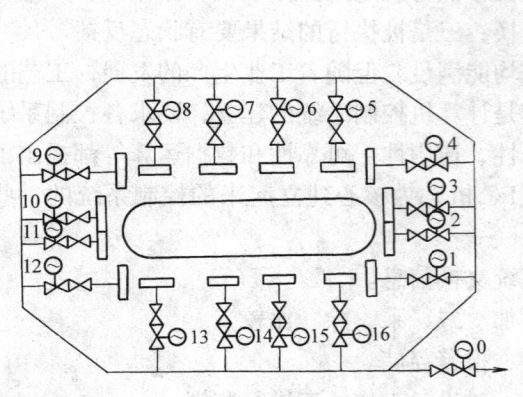

图8—32　定期排污热力系统
0—总排污门　1～16—各联箱排污门

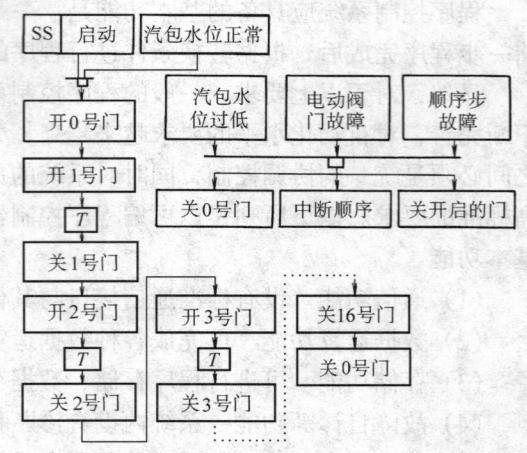

图8—33　锅炉定期排污程控操作回路图

(1) 启动程序 通过手动或自动对执行程序发出工作指令。

(2) 执行程序 接到工作指令后（必须是在无中断程序和水位正常这两个启动条件均具备时才开始工作），按事先整定的顺序依次完成阀门开、闭的排污工作。

(3) 中断程序 在执行程序进行排污工作中，如果发生水位过低、电动阀门故障或其他锅炉故障时，应中断排污工作，使执行中的程序转移到关闭所开启的排污门这一程序。

图 8—33 中 "T" 表示应设定的排污时间。组成这个控制系统的硬件设备有控制台、控制柜及电动阀门，详细内容请参阅有关资料。

六、集散控制系统

本教材仅简单介绍集散控制系统的基本组成和基本功能，有关集散控制系统的建立和应用请参阅相关详细资料。

1. 概述

集散控制系统又叫分散控制系统，简称 DCS，也有称分布控制系统的。它是利用计算机技术、控制技术、通迅技术和显示技术实现过程控制和过程管理的控制系统。它以多台（数台、数十台、数百台）微处理器分散应用于过程控制，又通过通讯、显示、打印等手段实现生产和过程管理。

DCS 经历了集中计算机控制系统、多级计算机控制系统、集散计算机控制系统几个阶段的发展，目前已出现了管理更加集中、控制更加分散的现场总线技术和计算机集成技术。集散控制系统的应用已十分广泛。目前我国已引进了不同类型的集散控制系统上千套，国内不少厂家也有几百套的产品投放市场，使用效果都十分明显，对促进我国各行各业的发展，推动经济建设起到了十分重要的作用。

2. 集散控制系统的构成

DCS 一般由软件和硬件两大部分构成。最基本的软件有：通信软件、控制软件、操作软件、组态软件、数据采集及运算软件、数据存盘软件、作图软件、故障自诊断软件等等，限于篇幅，本教材不作详述。

(1) DCS 的硬件构成 DCS 一般由过程输入/输出、过程控制级、CRT 操作站和通信等四大部分构成，如图 8—34 所示。

1) 过程输入/输出（I/O）单元 又叫数据采集站，是生产过程中的非控制变量的数据采集装置。它实现生产过程与控制站之间的接口任务。在实现模拟量控制中，I/O 通道由模拟量输入、模拟量输出两部分组成。在实现程序（顺序）控制的控制站，I/O 通道由开关量输入和开关量输出两部分组成。为防止干扰信号进入主机系统，对开关量输入/输出通道采用光电隔离（或变压器隔离）措施。图 8—35 所示为 I/O 通道的工作流程。

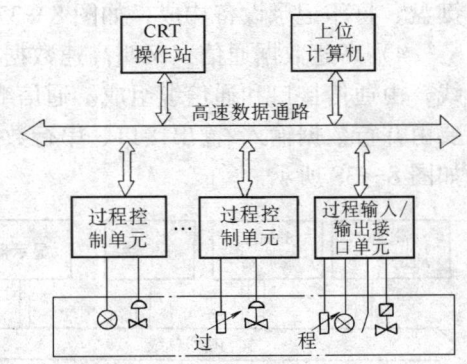

图 8—34 DCS 基本构成图

2) 过程控制级 又叫控制器、控制站等，主要由基本控制器构成，是 DCS 的核心部分。CPU、存储器、功能部件等通过内部总线与 I/O 相连而完成过程控制。基本控制器的构成如图 8—36 所示。

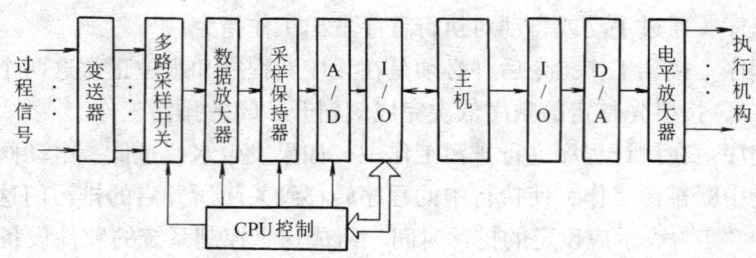

图 8—35 模拟量输入/输出通道信号流程图

由 I/O 来的生产过程信息通过内部总线至 CPU,由功能部件按预定的周期和程序对相应的信息进行运算处理,并对控制器内部的其他功能部件进行操作、控制和故障诊断。存储器由程序存储器和工作存储器两部分构成。程序存储器由 ROM（只读存储器）组成,用于存放控制器的标准算法程序、管理程序和自诊断程序以及用户的组态方案。工作存储器通常由 RAM（可读写存储器）、EPROM（可擦写存储器）组成,用来保存现场信号、设定值、中间运算结果、最终运算结果、其他单元发来的控制命令、文件及控制参数等。

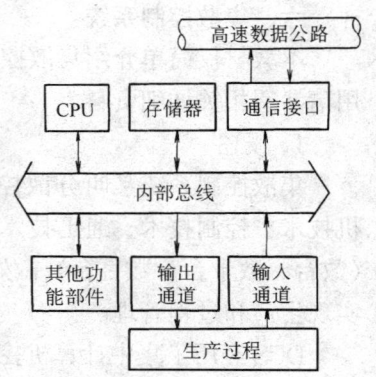

图 8—36 基本控制器的构成

3）CRT 操作站　是 DCS 的人—机接口装置,也叫操作站,除监视操作、打印报表外,系统的组态、编程也在操作站上进行。有的系统还建有专门进行组态、编程、数据修改的 CRT 操作站,又叫工程师站。

CRT 操作站主要由微处理器（CPU）、存储器、显示器（CRT、显示仪表）、内部总线、键盘、打印记录设备构成,如图 8—37 所示。

4）高速数据通信　又叫高速数据总线、公路、大道等,是一种具有高速通信能力的总线,由通信接口和通信缆组成。通信缆一般采用双绞线、同轴电缆或光导纤维等。通讯口主要由并行数据输入/输出接口、串行数据输入/输出接口、接口控制电路等组成。其组成框图如图 8—38 所示。

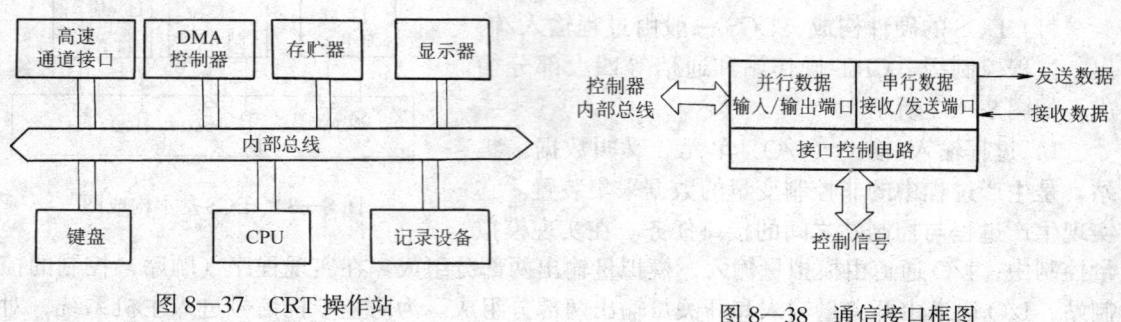

图 8—37　CRT 操作站　　　　　　图 8—38　通信接口框图

(2) 实际应用中的结构类型

1）工业级微机+通信+操作管理机　工业级微机作为多功能多回路的控制装置,是目前应用比较广泛的集散控制系统结构。

2）单回路控制器+通信系统+工业级微机　工业级微机作为操作管理站使用,它的通用性较强,软件可自行开发,相应的管理、操作软件也有产品可购买。

3）PLC+通信系统+工业级微机　与2）类似，适用于程序控制为主的场合。PLC即可编程逻辑控制器。

4）工业级微机+通信系统+工业级微机　工业级微机各有不同的功能。前者作为分散过程控制装置，后者作为操作管理，两者所用的机型、容量也可不同。

5）智能前端+通信系统+工业级微机　这是一种简易而较通用的小型集散控制系统，构成容易，通用性强。

在我国实际应用中，建立集散控制系统时，还保留了部分常规显示仪表和硬件操作设备，作为系统发生故障时的备用设备。

有的集散控制系统与局域网连接，为上层生产管理和信息管理提供资源。

3. 集散控制系统的基本功能

集散控制系统的基本功能是指集散控制系统本身应具备的通信功能、数据采集功能、过程控制功能、实时操作功能、管理功能、显示功能等等。

（1）通信功能　完成各功能块之间的信息交换。

（2）数据采集功能　由信号输入/输出单元及相应的预处理程序组成，对过程变量进行标度变换，线性化处理，为过程控制、显示操作等提供实时信息。

（3）过程控制功能　是指基本控制器所具有的数字运算处理功能；变量跟踪、设定值自动调整、远方操作等自适应功能；模拟量控制功能；开关量控制功能；优化控制功能以及监控和故障自诊断功能等。

（4）实时操作功能　是指运行人员和工程技术人员可以通过该功能完成所有数据的修改，回路组态，报警值设定，画面制作，手动/自动方式的切换，生产过程操作以及打印、记录等任务。

（5）管理功能　是指用户的定义、生产记录、统计报表、报警以及时钟、打印等各种功能。

（6）显示功能　对各种工艺流程画面、组态画面、管理文件画面、报警画面以及各种图形画面、打印内容、过程控制参数等进行显示。

总之，集散控制系统具有很丰富的功能，其技术的先进性和适用性、质量的可靠性，是常规仪表控制系统无法与之相比的。普及集散控制系统的应用，是实现工业自动化的方向。

第四节　锅炉BM监控器节能自控技术

锅炉BM监控器又称锅炉"黑匣子"，是集"连锁"与"飞机黑匣子"功能于一身，容当今高新技术与可靠硬件于一体的装置。这种监控器具有紧急停炉和参数报警的功能，同时具有记忆能力，并能对自身进行不间断地自检与诊断，对配套的传感器进行检测及报警。

一、特点

1. 质量可靠

微机监控器为控制核心。

2. 显示直接

面板显示报警参数、停炉时间、停炉状态。

3. 使用方便

装置自带按键，音响与输出驱动无需加装辅助器件。

4．安装迅速

一体化全金属箱体，全密封薄膜显示窗。

二、性能

1．可自动显示锅炉发生的事故并自动记录事故发生的时间和原因，且该记录即使长期停电也不会丢失。

2．具有人工自检和自动自检双重安全监控功能，特别是对水位传感器的结垢及锅炉的结垢情况进行指示，并对炉水酸碱度指示及短路可实现自动监控报警。

3．智能型参数报警和紧急分阶段停炉功能。

4．全系列产品，可适用于各种传感器及炉型。

三、适用范围

BM锅炉自动监控器，对各种不同燃料介质的蒸汽锅炉、热水锅炉、电站锅炉均能起到安全保护作用。

四、使用方法

1．装置固定牢固，正确接线核实无误。

2．接通电源，绿色时间屏闪烁，内部监控器"POWER"和"RUN"灯亮。

3．调整时间

（1）对月日　打开机门，按下显示屏背面的"月日"键，同时按下"校时"键，调整值为月（连续按下递增，下同），若在按下"日月"键的同时按下校分键则调整值为日。

（2）对时分　按下"校时"键，即调整值为时，按下"校分"键则调整值为分。

4．自检

按下面板上的"自检"键，装置自检，依次出现水位极低、水位低、水位高、气压极高状态，检查指示灯及音响是否正常。

5．停炉允许/禁止功能

在使用中，监控器保护着锅炉安全，如出现水位极低或气压极高，可实现自动停炉。但有时可能不需要此功能（如锅炉排污），这时可按"停炉禁止"键，此时即使出现紧急状态，监控器也只会报警，不会停炉，以适应用户需要。停炉禁止状态可随时通过"停炉允许"键消除，即使不人工消除，5 min后，监控器也会自动消除。

6．消音功能

使用中，用户可以通过"消音"键实现消除音响。恢复音响可通过"恢复"键实现。在故障解除后，音响也可自动恢复。

7．日、月显示

在正常情况下，显示屏上显示的是时分，需要观察日月时，按"日月"键即可。

8．时间记忆的处理

发生紧急停炉时，监控器有两种记忆方式，一是内部的时间和类型记忆（用户另购专用读出器时配有说明书）；二是面板上的时间显示屏。当事故发生后，该显示屏上的时间即为发生时间，若欲消除此状态，可打开机门，按一下线路板上的白色按钮即可（此时需重新对准时间）。

五、安装形式

BM监控器有成套和仪表盘面板两种。

成套的BM锅炉自动监控器可采用悬挂式或平放式两种方式，分别装于墙上，或置于开关柜上，依次接线即可。

面板形式的BM锅炉自动监控器按面板尺寸在表盘上做预留孔，将BM锅炉自动监控器面板装入其预留孔内，其余部分放入柜内按接线要求接线即可（一般情况下，两者距离在1.5m以内）。

六、安装程序

1．检查

原水位传感器各水位信号是否符合规定要求，检查原压力信号是否为无源开关信号。

2．固定

依用户使用要求，将BM锅炉自动监控器按所选位置固定（附安装尺寸，如图8—39所示）。

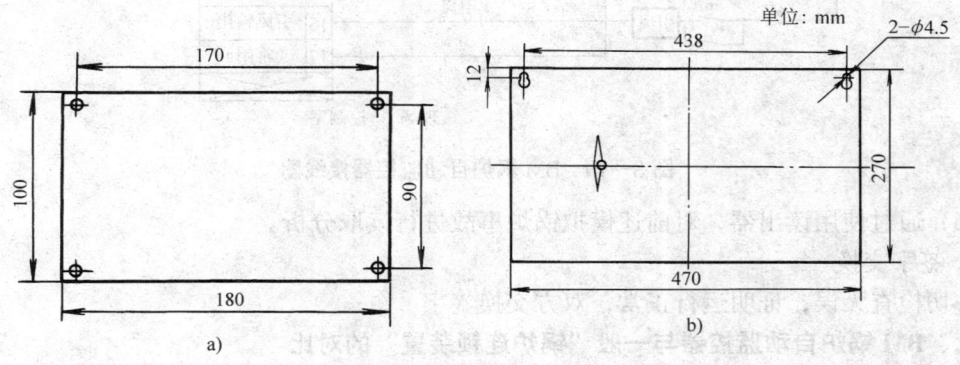

图8—39 BM锅炉自动监控器安装尺寸图
a) 时钟面板开孔尺寸及固定螺栓尺寸图 b) 监控器安装尺寸图

3．接线

（1）依次将符合规定要求水位的压力信号接入输入端，并将所拆除的原水位和压力信号的各处接线按要求处理好。

（2）将输出部分各接线依次接入控制回路。

（3）将供电电源（220V）接入BM锅炉自动监控器的电源端子。

（4）检查各处接线是否正确无误。

接线图如图8—40所示。

4．通电检查

确认接线无误后，通电检查仪表的工作情况：

（1）使用自检键做自检试验，以检查仪表的工作状态。

（2）依次短接高水位、高气压，以检查输入指示灯及输出的动作是否正确。

（3）依次拆除低水位、极低水位的信号线，以检查输入、输出的工作情况是否正确。

（4）通过冲洗水位计等方式，检查水位信号的输入及输出。

（5）在不影响锅炉运行的状态下使锅炉达到压力极限，以检查压力保护的功能。

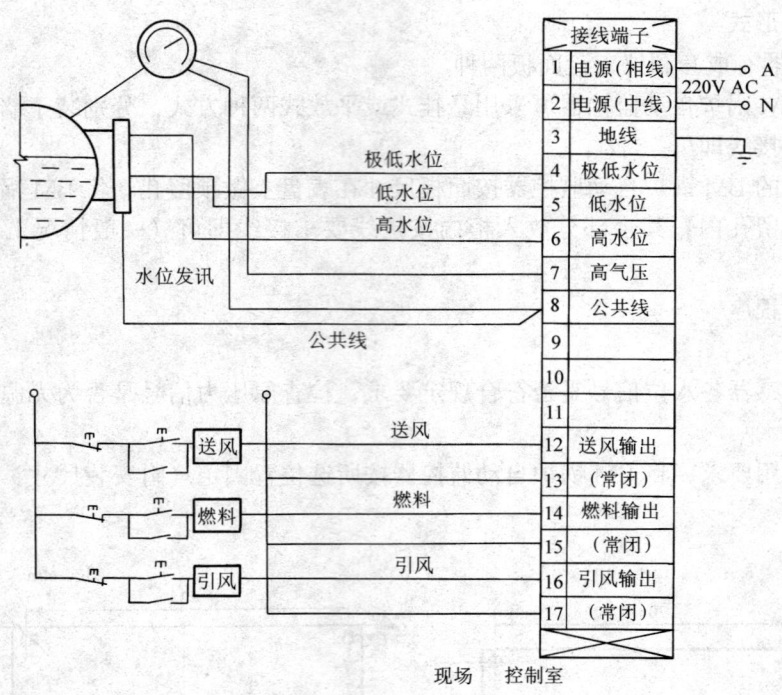

图 8—40 BM 锅炉自动监控器接线图

（6）通过使用读出器，对前述模拟锅炉事故进行读取分析。

5．签字交换

一切检查无误，证明运行正常，双方交换签字。

七、BM 锅炉自动监控器与一般"锅炉连锁装置"的对比

BM 锅炉自动监控器与一般"锅炉连锁装置"的对比见表 8—4。

表 8—4　　　　BM 锅炉自动监控器与一般"锅炉连锁装置"的对比

BM 产品所具有的功能	一般产品的功能
（1）BM 产品的硬件已取得多项国际认证 （2）BM 产品的软件已取得国家权威机构的认证 （3）BM 产品获得国家劳动部门的质量监制 （4）BM 产品符合《蒸规》和《热规》的要求	不详
（5）BM 产品在国内首创获得主管劳动的三大权威机构的认可 （6）BM 监控器的核心硬件是在国外生产的先进可靠的完全工业级的控制器	达不到此标准
（7）BM 监控器的指挥中心是微处理器	无此装置
（8）有可靠的自身安全保证体系，可通过自诊断、人工自检、定时自检来完成，对自身故障能及时报警	只能做到故障后的人工检修
（9）可实现对传感器的状态显示，以显示电极的工作状态，对电极的短路、断路、结垢进行在线检测，并具有 18 段显示功能 （10）事故记录信息可随时提取，并不受停电和人为损坏的干扰	无此功能

续表

BM产品所具有的功能	一般产品的功能
(11) 对事故的报警具有灯光与音响报警功能,且音响报警具有多声调功能,以适应各种场合	音响报警具有一种声调与音响
(12) BM产品适用于不同地区的各种水质,同时对锅炉的水质有辅助监测作用	受水质要求的限制
(13) 适用范围广,可适用于各种炉型吨位或与各种开关信号传感器配套使用,无需配装专门的传感器	受吨位、炉型、传感器的限制,只能在一定的范围内使用

八、注意事项

1. BM监控器要求输入信号为无源开关信号

(1) 正常时,低水位、极低水位信号为常闭信号;高水位、高气压信号为常开信号。

(2) 报警时,低水位、极低水位信号断开;高水位、高气压信号为闭合。

2. 在排污或冲洗水位计时,必须使用"禁止停炉"键。

第九章 给水设备的结构、原理、安装及使用注意事项

第一节 电动离心泵

一、电动离心泵的构造

工业锅炉房的给水泵用得最多的是 GC 型卧式单吸多级离心水泵,它由叶轮、泵壳、泵轴、密封环、平衡盘、轴承等组成,如图 9—1 所示。

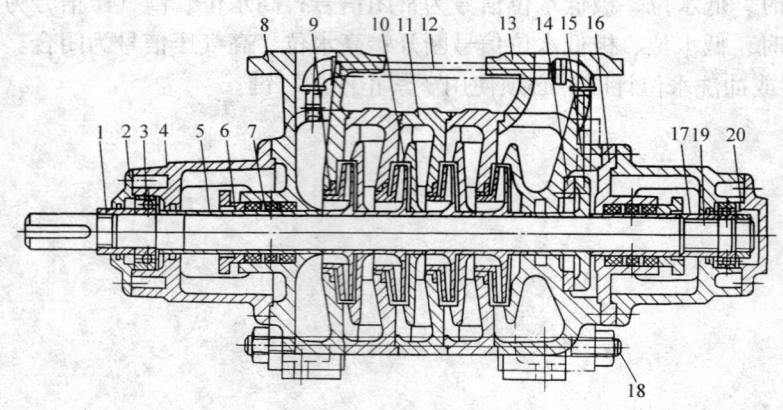

图 9—1 GC 型离心水泵结构图

1—轴套螺母 2—轴承盖 3—轴承 4—轴承体 5—轴套甲 6—填料压盖 7—填料函
8—泵壳进水段 9—密封环 10—叶轮 11—泵壳中段 12—回水管 13—泵壳出水段 14—平衡环
15—平衡盘 16—尾盖 17—轴套乙 18—拉紧螺栓 19—泵轴 20—圆螺母

1. 叶轮

叶轮是离心泵最重要的工作部件,它从电动机中获得能量,又将此能量传给液体,水泵的流量、扬程都与叶轮的形状、大小、表面粗糙度等有密切的关系。

叶轮由叶片和轮毂两部分组成,叶片固定在轮毂上,轮毂中间设有穿轴孔与泵轴相连接。叶轮按其盖板情况分为封闭式、敞开式和半敞开式三种形式。叶轮大多由铸铁或铸钢制造,封闭式叶轮片数一般为 6~8 片,多的可达 12 片。敞开式或半敞开式叶轮的特点是叶轮片数少,一般只有 2~4 片。

叶轮依次装在同一根轴上,每一个叶轮为一级。液体流经每一个叶轮便增压一次,所以对同一规格的叶轮来说,级数越多,泵出口的水压便越高。

2. 泵壳

泵壳在离心泵中起着多方面的作用,它将水引入叶轮,然后将从叶轮甩出的水汇集起来,减慢从叶轮边缘甩出水的速度,增加压力,引向压水管道;泵壳还把水泵各固定部件连成一体。

因为泵壳在工作时受到较高水压的作用,所以泵壳大多采用铸铁制造,其内表面要求光

滑，槽形变化要均匀，以减少水流的阻力。泵壳顶部设有灌水漏斗和排气栓，以便启动前排气。底部有放水方头螺栓，以便停泵和检修时排水。

3. 泵轴

泵轴用来带动叶轮旋转，是将电动机的能量传递给叶轮的主要部件。泵轴一般采用碳素钢或不锈钢制成，要求具有足够的抗扭强度和刚度。它与叶轮用键联结。

4. 平衡装置

多级离心泵大都是单吸入式的，当叶轮旋转时，叶轮的进水侧上部受到高压水的作用，下部受到低压水的作用，而叶轮的背面全部受到高压水的作用。因此，左右两侧形成一个压差而产生轴向推力。现就一个单级叶轮进行分析，如图9—2所示。

作用在叶轮两侧的压力不同，叶轮左侧压力为F_1，右侧压力为F_2，$F_2 > F_1$，所以在吸入口半径以内的范围存在着压力差$\Delta F = F_2 - F_1$。因此，造成了自右向左的轴向推力。在吸入口以外的范围，两侧压力均是以接近相等的抛物线分布，可以互相抵消。

轴向推力的大小与压力差、叶轮吸入口尺寸的大小以及叶轮的级数有关。这一轴向推力必须加以平衡，否则将使转子发生轴向窜动，从而造成动、静部分的机械摩擦和撞击。

对于小型水泵，一般采取在叶轮的后盖板上钻平衡孔的办法来实现平衡，并在后盖板上加装减漏环，高压水经此减漏环时压力下降，并经平衡孔流回叶轮中去，使叶轮前后盖板上的压力接近平衡，以达到基本上消除轴向推力的目的。采取平衡孔法的优点是结构简单，容易实施；缺点是叶轮流道中的水流受到回流水的冲击，使水力条件变差，泵的效率下降。对于单级单吸式离心泵，开平衡孔的方法被广泛应用。

工业锅炉房使用的多级离心泵一般用平衡盘来消除轴向推力。平衡装置示意图如图9—3所示。

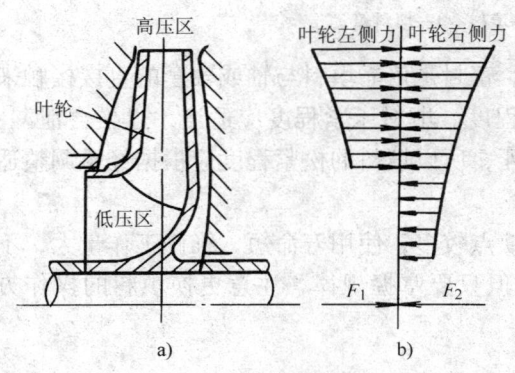
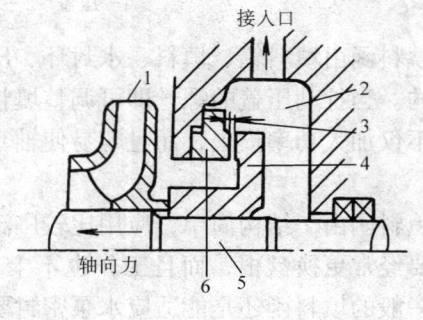

图9—2 叶轮的轴向推力
a) 叶轮工作状态图　b) 叶轮工作受力图

图9—3 平衡装置
1—末级叶轮　2—平衡室　3—轴向间隙
4—平衡盘　5—泵轴　6—平衡环

平衡盘固定在最末一级叶轮后面的泵轴上，它与泵壳出水段上的平衡环共同组成平衡轴向推力的平衡装置。在这种平衡装置中，平衡盘与平衡环保持一个轴向间隙，平衡盘的后面和泵的吸入口接通，所以平衡盘后面的压力接近泵吸入口的压力。平衡机构两边压差很大，在此压力差的作用下，液体流过轴向间隙，产生节流阻力，压力降低，因而在平衡盘前后形成压力差，产生由左向右的推力，借此来平衡轴向推力。

5．密封环

高速转动的叶轮与固定的泵壳之间总是有间隙的，从而造成泵壳中的高压水通过这些间隙而回流到水泵进口处的吸水管中去，从而降低了水泵的工作效率。这是很不经济的，因此必须控制这个间隙的大小，一般该间隙值控制在 1.5～2 mm，以减少回流量。为此，在泵壳和叶轮相互容易摩擦的地方装有密封环，它除能挡住高压水漏回到叶轮吸水口处外，还能承受磨损作用。密封环一般用铸铁或青铜制成，当磨损到一定程度时，应及时更换。加装密封环可延长泵的使用寿命。

6．填料函

填料函俗称盘根箱。在水泵旋转时，旋转的泵轴穿过静止的泵壳，在动、静两部分之间有间隙存在。为了阻止泄漏，在泵壳两端轴的贯穿处装有轴的密封装置，简称轴封。工业锅炉房所用的离心水泵，其轴封大都采用填料函，如图9—4所示。填料一般用石棉绳，石棉绳用牛油或石蜡浸透，再在外面涂上石墨或黑铅粉。

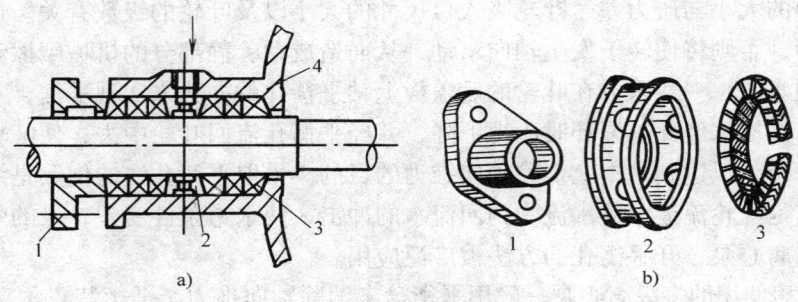

图 9—4 填料函
a）结构简图　b）主要零部件示意图
1—压盖　2—水封环　3—填料　4—填料箱

填料函由填料箱、填料、水封环、压盖组成。密封是依靠填料与轴或轴套的直接接触来实现的。当拧动压盖的螺丝即可调整填料的压紧程度。填料压紧程度应适当，过松会泄漏，过紧不仅加大功率损失，而且容易使轴套发热咬死，所以填料的松紧程度应根据经验调整适中。

填料函由于结构简单，应用比较广泛，但其缺点较多，使用寿命短，维修工作量大，不仅需要经常更换盘根，而且工作也不十分可靠。但只要掌握规律，注意更换填料的操作方法，一般的填料函还是能适应水泵密封要求的。

7．泵轴的轴承与传动方式

轴承是用来支承泵轴、便于泵轴旋转的。轴承又分有滑动轴承和滚动轴承两种，采用油脂或润滑油进行润滑。泵轴的传动方式有直接传动和间接传动两种，一般工业锅炉房的离心泵均用联轴器直接传动。

叶轮依次装在同一根轴上，每一个叶轮为一级。液体流经每一个叶轮便增压一次，所以对同一规格的叶轮来说，级数越多，泵出口的水压便越高。

二、离心泵的工作原理

离心泵是利用电动机通过联轴节带动装在泵壳内的叶轮高速旋转而产生的离心力，使充满叶轮内的水由于离心力的作用而被甩出叶轮，经蜗形泵壳中的流道而流入水泵的压水管道。这时,叶轮的吸水口处便形成了真空低压区,水箱里的水由于大气压或高位差的作用,通过进水管流向泵的低压区。当叶轮不断地旋转时,叶轮内的水被不断地甩出,同时又不断地被补充,这样就形成了离心泵的连续输水。

离心泵的工作过程,实际上是一个能量传递和转化的过程,它将电动机高速旋转的机械能通过泵的叶片转化为被抽升水的压能和动能并予以传递。

三、离心泵的安装使用注意事项

1. 传动轴与泵的旋转方向应一致;传动轴与水泵轴的不同心度、联轴节端面的间隙应符合安装图纸的规定。

2. 叶轮转动应灵活,无金属撞击声;轴承盒内润滑油应充足;填料和压盖松紧程度应适当。

3. 泵的安全保护装置应灵敏可靠;泵的振动应符合技术文件的规定。

4. 如果泵的位置高于水箱液面时,应预先灌水,直至空气阀中流出不带气泡的水后,再关闭空气阀。

5. 先开启进水阀,再启动电动机,使水泵叶轮旋转。当压力表指针升到规定的压力值时,缓慢开启出水阀,并逐渐调至所需要的水量。

6. 在正常运转时,要经常检查水泵和电动机。如:轴封处应有微量的水漏出,以保持润滑和冷却;轴承温度不应超过 60℃。

7. 停止水泵运转时,在缓慢关闭出水阀后,应立即停止电动机,再关闭进水阀。

第二节 蒸汽往复泵

蒸汽往复泵多以备用给水设备的形式设置于工业锅炉房内,也有小型锅炉以蒸汽往复泵作为主给水设备。

一、结构与工作原理

1. 结构

蒸汽往复泵可分为立式、卧式两类,又可分为单缸、双缸及三缸(指水缸数量)等几种。

蒸汽往复泵是用蒸汽作为动力,它是由蒸汽机、水泵和传动机构三部分组成的。双动双缸气动活塞式水泵的构造示意图如图 9—5 所示。

2. 工作原理

一定压力的蒸汽由进气管 1 进入配气室 4,再通过汽缸左边的进气口 2 进入汽缸 14。汽缸活塞 13 在蒸汽压力的作用下,从左向右移动,活塞右边的废气则从汽缸右边的排气口 3 排入废气室。在汽缸活塞向右移动的同时,由于汽缸活塞与水缸活塞连在同一根活塞杆上,所以水缸活塞 9 也同样向右移动,这就使水缸左边泵室造成真空,于是,水箱内的水由于大气压力的作用,通过吸水管 10 从左边进水门 11 吸入泵室。与此同时,泵室

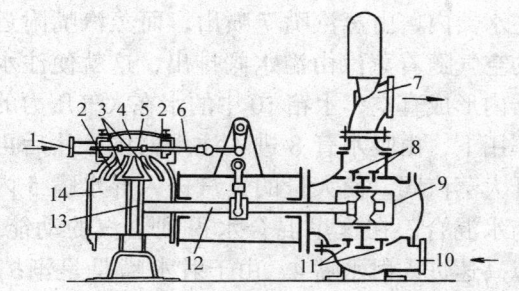

图 9—5 双动双缸气动活塞式水泵
1—进气管 2—进气口 3—排气口 4—配气室 5—滑阀
6—连杆 7—压水管 8—出水门 9—水缸活塞 10—吸水管
11—进水门 12—活塞杆 13—汽缸活塞 14—汽缸

右边的出水门 8 打开，将水压出。当汽缸活塞到达右边的顶端位置时，汽缸左边的进气口 3 被关闭，右边的进气口 3 被打开，这样，从右边进入的蒸汽又使汽缸活塞 13 从右向左移动，水缸活塞也随之向左移动，于是从右边进水门 11 进水，将左边的水压出。由于水缸活塞 9 在汽缸活塞 13 的带动下做连续不断的往复运动，因此，就不断地吸进水与压出水，使水不断地压进锅炉。

二、安装使用事项

1. 油杯内的润滑油应足够，填料箱中的填料应松紧合适。
2. 先开启通到锅炉给水管上的阀门，再开启通到水源（水箱或水池）进水管上的阀门。
3. 汽缸废气管应畅通，如管上装有阀门应予以开启，以备排放废气。
4. 滑阀不得处于正中间位置，否则难以启动水泵。
5. 锅炉进水完毕，先缓慢关闭蒸汽阀，再关闭进水管和给水管上的阀门。
6. 当给水管上的阀门关闭和水缸内的存水未放干净时，不得将泵启动。
7. 长期处于备用的蒸汽往复泵，应定期空载启动，以保持运动部件可靠，防止腐蚀生锈。

第三节 注 水 器

注水器又叫射水器或引水器，是利用锅炉蒸汽的能量将给水引射到锅炉中去的一种简易的给水设备。注水器适用于蒸汽压力为 $0.20\sim1.27$ MPa、给水温度小于 40℃ 的小型锅炉。

注水器的优点是结构简单，体积小，价格低，操作方便，热能利用率高达 97%～99%，并能使给水预热。缺点是对给水温度有限制，效率低，耗用蒸汽多，调节给水量较困难。

一、注水器的结构和工作原理

注水器一般分为单管、双管、上吸式和压力式等类型。目前在锅炉上应用较广泛的是水平单管上吸式注水器，其结构如图 9—6 所示。

注水器的工作原理如图 9—7 所示。注水时先把蒸汽阀 9 慢慢打开，使少量蒸汽进入注水器内，由蒸汽嘴 7 喷出，而蒸汽嘴附近的空气随着蒸汽由溢水阀排出，这就使注水器内形成真空，水箱 10 中的水在大气压力的作用下，由吸水管 8 进入注水器内，然后再开大蒸汽阀，使大量的蒸汽进入混水嘴 5 内与水混合，在这里混合水得到蒸汽的动能，以高速进入射水嘴 4，由于射水嘴是呈渐扩

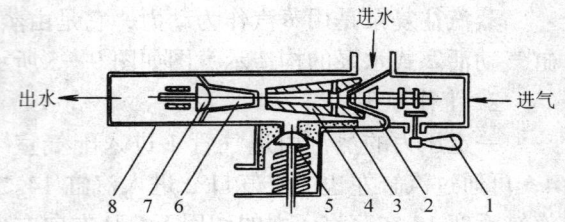

图9—6 水平单管上吸式注水器
1—手柄 2—蒸汽嘴 3—吸水嘴 4—混水嘴
5—溢水阀 6—射水嘴 7—止回阀 8—外壳

形的，因而混合水的流速减小，水的动压转换为静压，使水的压力逐渐增高。当水压超过锅炉内的蒸汽压力时，便推开止回阀 3 而进入锅炉。

二、注水器的安装

为了便于运行操作，注水器应安装在距室内地面 0.8～1.0 m 的高度，且应安装牢固。

注水器与锅炉之间应装设止回阀，注水器与止回阀之间的距离应保持在 150~300 mm 范围内。若注水器本身已带有止回阀则不受此限制。注水器的吸水高度与给水温度及蒸汽压力有关，一般注水器的吸水高度小于 10 m。注水器安装时其汽水管路布置如图 9—8 所示。

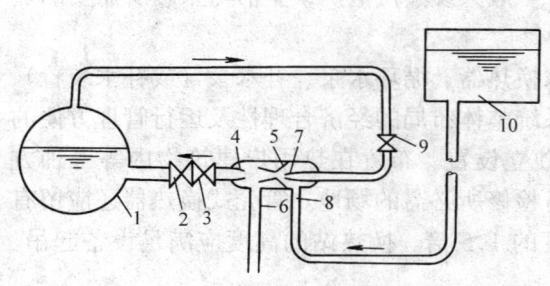 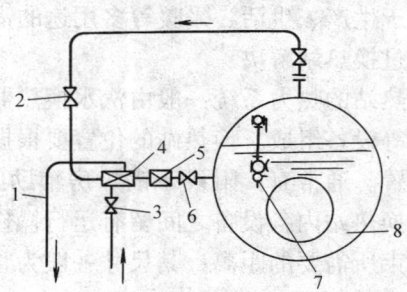

图 9—7　注水器的工作原理图
1—锅炉　2—给水截止阀　3—止回阀
4—射水嘴　5—混水嘴　6—溢水管　7—蒸汽嘴
8—吸水管　9—蒸汽阀　10—水箱

图 9—8　注水器的安装示意图
1—排水、气管路　2—蒸汽管截止阀
3—给水管截止阀　4—注水器　5—止回阀
6—闸阀　7—水位计　8—锅炉

为了保证注水器运行稳定可靠，最好设计成带压力水箱的注水系统，或设计为由锅炉房给水系统供水的注水系统。

第四节　除　氧　器

工业锅炉的给水除氧大都以热力除氧为主，常用的是混合式除氧器。它是水在除氧器中与蒸汽直接接触，使水加热到除氧器运行压力下的沸点，一般为 0.01~0.02 MPa，在此压力下水的沸腾温度为 102~104℃。目前，常用的热力除氧器有淋水盘式除氧器和喷雾式除氧器。

淋水盘式除氧器，主要由除汽塔和贮水箱组成，如图 9—9 所示。

这种除氧器的除氧过程主要是在除汽塔中进行，凝结水的补给水和各种疏水分别从除汽塔顶部两侧引入，经过配水盘 6 和若干层筛状孔淋水盘 7、8，分散成许多细小的水流，层层下淋。加热蒸汽从除汽头引入，经过蒸汽分配器向上流动，穿过淋水层，将水加热，同时形成较大的汽水分界面进行除氧。从水中溢出的氧和其他气体随多余的蒸汽自上部排气管排出，经过除氧的水流入下部贮水箱中。

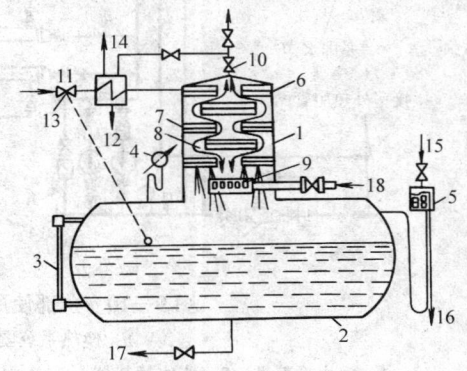

图 9—9　淋水盘式除氧器
1—除汽塔　2—贮水箱　3—水位表　4—压力表
5—安全水封(用以防止除汽塔中压力过高或过低)　6—配水盘
7、8—多孔淋水盘(孔径 5~7 mm)　9—加热蒸汽分配器
10—排气阀　11—排气冷却器　12—至疏水箱
13—给水自动调节器(浮子式)　14—排气至大气层　15—充水口
16—溢流管　17—至给水泵　18—加热蒸汽

第五节 换热站及换热器

对于生产、生活、采暖等多用途的锅炉房,一般只设蒸汽锅炉,生活与采暖所需要的热水均通过换热站解决。

换热站的热力系统一般由汽水换热器、水水换热器、循环水泵、补水泵(或补水装置)、除污器等设备组成。换热站的位置要根据供热系统整体布局的经济合理性及运行管理方便的原则设置。通常有:附设于锅炉房辅助间内、独立设置、布置在热用户建筑物内等三种方式。在换热站内各设备之间留有运行操作和设备检修所必需的场地。管壳式换热器还应留有抽出管束所需要的距离,其尺寸一般为管束长度的1.5倍。换热站的高度应满足设备起吊、安装、搬运所需要的空间。

一、换热站的热力系统及其设计要求

换热站的热力系统一般采用如图9—10所示的全部使用新蒸汽的换热系统和如图9—11所示的凝结水自流返回锅炉的换热系统。

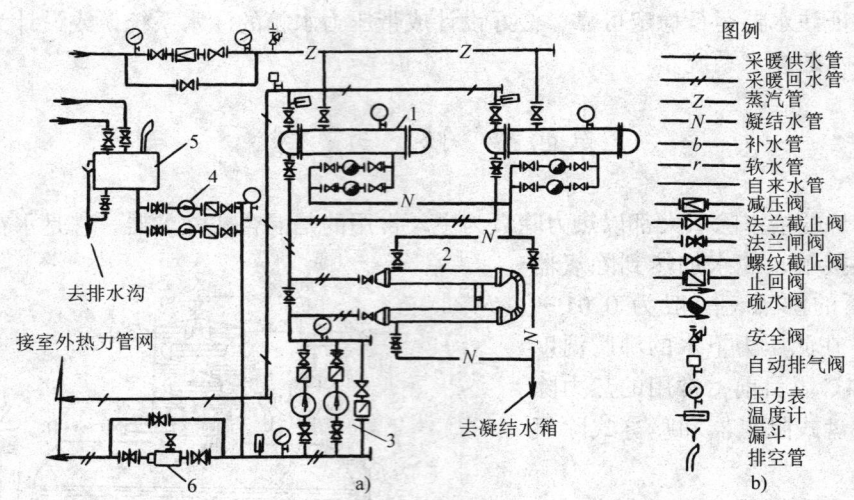

图9—10 全部使用新蒸汽的换热系统
a) 换热系统图 b) 图例符号
1—汽水换热器 2—水水换热器 3—循环水泵 4—补水泵 5—补水箱 6—除污器

1. 当加热介质为蒸汽时,换热系统一般应为汽水和水水换热器两级串联。热水的供、回水温度和压力应根据热用户的需要确定。

2. 换热器的台数和容量的选择,要考虑便于热负荷的调节,一般汽水换热器不少于2台,并且其中任何一台停止工作时,其他运行设备还能满足总热负荷的70%。

3. 系统内循环水泵的选择

(1) 循环水泵的流量按下式计算:

$$G = (1.1 \sim 1.2) \frac{3.6Q}{C_p(t_2 - t_1)} \tag{9—1}$$

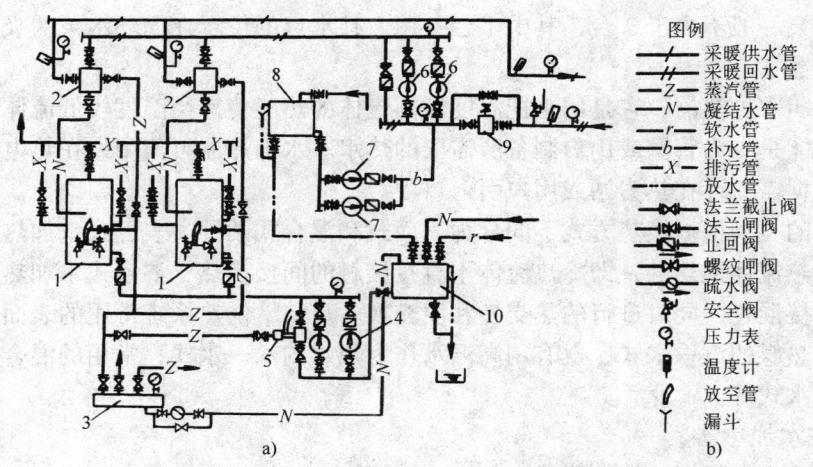

图 9—11 凝结水自流返回锅炉的换热系统
a)换热系统图　b)图例符号
1—锅炉　2—汽水换热器　3—分汽缸　4—电动给水泵　5—气动给水泵　6—循环水泵
7—补水泵　8—补水箱　9—除污器　10—给水箱

式中　G——循环水泵流量，kg/h；
　　　Q——计算热负荷，W；
　　　t_2——循环水供水温度，℃；
　　　t_1——循环水回水温度，℃；
　　　C_p——循环水的平均比热容，kJ/(kg·K)。

(2) 循环水泵扬程按下式计算：

$$H = H_1 + H_2 + H_3 + H_4 + (3～5) \quad \text{m} \tag{9—2}$$

式中　H_1——换热器内部阻力，m；
　　　H_2——循环水供、回水干管阻力，m；
　　　H_3——最不利用户内部系统阻力，m；
　　　H_4——除污器阻力，m；
　　　3～5——计算阻力附加量，m。

(3) 换热系统的循环水泵一般不少于2台，其中1台备用。循环水泵一般布置在换热器的进水侧。

4．补水泵的选择

(1) 补水泵的流量应根据循环水系统的正常补水量和事故补水量来确定。正常补水量一般为系统水容量的1%，而补水泵的流量一般为正常补水量的4～5倍。

(2) 补水泵的扬程按下式计算：

$$H = H_B + H_x + H_y - h + (3～5) \quad \text{m} \tag{9—3}$$

式中　H_B——系统中补水点的压力，m；
　　　H_x——泵的吸水管路的阻力，m；
　　　H_y——泵的出水管路的阻力，m；
　　　h——补给水箱最低水位高出系统补水点所产生的静压，m；
　　　3～5——计算压力附加量，m。

(3) 补水泵一般不少于 2 台，其中 1 台备用。补水点的位置在循环水泵的吸水侧。

二、换热器

换热器又叫水加热器，它是用来把温度较高流体的热能传递给温度较低流体的一种热交换设备，其功能是专为管网或用户制备所需要的热水。水加热器可集中设在热电站或锅炉房内，也可以根据需要设在热力站或用户引入口处。

水加热器的类型根据换热方式不同分为表面式和混合式两种。表面式水加热器是通过金属壁面实现冷热流体换热的，即冷热流体不直接接触的间接换热；混合式水加热器则是通过冷热流体的直接混合，同时进行的热交换和质交换。目前，供热系统常用的表面式水加热器有用蒸汽作为热媒的汽—水式，也有用高温水作为热媒的水—水式；常用的混合式水加热器有喷管式、淋水式等。

1. 壳管式水加热器

(1) 壳管式水加热器的构造形式

1) 固定管板的壳管式汽—水加热器　其结构如图 9—12 所示。这种加热器是由带有蒸汽进出口连接短管的圆形外壳 1，小直径管组成的管束 2，固定管束的管板 3，以及设有被加热水进出口短管的前水室 4 及后水室 5 组成。蒸汽在管束的外表面间通过，水则在管束的各管内通过，蒸汽和水通过管束的壁面进行热量交换。

为增强水加热器的传热效果，利用隔板在前后水室把管束分成几个行程，目的是增大管束内的流体速度。当管束内水流速度维持在 1~3 m/s 时，汽—水式加热器的传热系数一般可达到 2 300~4 100 W/(m²·℃)，水在加热器内的阻力约为 20~120 kPa。管束内流体的行程数通常采用偶数，多为二行程或四行程，这样可使水的入口和出口位于加热器的同一侧，以便于连接和管理。行程之间的隔板布置如图 9—13 所示。

这种加热器结构简单，质量轻，造价低，壳体内径小，但由于壳体和管束之间热膨胀不同，容易造成管板与壳体之间、管束与管板之间开裂而引起泄漏，另外还由于管板固定而使管束之间的污垢不易清洗。因此，这种加热器适用于温差较大但壳体不长、压力不高及管束间不易结垢的场合。

2) 浮头壳管式汽—水加热器　其结构如图 9—14 所示。这种加热器的特点是两端管板之一不与外壳相连，不相连的一头称为浮头，浮头可以自由伸缩移动以适应热膨胀。另外，清除污垢也较壳管式方便，清扫时可将管束从壳体中抽出。

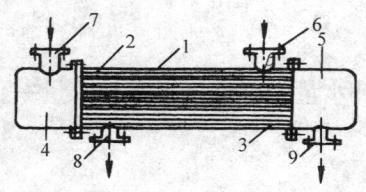

图 9—12　固定管板的壳管式
汽—水加热器
1—外壳　2—管束　3—固定管板
4—前水室　5—后水室　6—蒸汽入口
7—被加热水入口　8—凝结水出口
9—被加热水出口

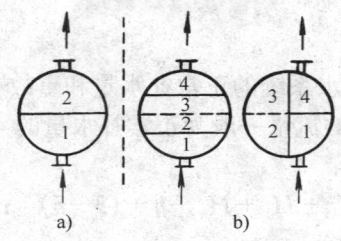

图 9—13　加热器的行程隔
板布置示意图
a) 二行程　b) 四行程

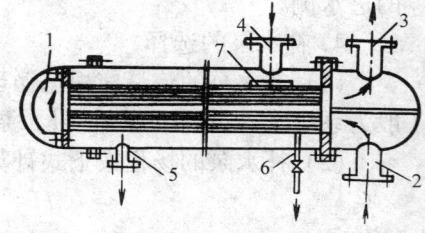

图 9—14　浮头壳管式汽—水加热器
1—浮头　2—被加热水入口
3—被加热水出口　4—蒸汽入口
5—凝结水出口　6—排气管　7—挡板

3) 分段式水—水加热器 其结构如图9—15所示。它是由带有管束的几个加热器分段所组成，各分段管束都为单行程，段与段（加热器与加热器）之间用法兰连接，加热器外壳上装有波形伸缩器以补偿管道的伸缩。这种加热器的特点是换热流体逆向流动，从而增强了换热效率。换热面积可用段数来调整。一般段数是偶数，最多不宜超过8段。

4) 套管式水—水加热器 其结构如图9—16所示。它是由若干段标准钢管做成的"管套管"形式而得名，内外套管采用焊接方法连在一起。为了便于消除水垢，被加热水应在管内流动，加热水应在管外流动。这种加热器可与汽—水加热器串联作为一级加热使用。

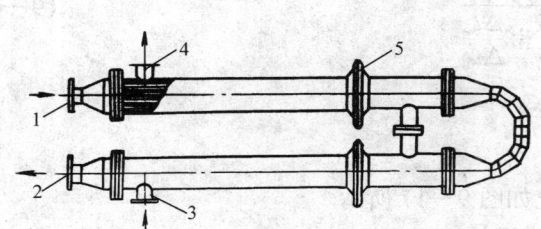
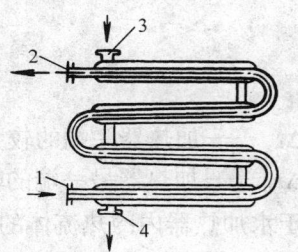

图9—15 分段式水—水加热器
1—加热水入口 2—加热水出口 3—被加热水入口
4—被加热水出口 5—膨胀节

图9—16 套管式水—水加热器
1—被加热水入口 2—被加热水出口
3—加热水入口 4—加热水出口

(2) 壳管式水加热器的选择计算 水加热器的选择计算的主要任务是根据换热量、冷热流体的参数，确定所需要的加热器传热面积，选择加热器的型号。

1) 加热器的传热面积

$$F = \frac{Q}{K \times B \times \Delta t_{pj}} \tag{9—4}$$

式中 F——水加热器的传热面积，m^2；
  Q——水加热器的换热量，W；
  K——水加热器的传热系数，$W/(m^2 \cdot K)$；
  B——考虑水垢对传热系数的影响而引进的修正系数，汽—水加热器 $B=0.9\sim0.85$，水—水加热器 $B=0.8\sim0.7$；
  Δt_{pj}——冷热流体的对数平均温差，℃。

2) 传热系数

$$K = \frac{1}{\frac{1}{\alpha_1} + \frac{\delta}{\lambda} + \frac{1}{\alpha_2}} \tag{9—5}$$

式中 α_1——流体与管壁内表面的换热系数，$W/(m^2 \cdot K)$；
  α_2——管壁外表面与流体的换热系数，$W/(m^2 \cdot K)$；
  δ——加热管壁厚度，m；
  λ——管壁的导热系数，$W/(m \cdot K)$。

水加热器的传热系数 K 值，当管材与管壁厚度一定时，主要与加热管内外流体的性质、温度、流动状态、流体经过流道断面的几何形状等因素有关。壳管式加热器内的推荐流速见表9—1。

表 9—1　　　　　　　　　　　壳管式加热器内的推荐流速

加热器名称	流速 (m/s)		备注
	管内	管外（管间）	
汽—水加热器	1~3	10~15	管间走蒸汽
水—水加热器	1~3	0.5~1.5	

3) 对数平均温差

$$\Delta t_{pj} = \frac{\Delta t_a - \Delta t_b}{\ln \dfrac{\Delta t_a}{\Delta t_b}} \tag{9—6}$$

式中　Δt_a——加热器一端的较大温差，℃；

Δt_b——加热器另一端的较小温差，℃。

关于水加热器内冷热流体的温度变化情况如图 9—17 所示。

当 $\Delta t_a / \Delta t_b \leqslant 2$ 时，对数平均温差可用算术平均温差替代，即 $\Delta t_{pj} = \dfrac{1}{2}(\Delta t_a + \Delta t_b)$，其误差小于 4%。

在选择加热器时，应注意使汽—水加热器的最小温差 Δt_b 不小于 5℃；使水—水加热器的最小温差 Δt_b 不小于 10℃。

根据加热器的传热面积公式，算出加热器传热面积后，就可以进行加热器中的管束长度、行程数以及每一行程和管子数目等主要构造尺寸的计算。加热器的传热面积与加热管平均直径 d_p、行程数

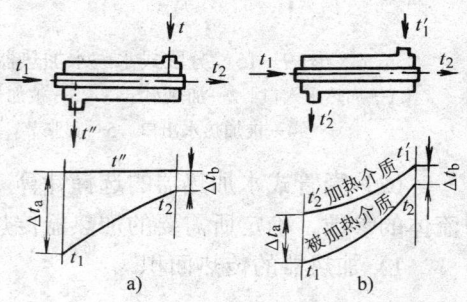

图 9—17　加热器中带热体的温度变化图
a) 汽—水加热器内的温度变化
b) 水—水加热器内的温度变化

Z、每个行程中管子根数 n 以及加热器内管子的有效长度 L 的关系如下：

$$F = nZ\pi d_p L \tag{9—7}$$

加热管用铜管时，直径常采用 15~20 mm；用钢管时，直径常采用 20 mm、25 mm 或 32 mm。行程数最好选用偶数。为减小局部阻力，一个行程中管子的有效长度应尽可能大一些，同时还要照顾到安装和检修方便，故一般选用 3~5 m。根据上式设计加热器的构造尺寸，或者查手册或根据有关样本选择定型水加热器型号。

4) 汽—水加热器蒸汽的消耗量

$$G_0 = \frac{Q}{277.7(i_0 - 4.187 t'')} \tag{9—8}$$

式中　G_0——汽—水加热器的蒸汽耗量，t/h；

Q——水加热器的换热量，W；

i_0——进入加热器时蒸汽的比焓，kJ/kg；

t''——流出加热器的凝水温度，℃；

277.7——等式两边统一单位引出的系数。

5）水—水加热器内加热水的流量

$$G=\frac{Q}{1.163(t_1'-t_2')\eta} \tag{9—9}$$

式中　G——水—水加热器的加热水的消耗量，kg/h；

　　　Q——被加热水的吸热量，W；

　　　t_1'、t_2'——被加热水的进出水温度，℃；

　　　η——加热器的效率，取 0.9；

　　　1.163——统一单位引出的系数。

6）水加热器的阻力计算　定型水加热器的阻力多由实验确定。当进行估算时，阻力产生的管内压力损失（Δp）可采用下列数值：

汽—水加热器：$\Delta p=20\sim120$ kPa；

水—水加热器：$\Delta p=10\sim30$ kPa。

当管间为蒸汽时，蒸汽通过加热器的压力损失一般为 5～10 kPa。

2．板式水加热器

板式水加热器是近年来生产的一种新型表面式加热器，其构造如图 9—18 所示。它是由平行排列的许多板件构成传热面，板件由金属薄板冲压成人字形波纹，板与板之间用橡胶垫片密封，板件之间的间隙里流动着加热和被加热介质。板件装在加热器的框架里，框架由上下支承杆、带紧固件的固定端板和可动端板构成，可动端板挂在上下支承杆上并可在其上移动，在端板上设有连接管路的短管，两个端板之间的换热板用螺栓拉紧以防止换热介质泄漏。

板式加热器的板件采用不锈钢板或钛钢板制成，密封垫一般采用丁腈橡胶（耐温≤120℃）、三元乙丙橡胶（耐温≤150℃）等，框架和端板一般采用低碳钢和低合金高强度钢制成。目前国内生产的板式加热器具有多种形式和规格，单板换热面积从 0.05～1.08 m²，承压能力最高可达 2 MPa，耐温达 150℃，可以满足供热使用要求。

板式加热器结构紧凑，加热快。由于换热板上有特殊的波纹而且板的厚度仅有 0.8～1 mm，因此具有很高的换热效率，并且可以根据换热量的大小调整加热板的数目，使用灵活可靠，还可以方便地拆卸清理板件表面上积附的水垢。但板式加热器单位换热面积和价格较管式要高，由于其特殊结构使其工作压力和温度不能太高。板式加热器的设计与选择详见有关手册和产品样本。

3．喷管式加热器

喷管式加热器如图 9—19 所示，它是由多孔喷管、外壳、网盖和填料等组成。被加热水通过喷管时，蒸汽从喷管外侧管壁上的许多斜向小孔喷入水中，两者在高速流动中良好地混合，达到加热水的目的。

这种加热器的特点是构造简单，体积小，加热效率高，95％以上的热能得到了利用，可与管路水平、垂直连接，安装维修方便，噪声小，运行平稳，调节灵敏，加热量大。可用作制备高温水、低温水采暖热媒或制备生活用热水。但采暖用户须另外设置循环水泵。

喷管式加热器的选择是根据额定热水流量的大小，直接由产品样本或手册选择型号及接管直径。为保证喷管式加热器正常工作，要求采用的蒸汽压力应比加热器入口水压高出 50 kPa 以上。为防止系统汽化，加热以后的水温应比出口侧水压下的饱和温度低 10℃。

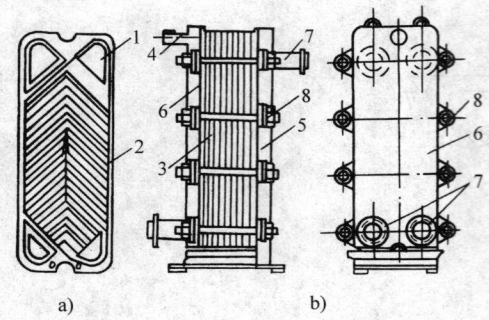
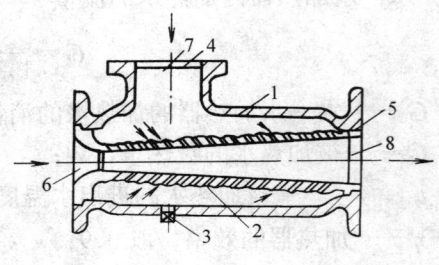

图 9—18 板式水加热器
a) 带有人字形波纹的加热板片 b) 加热器装配图
1—水的出入口 2—橡胶垫 3—板件 4—支承杆
5—固定端板 6—活动端板 7—接管 8—螺栓

图 9—19 喷管式加热器
1—外壳 2—多孔喷管 3—泄水阀 4—网盖 5—填料
6—被加热水入口 7—蒸汽入口 8—被加热水出口

喷管式加热器的蒸汽耗量由下式计算：

$$G = \frac{W \times C_p(t_2 - t_1)}{i - C_p \times t_2} \tag{9—10}$$

式中　G——加热器的蒸汽耗量，t/h；
　　　W——额定热水流量，t/h；
　　　t_1、t_2——热水、进出水温度，℃；
　　　i——蒸汽的焓，kJ/kg；
　　　C_p——水的比热，kJ/(kg·K)。

喷管式加热器与高温水采暖系统的连接示意图如图 9—20 所示。为防止突然停电，在加热器蒸汽管上装有高温电磁阀，一旦停电，循环水泵停止运行，电磁阀将自动关闭，以保障系统的安全运行。

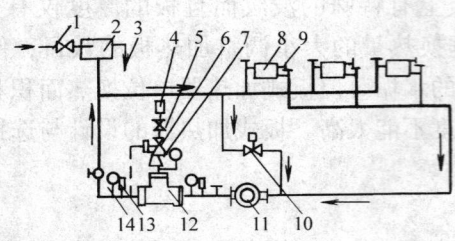
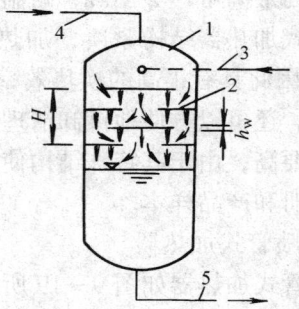

图 9—20 喷管式加热器采暖系统
1—补水管 2—膨胀水箱 3—溢水管 4—蒸汽管
5—过滤器 6—蒸汽调节阀 7—止回阀 8—散热器
9—散热器跑风门 10—背压阀 11—水泵
12—喷管式换热器 13—温度计 14—压力表

图 9—21 淋水式加热器
1—壳体 2—淋水板 3—蒸汽入口
4—被加热水入口 5—热水出口

4. 淋水式加热器

淋水式加热器如图 9—21 所示，它是由壳体和淋水板组成的圆柱形罐体。被加热水由罐顶部进入，经数个淋水板上的筛孔分成细流流下，蒸汽由上侧部进入，与被加热水接触放出汽化潜热，生成的凝结水与被加热水混合，由加热器下部流出送至用户。由于蒸汽不断凝结，会使加热器水位升高，为此，通常设水位调节器控制循环水泵将多余的水送回锅炉。

淋水式加热器的特点是容量大，可兼作膨胀水箱起定压作用，由于汽—水之间直接接触换热，因而比较经济。但由于加热器内采用高压蒸汽，如果运行不正常则会出现水击现象。

第十章 通风设备的结构、原理及安装使用注意事项

锅炉通风机按其作用原理可分为离心式和轴流式两大类。离心式风机因具有效率高、流量大、输出流量均匀、结构简单、操作方便等优点，目前我国的工业锅炉，一般都采用离心式风机。

第一节 离心式风机的原理与结构

一、工作原理

离心式风机的结构和工作原理与离心式水泵相类似，叶轮和外壳是风机的主要部件，如图10—1所示。

风机壳体的外形，具有沿半径方向由小渐大的蜗壳形特点，使壳体内的气流通道也由小渐大，空气的流速则由快变慢，而压力由低变高，致使风机出口处的风压达到最高值。

当电动机带动风机叶轮快速旋转时，叶轮间的空气随之旋转流动，并且由于离心力的作用被径向地甩向壳壁，随之在那里产生一定的压力，并由蜗形外壳汇集后沿切向排出。这时，叶轮的中部由于气体不断地被甩走而形成了负压，风机入口处的空气则在大气压力的作用下源源不断地沿轴向进入风机。由于风机叶轮连续旋转，导致吸风与排风的过程也连续进行，从而达到向锅炉通风的目的。

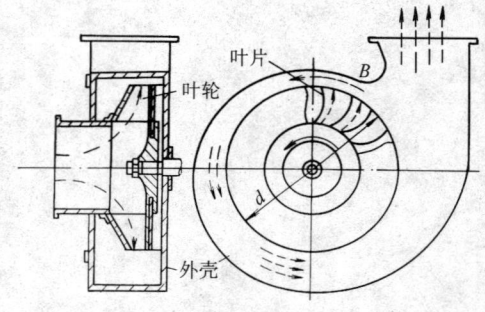

图10—1 离心式风机示意图

二、结构

离心式风机的主要结构分解示意图如图10—2所示。其主要工作部件有叶轮、机壳、轴、叶片及吸入口等。

1. 叶轮

叶轮由前盘、后盘及装在两盘之间的叶片组成，轮毂与轴用键连接，如图10—3所示。

叶轮的前盘呈锥形，后盘为平面形，它们与叶片均为钢制，并焊接成一体。根据叶片出口安装角度的不同，叶轮可分为三种形式，如图10—4所示。

(1) 前向（前弯）叶片叶轮 叶片出口安装角度 $\beta_2 > 90°$ 的叶片称为前向（前弯）叶片。图10—4a为前向叶轮，图10—4b为多叶前向叶轮。

(2) 径向叶片叶轮 叶片出口安装角度 $\beta_2 = 90°$ 的叶片称为径向叶片，图10—4c为曲线型径向叶轮，图10—4d为直线型径向叶轮。

(3) 后向（后弯）叶片叶轮 叶片出口安装角度 $\beta_2 < 90°$ 的叶片称为后向（后弯）叶片，图10—4e为薄板后向叶轮，图10—4f为中空机翼型后向叶轮。

2. 机壳

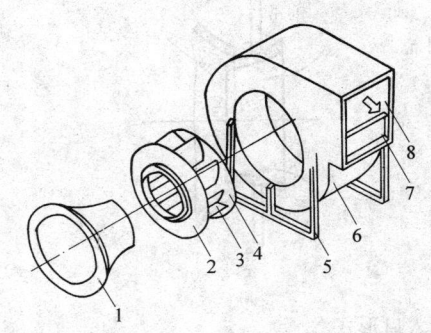
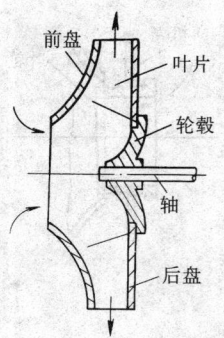

图10—2 离心式风机主要结构分解示意图　　　　图10—3 叶轮与轴的连接
1—吸入口　2—叶轮前盘　3—叶片　4—后盘
5—支架　6—机壳　7—截流板（风舌）　8—出口

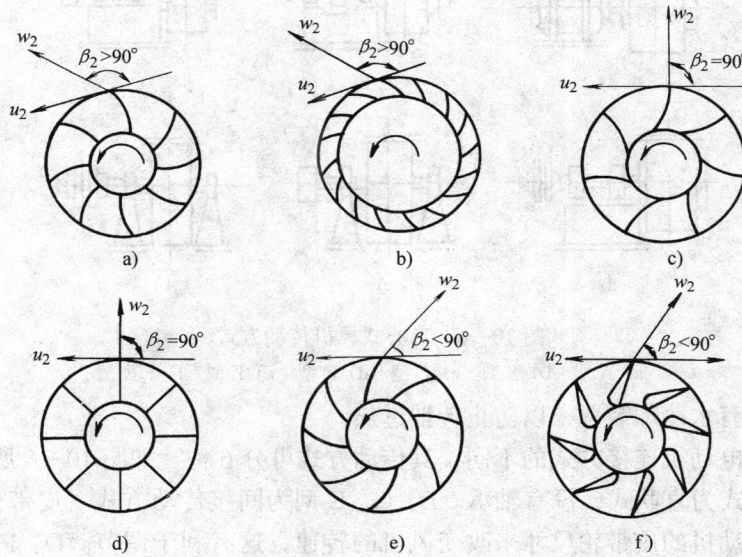

图10—4 离心式风机叶轮形式
a) 前向叶轮　b) 多叶前向叶轮　c) 曲线型径向叶轮　d) 直线型径向叶轮　e) 薄板后向叶轮　f) 中空机翼型后向叶轮

风机的机壳呈蜗壳形，用薄钢板焊接而成，其作用是汇集来自叶轮的气体，并使它平顺地沿着叶轮旋转方向被引向风机的出口，并使气体增压。

3．吸入口

吸入口为吸入管段的首端部分，它起着集气的作用，所以又称为集流器。

离心式风机的吸入口一般有下列三种形式，如图10—5所示。

（1）圆筒形吸入口　如图10—5a所示，其特点是制作简单，但压头损失大。

（2）圆锥形吸入口　如图10—5b所示，其特点是制作较简便，压头损失较小。

（3）圆弧形吸入口　如图10—5c所示，其特点是压头损失小，但制作较困难。

4．支承与传动方式

风机的支承包括机轴、轴承和机座。机轴是用优质钢制成的，它与轴承装在机座上起传动作用。机座一般用型钢焊接而成。由于锅炉引风机使用时是在较高的烟温下工作，所以引

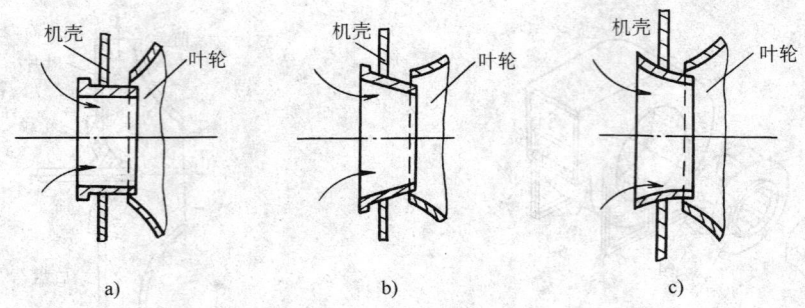

图 10—5 离心式风机吸入口形式
a) 圆筒形吸入口 b) 圆锥形吸入口 c) 圆弧形吸入口

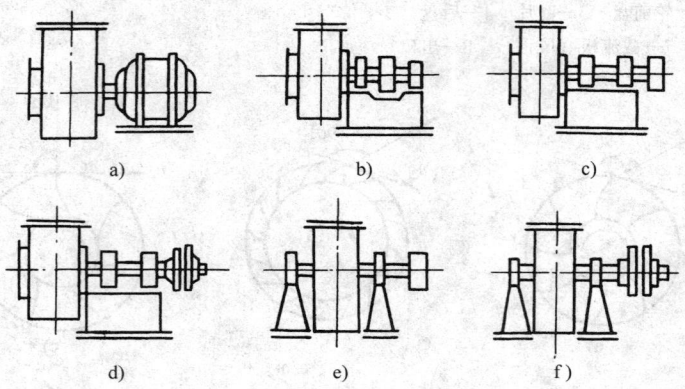

图 10—6 离心式风机传动方式
a) A 型 b) B 型 c) C 型 d) D 型 e) E 型 f) F 型

风机轴承一般设有水冷却装置，以防止转轴过热。

由于风机与电动机连接方式的不同，其传动方式可分 6 种，如图 10—6 所示。

A 型传动方式为直联式，没有轴承。B、C、E 型为间接传动方式（皮带传动），可以通过改变风机与电动机的皮带轮尺寸来改变风机的转速，这有利于调节。D、F 型为直接传动方式（有联轴器连接），直接传动的优点是构造简单、布置紧凑、传动效率高。

A、B、C、D 型的机轴不伸入中轮中间，称为悬壁支承，其优点是叶轮的气流状况较好，维修风机方便。E、F 型是将轴承架于风机的两侧，机轴穿过机壳，其优点是运转比较平稳，大型风机必须采用这种形式。

传动部分由主轴、联轴器、轴承箱等组成。引风机采用滚动轴承并设有水冷却（送风机不用水冷）的整体轴承箱，因此，装有冷却水管，其耗水量一般按 $0.5\sim1\ m^3/h$ 考虑。在轴承箱上装有温度计和油位指示器。轴承润滑油一般采用 30 号机油。

三、要求

送风机输送的是洁净的冷空气，即使在热风再循环系统中，送风温度也很少超过 100℃。引风机输送的一般是 200℃ 以上的高温烟气，在烟气中还含有飞灰和二氧化碳等腐蚀性气体。由于引风机工作条件比送风机差很多，所以对其材质和结构的要求比较严格。例如，引风机的叶片和壳体要适当加厚，或者采取防腐蚀与防磨损的措施，轴承要有冷却措施等。

目前常用的离心式送风机的型号为 G4—73 型，离心式引风机的型号为 Y4—73 型。这两种风机是最近几年研制成功的新型风机,均由优质碳素钢制成。在风机入口前装有轴向导流器,以调节风机风量。在轴承箱上装有温度计和油位指示器,以检查温度和油量。在引风机的轴承箱内还装有冷却水管,以冷却润滑油。

第二节　风机的安装使用注意事项

一、安装风机时,风机轴与电动机轴的不同心度:径向位移不应超过 0.05 mm,倾斜不应超过 0.2‰。

二、启动前风机的防护设备要齐全,壳体无杂物,入口挡板开关灵活,地脚螺栓紧固,润滑油充足,冷却水畅通。

三、用于盘车检查,主轴和叶轮应转动灵活,无杂音。

四、关闭入口挡板,稍开出口挡板;用手指重复点动开停按钮,观察风机叶轮转动方向应与要求相符。

五、稍开入口挡板,启动风机。此时要注意电流表的指针迅速跳到最高值,但经 5~10 s后又退到空载电流值。如指针不能迅速退回,应立即停用,以免电动机过载损坏。

六、待风机转入正常运行,逐渐开大挡板,直至规定负荷为止。轴承温度不超过 40℃。

七、如果风机安装在室外,要有防雨和防冻措施。

第十一章 锅炉房热力系统及热力管网

第一节 热力系统的组成、作用及安装注意事项

锅炉房的热力系统包括给水（回水）、蒸汽（热水）、排污三部分。将给水（回水）送入锅炉的设备、管道和附件等，称为给水（回水）系统；将蒸汽（热水）从锅炉引出并送入汽水集配器的管道及附件，称为蒸汽（热水）系统；将排污水引出锅炉房的管道、设备及附件，则组成了排污系统。

一、锅炉房的给水系统

1. 给水系统的组成

锅炉房的给水系统由给水箱、给水泵、水处理设备、凝结水回收设备、给水管道及阀门、配件等组成。

工业锅炉房一般均采用多台锅炉集中给水系统。

蒸汽锅炉房的给水方式根据热网回水方式和水处理方式确定。当凝结水采用压力回水时，可将回水和软化水补给汇入水箱，然后由除氧水泵送至除氧器，再经给水泵打入锅炉，如图11—1所示。

当凝结水采用自流回水时，凝结水箱可设在地下室内，回水进入凝结水箱后由凝结水泵送至给水箱，经除氧水泵送入除氧器，再经给水泵打进锅炉，如图11—2所示。

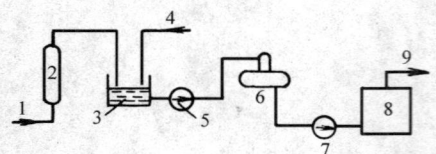

图11—1 压力回水的给水系统示意图
1—上水管道 2—软水器 3—给水箱 4—回水管
5—除氧水泵 6—除氧器 7—给水泵 8—锅炉 9—主蒸汽管

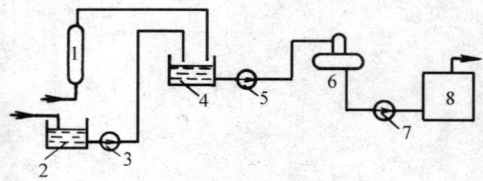

图11—2 自流回水的给水系统示意图
1—软水器 2—凝结水箱 3—凝结水泵 4—给水箱
5—除氧水泵 6—除氧器 7—给水泵 8—锅炉

当锅炉房有不同压力的回水时，可在高压回水管道上设扩容器，使回水压力降低产生二次蒸汽，然后再进入回水箱。

对于采暖热水锅炉房，则有补给水系统。图11—3所示为采用定压补水泵的补给水系统，生水经过水处理后进入软化水箱，由软化水泵送入除氧器，再经定压补给水泵和自动调节阀压入回水干管循环水泵吸入口处，补入整个系统。

比较小的热水采暖系统，一般采用膨胀水箱定压，这时可将补给水连接在膨胀水箱的补给水接口上，直接补充采暖系统的水量。

对于较小型的热水供应锅炉，补给水可经过永磁软水器磁化后，直接或间接进入锅炉，热水由锅炉或热水贮藏罐直接引至配水点，如图11—4和图11—5所示。

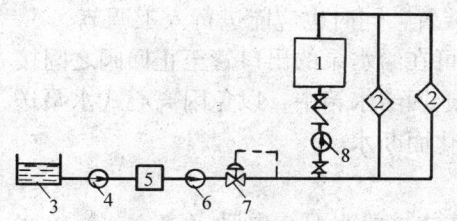 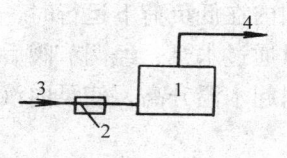 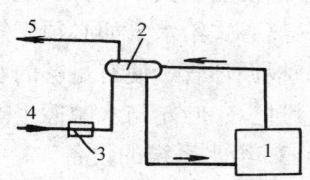

图 11—3　热水锅炉补给水系统示意图
1—锅炉　2—热用户　3—软化水箱
4—软化水泵　5—除氧器　6—定压补水泵
7—自动调压阀门　8—循环水泵

图 11—4　补水直接进入锅炉
1—锅炉　2—永磁软水器
3—补水　4—热水

图 11—5　补水间接进入锅炉
1—锅炉　2—贮水罐　3—永磁软水器
4—补水　5—热水

2. 给水管道

由除氧水箱或给水箱接至锅炉给水泵入口的管道，称为吸水管道；由给水泵出口到锅炉给水阀的管道，称为压水管道。二者总称为锅炉的给水管道。

工业锅炉一般采用单母管给水系统，如图 11—6 所示。这种系统运行可靠，管道简单，维修方便。但对于常年不间断供热的锅炉房，应采用双母管给水，如图 11—7 所示，两根管道同时使用，每根管道的管径均按 120% 额定给水量来确定。

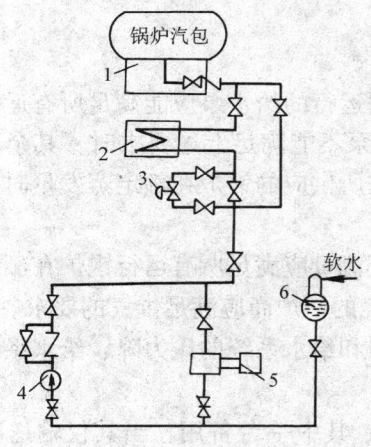 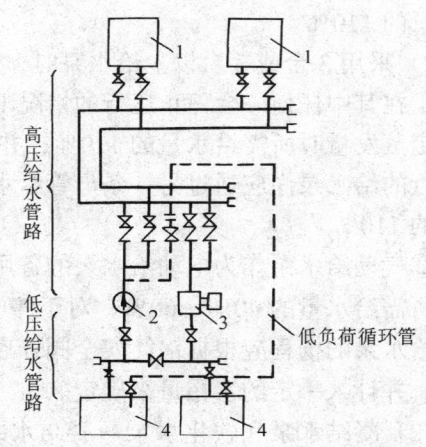

图 11—6　单母管给水系统示意图
1—锅炉　2—省煤器　3—给水调节阀
4—电动给水泵　5—气动给水泵　6—除氧器

图 11—7　双母管给水系统图
1—锅炉　2—电动给水泵　3—气动给水泵　4—给水箱

考虑到给水管道的泄水和排气，安装时给水管道应有不小于 0.003 的坡度，坡度方向和水流方向相反。在管道的最高点应设放气阀，在管道的最低点应设放水阀。

每台离心式给水泵压水管出口处应装设止回阀和截止阀，止回阀设在截止阀前方，使水流先经过止回阀，以利于检修。装设止回阀是为了防止水倒流，避免给水泵停泵时水泵受到过大压力而损坏。给水泵入口处应装设切断阀，一般采用闸阀。

气动泵出口处可不设止回阀。

锅炉的每个进水口处都应装设截止阀和止回阀，两阀应紧密相连。进水口处的截止阀一般只做启闭用。

每台锅炉给水管上应装供调节用的阀门，手动调节阀门应设在司炉工作处，以便控制。

对于蒸发热量大于 4 t/h 的锅炉，应采用给水自动调节装置，同时也应能进行人工调节。

离心式给水泵如必须于短期内在低负荷下运行时，可在给水泵的出口管至止回阀之间接出一根循环管，使有足够的水量通过水泵，经调节阀后返回给水箱中，以免因离心式水泵送水量过少，叶轮与水摩擦生热引起水温升高，使泵内汽化而断水。

3. 给水系统的设备

(1) 给水泵　供热锅炉常用的给水泵有气动（往复式）给水泵、电动（离心式）给水泵、蒸汽注水器等。

电动泵容量较大，能连续均匀地给水，尺寸及质量都比同容量的气动泵小。因此，电动泵广泛应用于中、大容量的锅炉房。

选择水泵时，应注意水泵工作的水温必须符合其技术文件中所规定的数据。

为了在给水泵检修时不致影响锅炉供气，锅炉房应有备用的给水泵。给水泵的台数应能适应锅炉房负荷变化的要求，以利于连续给水和经济运行。

具有两个独立电源的锅炉房或停电缺水不会导致事故的锅炉房，可不设置备用气动给水泵。其余的情况，均应设置。

在采用母管给水系统时，应按下列条件选择给水泵的流量：

1) 采用 2 台给水泵时，每台给水泵的流量均应满足所有运行锅炉在额定蒸发量时所需给水量的 110%。

2) 采用 3 台或 3 台以上给水泵时，应符合下列要求：

①在其中任何一台停止运行的情况下，其余能并联运行的给水泵应能满足所有运行锅炉在额定蒸发量时所需给水量的 110%；并联运行的给水泵不能满足上述要求时，其余不能并联运行的给水泵尚应通过另一条母管给水，分别满足它所供应的锅炉在额定蒸发量时所需给水量的 110%。

②气动给水泵作为电动给水泵的备用给水泵时，其流量应满足所有运行锅炉在额定蒸发量时所需给水量的 40%～60%；对于停电后能正常燃烧的锅炉尚应满足供气的要求。

给水泵的扬程应根据锅筒安全阀开启压力、省煤器和给水系统的压力降、给水系统的水位差，并计入一定的富裕量来确定。

(2) 凝结水泵和软化水泵　凝结水泵一般设两台，其中一台备用。当其仅输送凝结水时，任何一台泵停止运行，其余的凝结水泵的总流量不应小于每小时凝结水回收量的 1.2 倍；若凝结水和软化水混合后输送时，应有备用泵，当任何一台停止运行时，其余泵的总流量应能满足所有运行锅炉在额定蒸发量下所需给水量的 110%。

软化水泵应有一台备用。当任何一台软化水泵停止运行时，其余的水泵总流量应满足锅炉房所需软化水量的要求。当备用的凝结水泵能满足要求时，亦可兼作软化水泵的备用泵。

(3) 给水箱和凝结水箱　锅炉房给水箱是贮存锅炉给水的，同时也起着锅炉房软化水、凝结水与锅炉给水流量之间的缓冲作用。运行中锅炉房负荷的变化将会引起给水量的波动，因此，给水箱要保证能储存一定的水量。锅炉给水由凝结水和经过处理后的补给水组成。如给水不进行除氧，可采用开口给水箱；如需除氧，则水箱必须有良好的密封性。

常年不间断供热的锅炉房或采用在给水箱内加药处理给水时，给水箱应设两个或一个水箱（矩形）隔成两个，以备清洗检修时另一个仍能运行。两个水箱间应有水连通管，以备相互切换使用。

给水箱的总有效容量应根据锅炉房的容量确定，一般为所有运行锅炉在额定蒸发量时所需 20～40 min 的给水量。鉴于容量大的锅炉房运行维修水平较高及水源较可靠等特点，锅炉房容量越大，则给水箱的给水量储备时间就可以短一些。

锅炉房同时设有凝结水箱和软水箱时，其容量应符合下列要求：

1）凝结水箱的总有效容量，一般为 20～40 min 的凝结水回收量。

2）软水箱的总有效容量应根据软水设备的设计能力和运行方式确定。如在小容量锅炉房内，锅炉三班连续运行而水处理设备仅白班运行时，在水处理设备停止运行期间将依靠软水箱的贮水来作为锅炉给水，对此，在选择软水箱容量时须加以注意。

锅炉房的水箱应注意防腐，水温大于 50℃ 时，水箱需要保温，保温层外表面温度不应超过 40～50℃。

二、锅炉房的蒸汽系统

1. 蒸汽系统的组成

锅炉房内的蒸汽管道可分为主蒸汽管和副蒸汽管。由锅炉至汽水集配器（分汽缸）之间的蒸汽管道称为主蒸汽管；由锅炉引出直接用于锅炉本身，如吹灰、带动气动泵或注水器的蒸汽管道称为副蒸汽管。主蒸汽管、副蒸汽管及其上的设备附件等，总称为蒸汽系统，图 11—8 所示为汽水集配器集中蒸汽系统示意图。该系统由锅炉引出蒸汽管接至汽水集配器，外供蒸汽管道与锅炉房自用蒸汽管道均由汽水集配器接出。这样既可避免在主蒸汽管道上开孔太多，又便于集中管理。

每台锅炉与锅炉蒸汽总管之间的管道上应安装两个阀门，以防止某台锅炉停炉检修时蒸汽从关闭失灵的阀门倒流而入。其中一个阀门应安装在紧靠蒸汽锅炉蒸汽出口处，另一个阀门则安装在紧靠蒸汽总管便于操作处，两个阀门之间应有通向大气的疏水管阀门，其内径不得小于 18 mm。

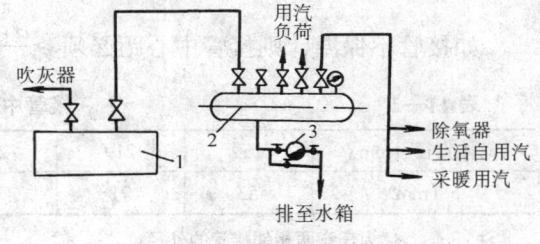

图 11—8　蒸汽系统示意图
1—蒸汽锅炉　2—汽水集配器　3—疏水器

对于工作压力不同的锅炉，不能合用一根蒸汽总管或一台汽水集配器，而应分别设置蒸汽管路。

蒸汽管道应有 0.002 的坡度，其坡向与蒸汽流动方向相同。在蒸汽管道的最高点，应设放气阀，以便管道水压试验时排除空气；在蒸汽管道的最低点必须装设疏水器或放水阀，以便排除凝结水。放水阀的公称直径不应小于 20 mm。

2. 汽水集配器

当锅炉房至用汽点的蒸汽管道有 2 根或 2 根以上时，锅炉房应设置汽水集配器。图 11—9 所示为汽水集配器示意图。

蒸汽进入汽水集配器后，由于流速突然降低，使蒸汽中的水滴分离出来，为了及时排走这些水分，汽水集配器应有 0.01 的坡度，在汽水集配器的最低点应设疏水器。

汽水集配器上接出的蒸汽管应设置阀门，汽水集配器上不需设置安全阀，但应设置压力表，当工作介质为过热蒸汽或热水时，则应设温度计。

汽水集配器是根据蒸汽的工作压力、蒸汽量、连接管子的根数和尺寸进行设计的。汽水集配器的直径比汽水连接总管直径大。一般按筒体内的流速确定，蒸汽流速按 10 m/s、热水流速按 0.1 m/s 计算。

汽水集配器筒体长度根据筒体接管数确定，但不得大于 3 m。筒体长度的确定如图 11—10 所示，筒体接管中心距根据管直径和保温层厚度确定，一般可按表 11—1 选用。

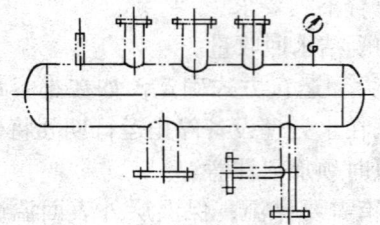

图 11—9　汽水集配器示意图

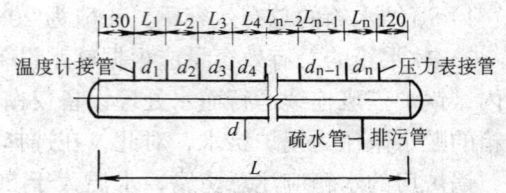

图 11—10　汽水集配器长度计算

表 11—1　　　　　　　　　　　汽水集配器筒体长度

类别	数值
L_1	$d_1 + 120$
L_2	$d_1 + d_2 + 120$
L_3	$d_2 + d_3 + 120$
…	…
L_n	$d_{n-1} + d_n + 120$

如接管不保温，则接管中心距必须 $\geqslant \dfrac{d_1 + d_2}{2} + e$，$e$ 值查表 11—2。

表 11—2　　　　　　　　　　　接管中心距修正值

筒体直径（mm）	159	219	273	300	350	400	450
e (mm)	53	71	84	86	92	114	122

注：d_1、d_2 为任意两相邻接管的外径。

汽水集配器应安装在便于管理和操作的地方，一般靠墙布置，并离墙面有一定的距离，以便于检修。汽水集配器保温层外表面到墙面的距离一般不小于 150 mm，汽水集配器前面要有足够的阀门操作位置，一般从阀门手柄外端算起，要有 1.0～1.5 m 的操作空间。

三、锅炉房的排污系统

锅炉房排污系统包括连续排污、定期排污的管道及其设备等。

为了利用连续排污水的热量，一般是设连续排污扩容器，使排污水进入扩容器后降压而产生二次蒸汽，二次蒸汽可引入热力除氧器或给水箱中加热给水，也可以用来加热生活用水。排污扩容器中的高温水则可通过热交换器加热软水或排入排污降温池后排入下水道。

连续排污系统示意图如图 11—11 所示，从锅炉上锅筒连接排污管接至排污扩容器的排污管道必须采用无缝钢管，在排污扩容器进口处应设一个截止阀，排污扩容器的水位可用液位调节阀控制。2～4 台锅炉宜合用一台连续排污扩容器。每台锅炉的连续排污管道应单独接至连续排污扩容器进口。在锅炉接出的连续排污管上，应装设节流阀。

锅炉的定期排污管上一般设置快速排污阀和截止阀串联使用，在靠近排污口处装设截止阀，其后串联快速排污阀，以保护快速排污阀。

一般每台锅炉必须单独装置定期排污管,排污水经室外降温池冷却后排入下水道。当几台锅炉合用排污母管时,在每台锅炉接至排污母管的干管上必须装设切断阀,在该阀前宜装设止回阀。

为了保证工作安全,排污管不应采用铸铁管件,锅炉的排污阀及其管道不应采用螺纹连接,排污管道应减少弯头,保证排污通畅。

四、热水系统

热水锅炉是由供热水管道、回水管道及其设备组成的热水系统,如图 11—12 所示。自锅炉出水口引出的供热水管道称为主采暖管道,供各用户的热水管道从汽水集配器上接出。几台热水锅炉并联运行时,为安全起见,每台锅炉与主采暖管道之间都应安装两个阀门,其中一个阀门应紧靠锅炉出水口,另一个则装在操作方便之处。

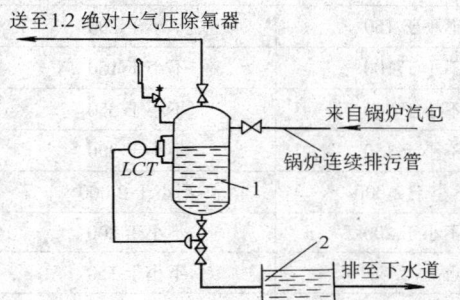

图 11—11　连续排污管道系统示意图
1—排污扩容器　2—排污降温池

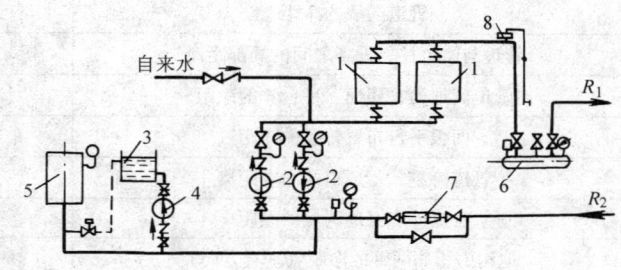

图 11—12　热水锅炉系统示意图
1—热水锅炉　2—循环水泵　3—补给水箱　4—补给水泵
5—稳压罐　6—汽水集配器　7—除污器　8—集气罐

在热水锅炉的进水管与出水管上均应设切断阀,在进水管的切断阀前宜装设止回阀。

为便于排除管道及锅炉内的气体,在供热水管道的最高点应设排气装置。

热水循环泵进水侧的回水母管上应设置除污器,以便水中的污物、杂质沉淀后排出。

当回水干管在两根以上时,可设置汽水集配器(集水缸),汽水集配器上应设置压力表和温度计。

第二节　锅炉房热力管网

工业锅炉房的热力管网是连接锅炉及附件、辅助设备的动脉。锅炉管道的设计、布置、安装、使用得正确与否,将与工业锅炉运行的安全性、可靠性、合理性和经济性有直接的关系。

一、管网的布置要求

1. 管道的铺设应尽可能沿墙或沿柱进行,以便于安装、检修和支撑,也可减少占地空间。管道的布置应大管在内,小管在外,保温管在内,不保温管在外。如果分层布置,则蒸汽管和热水管布置在上面,冷却水管布置在下面。

2. 对于架空管道和通过街道、人行道的汽水管道,从地面到管道保温层下缘的高度最少不得小于 5 m,在室内沿墙或沿柱布置的汽水管道的高度不得低于 2 m。

3. 所有管道的安装均应有利于管道的放气、放液及疏水,因此一般每根管道均应按规定形成一定比例的坡度。

4．对于汽水管道的连接应尽可能采用焊接或用法兰连接。只有在小口径的低压蒸汽管道和低温水管道的连接时可考虑采用丝扣连接。无论采用哪种连接方式，均应保证管道安装和检修的方便，并力求密封和稳固性能好。

5．锅炉排污管一律不允许用螺纹连接，以防止排污冲击时丝扣脱开伤人。

6．各种汽水管道布置时，与地面及有关建筑物之间的距离应符合表11—3的要求。

表11—3　　　　　　　　　　　管 道 间 距 表

间距项目 / 管道种类	保温管道（mm）	不保温管道（mm）
管道与墙的净距	不小于150	不小于200
管道与梁、柱、设备之间的局部距离	不小于100	不小于150
管道离地面（楼面、平台）的净距	不小于300	不小于350
两根平行布置管道的净距	不小于150	不小于200
管道跨越人行通道的净空距离	不小于2 000	不小于2 000
管道外表至地沟底的净距	不小于200	不小于200
地沟内相邻两管的净距（垂直方向）	不小于50	不小于150
地沟内相邻两管的净距（水平方向）	不小于50	不小于100
管道排气口离屋面（或楼面、平台）的高度	不小于2 500	不小于2 500

二、热力管网的热膨胀补偿

当管道输送热的介质时，其壁温会相应提高，从而引起膨胀，使长度增加。对于长度为1 m的碳钢钢管，当温度每升高100℃时，管道要伸长1.2 mm。此时管道的热膨胀如果不能自由伸长，就容量导致管道弯曲、变形、损坏，严重的甚至会破坏支吊架和与管道相连的设备。所以，一般要求当钢管受到40℃以上温度时，就要考虑其热膨胀的补偿措施。

管道的热伸长量按下列公式计算：

$$\Delta L = \alpha L (t_1 - t_2) \quad \text{mm} \tag{11—1}$$

式中　ΔL——热伸长量，mm；

　　　α——管材的线膨胀系数，钢材通常取 $\alpha = 0.012$ mm/(m·K)；

　　　t_1——介质最高温度，℃；

　　　t_2——管道安装温度，℃；

　　　L——计算管长，m。

布置热力管道时，应充分利用管道本身的自然弯曲来补偿管道的热伸长。当弯管转角小于150°时，能够用作自然补偿，而弯管转角大于150°时就不能用于自然补偿。自然补偿的管道臂长不应超过20～25 m，其弯曲应力不应超过[δ]=78.48 MPa。

锅炉房设计中常用的自然补偿有：L形直角弯、Z形折角弯和空间立体弯三类自然补偿。

三、设备和管道的保温

设备和管道保温的主要作用是减少热损失，提高热效率，节约能源，避免锅炉房温度过高，给运行人员创造良好的操作环境，以保证生产的正常进行。

保温结构的设计和保温材料的选用，应尽量就地取材，力求经济合理，既要保温效果好，又要便于施工。当前常用的保温方法，绝大多数是以制成品进行敷设为主，缠绕、涂抹保温方法一般只在小直径管道上和特殊情况下采用。

1. 常用保温材料

保温材料的品种很多，制成品的外形规格更多，本书仅对工业锅炉房常用保温材料的品种、规格和性能加以介绍。

(1) 石棉及石棉制品　石棉属非金属矿物，是常用的矿物保温材料，其组织结构为纤维状。按化学成分的不同，石棉可分为含有富硅酸镁的蛇纹石石棉和闪角石石棉两大类。而蛇纹石石棉又有纤维蛇纹石石棉和硬纹石石棉两种，保温用的是纤维蛇纹石石棉，也称"温石棉"，其纤维柔软并富有挠性。

工业锅炉的设备和管道保温粉料所用的是5级或6级石棉粉，或其他生产加工过程中淘汰下来的短纤维石棉粉。松散状石棉的容重为 $250\sim800\ kg/m^3$，在温度为50℃时其导热系数为 $0.106\sim0.175\ W/(m\cdot K)$，使用温度在500℃以下。

石棉原料因价格高、成型困难，很少直接用作保温材料，而是常与其他轻质保温材料配合制成制品使用，常见的有：石棉绳、石棉布、硅藻土石棉粉、碳酸镁石棉粉、重质石棉粉等。

(2) 硅藻土及硅藻土制品　硅藻土为黄灰色的沉积岩石，也是一种矿物质保温材料，硅藻土内存在着空气，有许多孔隙，所以矿层松软质轻，而硅藻石组织较密实而坚硬。

硅藻土粉也称硅藻土泥，是用天然硅藻土直接加工制成。分为生料硅藻土粉和熟料硅藻土粉两种，熟料硅藻土粉实质上就是焙烧硅藻土制品的粉碎料。生料硅藻土粉适用于保温层砌筑胶合缝的灰浆和保温层抹面用，而熟料硅藻土粉则作为耐火保温的填充层用。整装锅炉的炉体保温层大多采用这种生料和熟料。

(3) 矿质棉及其制品　矿质棉是一种纤维状的保温材料。矿质棉的种类按原料的不同可分为三种：玻璃棉、矿渣棉、矿物棉。它们分别由玻璃、工业废矿渣、岩石经高温熔化后加工获得。在锅炉、热力设备及管道的保温工程中用得较多的是玻璃棉和矿渣棉及其制品。

2. 保温层的施工

设备和管道的保温层施工根据其结构、形状及保温材料而有所不同。保温层施工的方法有：涂抹式、缠绕式、包扎式、填充式等。

(1) 涂抹式　涂抹式保温法所采用的保温材料一般为硅藻土石棉粉和碳酸镁石棉粉等。施工时将保温材料与水搅拌成胶泥状，分层涂抹于需要保温的设备或管道的表层。

(2) 缠绕式　这种保温法是将绳状或条状的保温材料直接缠绕在需要保温的设备或管道上，此保温法在小直径管道上应用较多，常用石绵绳或玻璃棉毡条作保温材料。

(3) 包扎式　此法是利用各种保温材料如矿渣棉毡、玻璃棉毡、石棉布等在设备或管道上一层或数层包扎。施工时将保温棉毡按设备或管道直径的大小裁切成需要的宽度，当单层棉毡达不到设计保温层厚度时，可采用两层或三层。包扎时一般搭接的宽度在50 mm以上，搭接的纵缝应严密，并用镀锌铁丝捆扎。两棉花毡的环向接缝应紧密接触，当产生缝隙时，应用相同的材料填充，在保温棉毡外用铁丝网包扎，当设备或大直径管道上焊有钩钉时，应用铁丝将铁丝网和钩钉绑牢，在铁丝网外用石棉水泥作保护层。对于小直径管道可不必用铁丝网包扎，而直接用玻璃布或油毡作保护层。

（4）填充式　这种保温方法是将松散的或纤维状的保温材料如矿渣棉、玻璃棉等，填充于设备或管道周围的特制套子或铁丝网中，从而达到保温的目的。

3．保护层的施工

热力设备和管道进行保温后还应在其表面敷设保护层。覆盖保护层的目的是为了保护主保温层，使其不因受外力而损坏，保持主保温层应有的绝热性能和保温构件表面的平整光滑，从而延长保温结构的寿命。

根据用料的不同，常用保护层有：石棉水泥保护壳、玻璃布壳。

（1）石棉水泥保护壳　这种保护层使用得最广泛，在保护层施工前应全面检查保温层外面的铁丝网有无松动，铁丝网与钩钉是否绑牢，铁丝的接头是否掩埋好。然后将配比好的材料加水搅和均匀并调制成泥浆状进行涂抹。抹面操作一般分两层进行：第一层涂抹底层，厚度以盖住铁丝网为准，只需初步找平而留有粗糙的表面，以利于第二层黏结；第二层涂抹表面，应细抹，要压到表面光实，边缘棱角部位要处理成钝角。保护层的总厚度一般为15 mm，在硬化前要防止雨淋、水冲。

保护层施工抹面要点如下：

1）施工时的环境温度应大于5℃，否则应有防冻措施。

2）在补抹、接口或两层涂抹的间隔时间较长时，应将原有抹面的表面打毛，并适当洒水湿润后才能继续施工。

3）在大型高温设备的保温层表面抹面时，应按膨胀情况在抹面层留出方格形或环形膨胀缝。高温设备及管道的支吊架处在抹面层也应留有膨胀缝。膨胀缝的宽度为5～10 mm。

4）保护层表面应棱角整齐，平整光滑，其不平整度不大于3 mm/m，冷态下表面应无裂纹。

（2）玻璃布壳　玻璃布因其价格低廉、来源广泛而被普遍地用作保护层。施工时把事先裁剪好的宽为125 mm的玻璃布卷成筒状，再将其缠绕在保温层上，缠绕时要搭接玻璃布幅宽的1/2，应边缠边整平边拉紧，防止产生翻边、褶皱，力求外观整齐美观。

对于室内布置的设备或管道的保护层，可只用玻璃布缠绕后再涂两遍醇酸树脂磁漆即可。室外布置的则应在保温层外面先缠绕一层石油沥青油毡，再缠绕玻璃布，在玻璃布外面再涂两遍沥青漆。

四、油漆和标志

在设备和管道的表面或在保温层的表面涂刷油漆，不仅可以防止钢铁受大气中的氧气、水分和杂质的腐蚀，而且可以标记出管道内的介质和流向。

1．不保温设备和管道的油漆防腐要求

（1）室内的设备和管道，应先涂刷两遍防锈漆，再涂刷一遍调和漆。室外的设备和管道，应先涂刷两遍铁红防锈底漆，再涂刷两遍铁红防锈面漆。

（2）工业水箱的内壁涂刷两遍防锈漆。工业水箱、管道、循环水管道的外壁先涂刷两遍防锈漆，再涂刷两遍沥青漆。

（3）由制造厂供应的水泵、风机等设备及其支吊架，如油漆损坏或不协调时（如电动机与传动装置颜色不一致）应再涂刷一遍颜色相同或协调的油漆。

（4）管沟内的管道，先涂刷一遍防锈漆，再涂刷两遍清漆。

(5) 现场制作的支吊架,先涂刷两遍防锈漆,再涂刷一遍与原制造厂供应的支吊架颜色协调的调和漆。

(6) 平台扶梯要先刷两遍防锈漆,再涂刷一遍调和漆,而调和漆的颜色应与周围建筑结构或锅炉本体平台的颜色相协调。

(7) 燃油锅炉的油管道先涂刷一遍铁红醇酸底漆,再刷一遍醇酸磁漆。

2. 保温设备和管道的油漆防腐要求

(1) 当介质温度低于 120℃ 时,设备和管道表面应涂刷两遍防锈漆。介质温度高于 120℃ 的设备和管道,表面一般不涂防锈漆。

(2) 除氧器水箱、加热水箱、凝结水箱等设备内壁应涂刷两遍沥青锅炉漆,其他设备和容器的内壁防腐方式应根据工艺要求决定。

(3) 当保温结构采用黑铁皮作保护层时,要在铁皮内外两面都涂刷两遍防锈漆,外表面再涂两遍铝粉漆,或涂两遍环氧铁红底漆和两遍酚醛磁漆。

3. 管道漆色标志

锅炉房内的管道表面或其保温层表面的油漆颜色,应按管道的类别而有所区别。管道涂色见表 11—4。

表 11—4　　　　　　　　　　　管 道 涂 色

管道类别	涂色	管道类别	涂色
过热蒸汽管	红色黄环	排气管	红色黑环
饱和蒸汽管	红色	疏水管	绿色黑环
锅炉排污管	黑色	吸除氧气体管道	浅蓝色
盐水管	浅黄色	压缩空气管	蓝色
软水管	绿色白环	热水管	绿色蓝环
生水管	绿色黄环	油管	橙黄色
酸管	紫红色	热风管	蓝色
碱管	白色	冷风管	蓝色黄环
原煤管	浅灰黑环	烟道	暗灰色
煤粉管	壳灰色		

管道上一般应有表示介质流动方向的箭头,当介质有两个方向流动的可能时,则应标示出两个相反方向的箭头。箭头一般漆成白色或黄色,对于底色浅的则漆深色箭头。

管道色环的宽度以管子或保温层外径来区分:外径在 $\phi150$ mm 以下的管道,色环宽度为 50 mm,外径在 $\phi150\sim300$ mm 者为 70 mm;$\phi300$ mm 以上的为 100 mm。

色环与色环之间的间距,应根据现场具体情况掌握,原则上要求分布匀称,便于观察。除弯头和穿墙处必须加色环外,其余各直管段上色环的间距一般要求为 $1\sim2.5$ m。

第十二章 锅炉金属材料和非金属材料

第一节 锅炉受压元件用金属材料

锅炉的受压元件都是在承压状态下工作的,有些还要同时承受高温或腐蚀的作用,因而工作条件十分恶劣。如果锅炉在使用过程中发生破坏性事故,则将造成严重后果。所以,为确保安全,对所使用的钢材要求比较严格,必须符合《蒸汽锅炉安全技术监察规程》和《热水锅炉安全技术监察规程》及有关强度计算标准的规定和要求。

一、钢材的分类

按照钢的化学成分、品质、冶炼方法、金相组织及用途的不同,对钢进行如下分类:

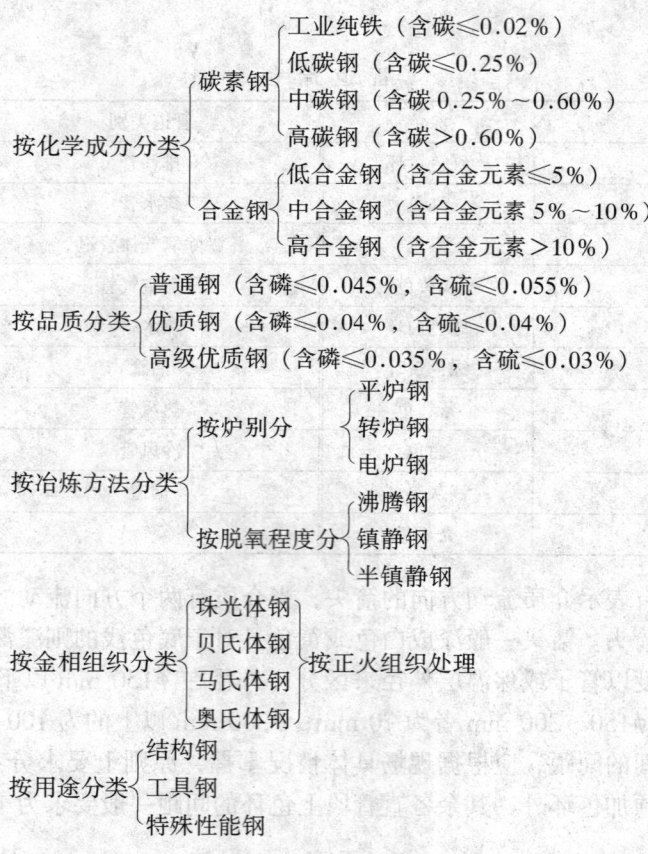

在中、低压锅炉的制造中,广泛采用优质低碳钢和低合金钢,这两种钢具有一定的强度和良好的冷加工、焊接等工艺性能。

1. 碳素钢

碳素钢是以铁为基体,含碳量低于2%的铁碳合金。当含碳量低于0.25%时,称为低碳钢。

钢材中的含碳量越高，其强度越高，但塑性和韧性降低较多，不能满足锅炉承压的要求。因此，制造锅炉受压元件的钢材，其含碳量必须保持在规定的范围内。

低碳钢是锅炉受压元件用得最多的材料，如20g、20、15均为低碳钢。中低压锅炉的受压元件，除个别元件（如过热器出口集箱）外，几乎均可以采用低碳钢制造，一些高压、超高压以及亚临界的锅炉，许多受压元件仍采用低碳钢制造。低碳钢既可以满足锅炉元件的要求，有很好的塑性和韧性，同时又有较好的可焊性，价格较低廉。含碳量大于0.60%的碳素钢称为高碳钢，其硬度、强度更高，而塑性、韧性差，可焊性更差，锅炉上不用高碳钢，这种钢主要用于制造刀具、量具等。

碳素钢按其所含有害杂质硫和磷的数量，又分为普通碳素钢和优质碳素钢，锅炉受压元件必须选用优质碳素钢制造。优质碳素钢，除了具有一定的力学性能和化学成分，以及良好的塑性和韧性外，还严格限制有害杂质硫和磷的含量，一般含硫量和含磷量均不超过0.04%。钢材中含有过量的硫时，在400℃高温下工作或在热加工过程中，容易发生脆化（热脆）；当钢材中含有过量的磷时，在较低温度下工作或在冷加工过程中，容易发生脆化（冷脆），使强度塑性降低。

优质碳素钢的表示方法，是用两位阿拉伯数字代表钢中平均含量的万分之几。如常用的20号优质碳素钢，其平均含碳量为0.20%，实际含碳量在0.17%～0.24%的范围内。对于专门用于锅炉的优质碳素钢，在钢号后面还需增加符号"g"（锅），如常用的20g（20锅）优质碳素钢，即表示平均含碳量为0.20%的锅炉专用钢。

2. 合金钢

合金钢是为了获得钢材的必要性能而在冶炼过程中加入一种或多种合金元素的钢材。根据合金元素含量的不同，合金钢分为低合金钢、中合金钢和高合金钢。合金元素含量小于5%的称为低合金钢。低合金钢具有良好的综合力学性能和工艺性能，成本又不太高，因此在锅炉制造中越来越多地被选用，以取代优质碳素钢，减少金属耗量。合金元素总含量在5%～10%的称为中合金钢，合金元素总含量大于10%的称为高合金钢。在锅炉机组中，只有与高温火焰直接接触的吹灰器、固定件等才采用耐热的高合金钢制造。

合金钢的表示方法是：数字+合金元素(用化学符号表示)+数字。前面数字表示平均含碳量的万分之几，后面的数字表示所含合金元素的大约百分数（用整数表示，若为1%时可不标出）。如16Mng（16锰钢）合金钢表示平均含碳量为0.16%（实际在0.12%～0.20%的范围内）、平均含锰量为1%（实际在1.20%～1.60%的范围内）的锅炉用普通低锰合金钢。

二、对锅炉钢材的要求

锅炉在运行中，各个受压元件不但承受高温高压的作用，而且还受到烟气、水蒸气的冲刷、腐蚀。因此，用于制造锅炉受压元件的钢材，只有当其性能充分满足锅炉工作条件下的特殊要求时，才能给锅炉安全运行奠定可靠的基础。《蒸汽锅炉安全技术监察规程》和《热水锅炉安全技术监察规程》均规定锅炉受压元件所用的金属材料，焊缝金属及承压铸件在使用时应具有规定的强度、韧性和伸长性以及良好的抗疲劳性能和抗腐蚀性。

1. 规定的强度

规定的强度是指在使用期限内，钢材在外力作用下不破坏的能力。锅炉受压元件所用钢材的强度，根据受压元件工作温度的不同而考核的指标也有所不同。在工作温度低的情况下，只用短期强度特性来考核，如常温下的抗拉强度σ_b，常温和工作温度下屈服点σ_s、σ_s^t。在工作温度较高时,除用短期强度特性考核外,还要用长期强度特性来考核,如蠕变极限或持久强度 σ_D^t。

(1) 短期强度特性　在较低的使用温度下,如碳素钢、低碳锰钒钢的使用温度不超过 350℃,低合金耐热钢的使用温度不超过 400℃。钢材的强度特性与承载时间无关,钢材的变形仅与外力大小和温度高低有关。在这些温度范围内,钢材受力作用后,如应力小于屈服点,钢材仅产生弹性变形;如应力达到屈服点,除产生弹性变形外,还产生一定的塑性变形,而这些变形只要应力不变,变形值也不变,这种现象称为短期强度特性。用以反映钢材短期强度特性的指标有常温及工作下的抗拉强度 σ_b、σ_b^t 和屈服点 σ_s、σ_s^t。如果钢材使用温度低于上述温度范围,用短期强度特性考核钢材完全可以满足强度要求。

(2) 长期强度特性　在高温条件下,如碳素钢、低碳锰钢、低碳锰钒钢的使用温度超过 350℃,低合金耐热钢的使用温度超过 400℃,钢材的短期强度特性已经不能完全反映钢材的真实强度特性。在高温条件下,钢材因受力作用而产生的变形,不但与受力大小、温度高低有关,而且随着时间的增加,将不断出现塑性变形,时间越长,积累的塑性变形越大,甚至破坏,此种现象称为长期强度特性。

表示长期强度特性采用以下两个指标。

1) 蠕变极限　在某一较高温度下,在规定的工作时间内,引起允许的总蠕变变形的应力称为蠕变极限。在高温条件下,钢材在恒定的应力作用下,随着时间的延长,塑性变形量也随之增加的现象称为蠕变。不同钢材发生蠕变的温度不同,发生蠕变的温度称为蠕变起始温度。碳素钢、低碳锰钢、低碳锰钒钢蠕变起始温度为 350℃,低合金耐热钢蠕变起始温度为 400℃。

2) 持久强度　在某一较高温度下,在规定的工作期限内,引起蠕变破坏时的应力称为持久强度。蠕变极限和持久强度都是反映钢材长期强度特性的指标。两者的区别在于,前者是引起变形的因素,而后者是引起破坏的因素。处于高温下的管道和管子,对于蠕变要求不严,但必须保证在使用期限内不破坏。

在高温条件下,不但要考虑钢材的短期强度特性,还要考虑钢材的长期强度特性。

2. 规定的伸长性和韧性

(1) 钢材的伸长性　制造锅炉受压元件的钢材应具有变形而不破坏的特性,也就是钢材的塑性要比较好。钢材的塑性指标用钢材的伸长率和断面收缩率来表示。伸长率是试棒拉断后的伸长量与试棒原长之比,断面收缩率是试棒拉断后的横截面积的减少量与未拉断时的横截面积之比。伸长率和断面收缩率越大,说明钢材的伸长性越好。

(2) 规定的韧性　韧性是衡量锅炉钢材性能的又一重要指标,是反映钢材发生脆性破坏的指标。韧性用冲击值 α_R 来表示。冲击试验过程是裂纹发生与发展的过程。在冲击试验过程中,如果钢材先发生塑性变形,则裂纹发展速度下降,冲击韧度高,韧性好。反之则冲击韧度低,韧性差。钢材的冲击韧度是以三个试样的冲击韧度的平均值作为钢材的韧性指标。对于锅炉用的钢材,不但要求保证常温冲击韧度,还要保证一定的时效冲击韧度。

3. 良好的可焊性

锅炉受压元件与受压元件的连接,绝大多数采用焊接方法。因此要求锅炉用钢材应具有良好的可焊性。可焊性对于锅炉产品质量是非常重要的。钢材的可焊性是表示在焊接过程中及焊接后发生裂纹的倾向性。易发生裂纹的钢材可焊性差,不易发生裂纹或不发生裂纹的钢材可焊性好。钢材的可焊性与钢材的化学成分、力学性能有关,也与焊接材料及工艺方法有关,评定钢材的可焊性一般包括两个方面:

（1）工艺可焊性　主要是指焊接接头出现各种裂纹的可能性，也称抗裂性。

（2）使用可焊性　主要是指焊接接头在使用中的可靠性，包括焊接接头的力学性能及其他特殊性能（如耐热、耐腐蚀、抗疲劳等）。

三、锅炉常用钢材

根据《蒸汽锅炉安全技术监察规程》和《热水锅炉安全技术监察规程》的有关规定，锅炉用钢材分为钢板、钢管、锻件、铸钢件、铸铁件、紧固零件和拉撑件，现将锅炉用钢的选用分述如下。

1. 钢板

蒸汽锅炉用钢板的选用应符合表12—1的规定，热水锅炉用钢板的选用应符合表12—2的规定。

表12—1　　　　　　　　　　　蒸汽锅炉用钢板

钢的种类	钢号	标准编号	适用范围	
			工作压力（MPa）	壁温（℃）
碳素钢	Q235—A、Q235—B	GB 700	≤1.0	见注①
	Q235—C、Q235—D	GB 3274		—
	15，20	GB 710、GB 711	≤1.0	—
	20R②	GB 6654 YB（T）40	≤5.9	≤450
	20g	GB 713 YB（T）41	≤5.9③	≤450
低合金钢	12Mng、16Mng	GB 713 YB（T）41	≤5.9	≤400
	16MnR③	GB 6654 YB（T）40	≤5.9	≤400

注：①用于额定蒸汽压力超过0.1MPa的锅炉受压元件时，该元件不得与火焰接触。

②应补做时效冲击试验并合格。

③制造不受辐射热的锅筒时，工作压力不受限制。

表12—2　　　　　　　　　　　热水锅炉用钢板

钢的种类	钢号	标准编号	适用的工作压力范围（MPa）
碳素钢	Q235—A① Q235—B① Q235—C①	GB 3274	≤1.0
	15①、20①	GB 711	≤1.0
	20R②	GB 6654	≤1.25
	20g	GB 713	≤5.9
低合金钢	12Mng、16Mng	GB 713	≤5.9
	16MnR②	GB 6654	≤1.25

注：①限用于额定出口热水温度低于120℃的锅炉。

②应补做时效冲击试验并合格。

2. 钢管

蒸汽锅炉用钢管应符合表 12—3 的规定，热水锅炉用钢管应符合表 12—4 的规定。

表 12—3　　　　　　　　　　　　　　蒸汽锅炉用钢管

钢的种类	钢号	标准编号	适用范围		
			用途	工作压力（MPa）	壁温（℃）
碳素钢	10、20	GB 8163	受热面管子集箱、蒸汽管道	≤1.0	
	10、20	GB 3087 YB（T）33		≤5.9	480
					430
	20Cr	GB 5310 YB（T）32		不限	480
					430①
低合金钢	12CrMoG	GB 5310 YB（T）32		不限	560
	15CrMoG				550
	12CrMoVG				580
					565
	12Cr2MoWVTiB	GB 5310 YB（T）32	受热面管子		600②
	12Cr3MoVSiTiB				

注：①要求使用寿命在 20 年内，提高至 450℃。
　　②在强度计算考虑到氧化损失时，可用到 620℃。

表 12—4　　　　　　　　　　　　　　热水锅炉用钢管

钢的种类	钢号	标准编号	适用范围	
			用途	工作压力（MPa）
碳素钢	10、20	GB 8163	受热面管子集箱、管道	≤1.0
	10、20	GB 3087		≤5.9
	20G	GB 5310		不限

注：GB 8163 中 10、20 钢限用于额定出口热水温度低于 120℃ 的锅炉。

3. 锻件

蒸汽锅炉用锻件应符合表 12—5 的规定，热水锅炉用锻件应符合表 12—6 的规定。

表 12—5　　　　　　　　　　　　　　蒸汽锅炉用锻件

钢的种类	钢号	标准编号	适用范围		
			用途	工作压力（MPa）	壁温（℃）
碳素钢	Q235—A、Q235—B Q235—C、Q235—D	GB 700	法兰盘、手孔盖、不与火焰接触的锻件	≤2.5	350
	20、25	GB 699	大型锻件、手孔盖、集箱端盖、法兰盘	≤5.9①	450
低合金钢	12CrMo	GB 3077	大型锻件	不限	540
	15CrMo				550
	12CrMoV				565

注：①对于不受辐射热的锻件，工作压力不限。

表12—6　　　　　　　　　　　　热水锅炉用锻件

钢的种类	钢号	技术标准	适用范围	
			用途	工作压力（MPa）
碳素钢	Q235—A、Q235—B	GB 700	集箱端盖 法兰盘 手孔盖	≤2.5
	20、25	GB 699		≤5.9

4. 铸钢件

蒸汽锅炉用铸钢件应符合表12—7的规定，热水锅炉用铸钢件应符合表12—8的规定。

表12—7　　　　　　　　　　　　蒸汽锅炉用铸钢件

钢的种类	钢号	标准编号	适用范围	
			公称压力（MPa）	壁温（℃）
碳素钢	ZG200—400	GB 5676	≤6.3	≤450
	ZG230—450	GB 979	不限	≤450

注：①空心受压铸钢件按GB 1048的规定进行水压试验。
　　②壁温超过450℃的铸钢件，应用耐热合金钢。
　　③ZG230—450用于公称压力大于6.27 MPa时，应做冲击试验并合格。

表12—8　　　　　　　　　　　　热水锅炉用铸钢件

钢的种类	钢号	标准编号	适用的公称压力范围（MPa）
碳素钢	ZG200—400	GB 5676	≤6.3
	ZG230—450	GB 979	不限

注：空心受压铸钢件按GB 1048的规定进行水压试验。

5. 铸铁件

蒸汽锅炉用铸铁件应符合表12—9的规定，热水锅炉用铸铁件应符合表12—10的规定。

表12—9　　　　　　　　　　　　蒸汽锅炉用铸铁件

钢的种类	钢号	标准编号	适用范围		
			附件公称通径(mm)	公称压力（MPa）	介质温度（℃）
灰铸铁	不低于HT150	GB 9439	≤300	≤0.8	<230
			≤200	≤1.6	<230
可锻铸铁	KTH300—06 KTH330—08 KTH350—10 KTH370—12	GB 9440	≤100	≤1.6	<300

续表

钢的种类	钢号	标准编号	适用范围		
			附件公称通径(mm)	公称压力（MPa）	介质温度（℃）
球墨铸铁	QT400—17	GB 1348	≤150	≤1.6	<300
			≤100	≤2.5	
	QT420—10	GB 1348	≤150	≤1.6	<300
			≤100	≤2.5	

注：①不得用灰铸铁制造排污阀和排污弯管。
②额定蒸汽压力小于或等于1.6 MPa的锅炉及蒸汽温度不超过300℃的过热器，其放水阀和排污阀的阀壳可用上表中的可锻铸铁或球墨铸铁制造。
③额定蒸汽压力小于或等于1.6 MPa的锅炉方形铸铁省煤器和弯头，允许采用牌号不低于HT150的灰铸铁制造，额定蒸汽压力小于或等于2.5 MPa的锅炉方形铸铁省煤器管和弯头，允许采用牌号不低于HT200的灰铸铁制造。在制造厂内，应对省煤器上使用的铸铁部分进行水压试验，其压力应等于锅炉工作压力的2.5倍。
④用于承压部位的铸铁件不准补焊，铸铁件的偏心不得超过图样上的规定值。

表12—10　　　　　　　　　　热水锅炉用铸铁件

铸铁名称	牌号	标准编号	适用范围	
			公称通径（mm）	工作压力（MPa）
灰铸铁	不低于HT150	GB 9439	<300	≤0.8
			<200	≤1.25
可锻铸铁	KTH300—06 KTH330—08 KTH350—10 KTH370—12	GB 9440	<100	≤1.6
球墨铸铁	QT400—17 QT420—10	GB 1348	<100	≤2.5

注：①不得用灰铸铁制造排污阀、放水阀和排污弯管。
②锅炉额定出水压力小于或等于1.6 MPa的方形铸铁省煤器和弯头，允许采用牌号不低于HT150的灰铸铁制造，锅炉额定出水压力小于或等于2.5 MPa的方形铸铁省煤器管和弯头，允许采用牌号不低于HT200的灰铸铁制造。在制造厂内，应对省煤器上使用的铸铁部分进行水压试验，其压力应等于锅炉额定水压力的2.5倍。
③受压铸铁件除有专门规定外不准补焊，铸铁件的偏心不得超过图样上的规定值。

6. 紧固零件

锅炉紧固零件的选用应符合表12—11和表12—12的规定。

表12—11　　　　　　　　　　蒸汽锅炉用紧固零件

钢的种类	钢号	标准编号	适用范围	
			工作压力（MPa）	介质温度（℃）
碳素钢	Q235—A、Q235—B Q235—C、Q235—D	GB 700	≤1.6	≤350

续表

钢的种类	钢号	标准编号	适用范围	
			工作压力（MPa）	介质温度（℃）
碳素钢	20、25	GB 699	不限	≤350
	35			≤420
合金钢	40Cr	GB 3077		≤450
	35CrMo			≤500
	25Cr2MoVA 25Cr2Mo1VA			≤500
	20Cr1Mo1VNiTiB 20Cr1Mo1VTiB			≤570
	2Cr12WMoVNbB			≤600

注：螺母材料的硬度应低于螺柱（栓）材料的硬度。

表12—12　　　　　　　　热水锅炉用紧固零件

钢的种类	钢号	标准编号	适用范围	
			用途	工作压力（MPa）
碳素钢	Q235—A.F Q235—B.F	GB 700	双头螺栓、螺栓	≤1.25
	Q235—A Q235—B	GB 700		≤1.6
	25	GB 699	螺母	不限
	35	GB 699		

7. 拉撑件

蒸汽锅炉拉撑件使用的钢材必须为镇静钢，且应符合 GB 715 的规定或者 GB 699 中 20 号钢的规定，板拉撑件应是锅炉用钢板。

热水锅炉拉撑件使用的钢材必须为镇静钢，且应符合 GB 715 的规定或者 GB 699 中 20 号钢的规定，板拉撑件应采用表12—2中的钢板。

第二节　锅炉炉墙结构及材料

一、锅炉炉墙及其构造

1．锅炉炉墙的作用和要求

（1）作用　锅炉的炉墙是用来把锅炉中的烟气、受热面和外界隔绝，是锅炉中相当重要的部分，炉墙的主要作用是：

1）防漏　即防止外界的冷空气等漏入烟道和炉膛，以免在正常的负压运行情况下降低锅炉运行的经济性;当烟气压力高于外界大气压(即锅炉出现正压)时可用来防止烟气外漏,以免威胁运行人员的安全,影响环境卫生。

2) 绝热 即防止锅炉热量的散失。尽量减少锅炉的散热损失,有助于保持锅炉中高温燃烧和强烈的传热,不使锅炉房中温度过高,保障劳动条件和安全运行。

3) 组成烟气的流道 一定的炉墙和受热结构就能使锅炉中的烟气按一定的通道流动,流道的形状应尽量避免死角和累赘的部分。

总之,锅炉炉墙的作用在于使烟气沿一定的流道流动,并保证和提高锅炉运行的经济性。

(2) 要求 为了能保证炉墙起到上述作用,它必须满足下列要求:

1) 耐热性 因为炉墙要受到炉膛内火焰的高温辐射,或者要和高温烟气以及灼热的灰渣接触,所以炉墙应具有足够的耐高温性能,并应能承受很大的温度变动和抵抗灰渣侵蚀的能力。

在旧式锅炉和现代的小型锅炉中,炉膛中有相当部分是不铺设水冷壁管的,有的锅炉的水冷壁管的节距很大,炉墙的内壁面温度很高,因而要求炉墙能耐高温。现代的大中型锅炉炉膛中都铺满了水冷壁,有时高温烟道部分也铺设了密布的管束,因此能保持炉墙的内壁面温度不超过 800~900℃。有些新型锅炉中炉膛水冷壁管的节距很小,能使炉墙内壁面温度降到 500~600℃以下,有的还采用了膜式水冷壁,因而对炉墙耐热性的要求大为降低。但是,即使在现代锅炉中,仍然用局部炉墙承受高温,对这些炉墙部件的耐热性仍然有较高的要求。

2) 绝热性 为了提高锅炉运行的经济性和安全性,要求炉墙外表面温度不超过 50~60℃,对蒸发量为 80 t/h 以上的锅炉,散热损失仅在 0.5%以下,这就要求炉墙有很好的绝热性。

3) 密封性 无论是冷空气漏入锅炉或是热烟气喷出锅炉,都将对运行的经济性或安全性带来很大的影响,因此炉墙的密封性能是十分重要的,微正压锅炉对炉墙密封性能的要求更为严格。

4) 其他 炉墙还应具有足够的机械强度,要求质量轻、结构简单、制作简便、价格低廉等等。

由于一般的耐高温材料往往绝热性能较差而且质量也较重,绝热性能好的材料往往又不能承受过高的温度。所以炉墙常由几层组成,内层应能承受高温,因此炉墙内层就常用耐热材料。

2. 炉墙结构

锅炉炉墙结构一般分为重型炉墙、轻型炉墙和管承式炉墙三种。

(1) 重型炉墙的结构特点 炉墙直接砌筑在锅炉地基上,炉墙的质量由锅炉墙基直接承受。炉墙一般由耐火砖与红砖两层组成,炉墙较厚,也较重。重型炉墙由于直接砌筑在锅炉地基上,且因质量较重,因此,高度受到限制。炉墙过高,一方面使炉墙不稳定,另一方面在高温下强度也有限,故一般不应超过 10 m,超过 10 m 以上必须采取结构措施。因工业锅炉一般都低于 10 m,故都采用重型炉墙。

重型炉墙外层用标号 50~100# 之间的标准红砖 240 mm×115 mm×53 mm 砌筑,内层用标准耐火砖 T—3 砌筑,其尺寸为 230 mm×113 mm×65 mm。耐火砖与红砖之间留有 20~30 mm 的缝隙,并填充绝热石棉粉或石棉粉。为了不使耐火砖与红砖分开,耐火砖

10~15层即有一层向红砖内插入半砖。为了保证炉墙的自由膨胀,在四角和较宽的炉墙中间部位,沿整个炉墙高度留有垂直的温度膨胀缝,缝中嵌以涂敷耐火材料的石棉绳,以保证其严密性。

重型炉墙的耐火砖筑体,根据所要求的砌筑精细程度可分为五类:砖缝厚度不大于 0.5 mm 者为特类砌体;砖缝厚度不大于 1 mm 者为Ⅰ类砌体;砖缝厚度不大于 2 mm 者为Ⅱ类砌体;砖缝厚度不大于 3 mm 者为Ⅲ类砌体;砖缝厚度允许大于 3 mm 者为Ⅳ类砌体。各类砌筑体用的泥浆分别为:特类、Ⅰ类、Ⅱ类砌体用稀泥浆;Ⅲ类砌体用半浓泥浆;Ⅳ类砌体用浓泥浆。

注:稀泥浆相当于质量 1 N 的圆锥体沉入度为 7~8 cm,每 1 m³ 干粉加 600 L 水。
半浓泥浆相当于质量 1 N 的圆锥体沉入度为 4~6 cm,每 1 m³ 干料加 500 L 水。
浓泥浆相当于质量 1 N 的圆锥体沉入度为 3~4 cm,每 1 m³ 干料加 400 L 水。

(2) 轻型炉墙的结构特点 炉墙质量分段由锅炉钢架直接承受。炉墙一般由耐火砖层、硅藻土砖层和绝热材料层等三层组成,炉墙较薄且较轻。

(3) 管承式炉墙的结构特点 炉墙质量由锅炉水冷壁承受,而不与锅炉钢架直接发生联系。它由数层在水冷壁管上的耐火材料和绝热材料组成。

轻型炉墙和管承式炉墙主要应用于大型锅炉机组和快装锅炉。

蒸汽锅炉的炉墙,无论在设计和检修时,都要考虑到膨胀缝的问题。膨胀缝一般分为水平膨胀缝和垂直膨胀缝两种。炉墙的水平膨胀缝一般设置在分段卸载结构处,如图 12—1 所示。

垂直温度膨胀缝通常设置在炉膛四角处沿整个炉墙高度,如图 12—2 所示。当炉墙宽度大于 5~6 m 时,应增设一定数量的垂直膨胀缝,如北锅生产的 SHL—20/13 型链条炉的炉膛侧墙宽度为 6 780 mm 左右,便设置了两条膨胀缝。

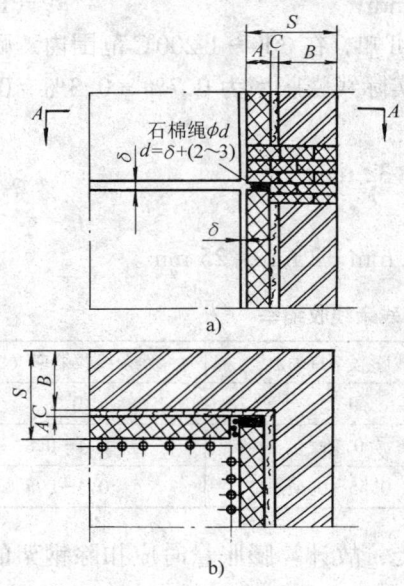

图 12—1 内衬墙分段卸载结构
a) 结构简图 b) A—A 剖面图

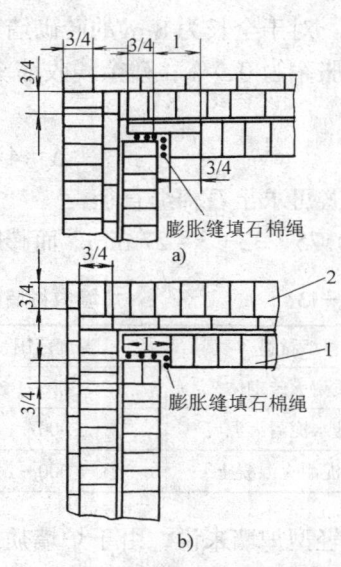

图 12—2 重型炉墙的墙角结构
a) 第一层墙角结构简图 b) 第二层墙角结构简图
1—耐火砖 2—红砖

另外在垂直炉墙与顶棚炉墙的交界处也设置了水平膨胀缝,如图 12—3 所示。

侧墙水冷壁穿墙处的炉墙结构如图12—4所示，这是根据重型炉墙的结构特点而采用了铸铁支架和垫板。

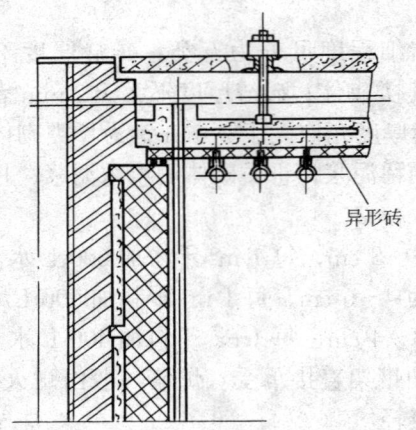

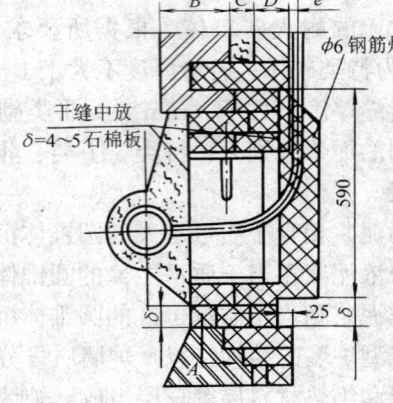

图12—3　炉顶水冷壁及吊架处炉墙　　　　图12—4　侧墙水冷壁下部穿墙处炉墙

关于膨胀缝尺寸的计算问题。为了避免在砖砌炉墙中出现过大的热应力，膨胀缝尺寸最好经过计算后确定，计算的前提是：

1) 膨胀缝中填充的石棉绳，其压缩量不应超过原来直径的2/3。
2) 为保持石棉绳在膨胀缝中的紧密性，其直径d以比膨胀缝宽b大2 mm为宜。
3) 内衬墙全长的膨胀量以Δ表示，则墙的两边各为$\Delta/2$，于是可列出如下两个等式：

$$b = d - 2 \quad 和 \quad b = d/3 + \Delta/2 \quad mm$$

从而得出：
$$d = 0.75\Delta + 3 \quad mm \tag{12-1}$$

例如：对于全长为8 m的砖砌墙，查表12—13可知，在300～1 200℃范围内，耐火砖砌体线膨胀率为0.7%；残余线收缩率为0.3%，则实际线膨胀率为0.7% - 0.3% = 0.4%，那么

$$\Delta = 4 \times 10^{-3} \times 8\,000 = 32 \quad mm$$

按上式可求出石棉绳直径：

$d = 0.75 \times 32 + 3 = 27$ mm，而膨胀缝宽度 $b = 27$ mm $- 2$ mm $= 25$ mm。

表 12—13　　　　　　　　炉墙内衬墙的平均线膨胀率和残余线收缩率

内衬墙材料	温度范围（℃）	线膨胀率（%）	残余线收缩率（%）
黏土质耐火砖砌体	300～1 200	0.7	0.3
硅酸盐水泥耐火泥	1 000～1 200	0.75	0.4～0.8
矾土水泥耐火混凝土	1 000～1 200	0.55～0.6	0.4～0.8

对于轻型炉墙来说，由于炉墙质量是由钢架承受，故计算膨胀量时应扣除钢架的膨胀量。碳钢在20～100℃范围内的线膨胀率平均为0.12%。

二、炉墙材料及其性能

为了正确地选择炉墙材料和进行炉墙传热计算，必须对炉墙材料的种类及其性能有所了解。

1. 耐热材料

锅炉炉墙常用的耐热材料有：耐火砖、红砖、耐火塑料和耐火混凝土。

(1) 耐火砖　锅炉炉墙常用的耐火砖是用耐火黏土烧结而成的，能承受的最高温度为 1 580～1 750℃，在此温度下耐火黏土耐火砖将开始软化和变形。在常温（约 20℃）时抗压强度一般不小于 100 kg/cm^2，但在 1 400℃ 时抗压强度仅为 5 kg/cm^2 左右。锅炉炉墙用的耐火砖要求在受压 2 kg/cm^2 时开始变形的温度应不低于 1 300℃，耐火砖的疏松度应为 16%～18%，过松则易被灰渣侵蚀，过密则因温度剧变而碎裂。耐火砖中含 Al_2O_3 的成分较高时耐火温度就较高，锅炉用的耐火黏土耐火砖所含的 Al_2O_3 不是很高，约为 30%～45%，是对酸性或碱性灰渣都有一定抵抗力的中性砖。锅炉中也有用轻质耐火砖的，它的质量比一般耐火砖轻得多，其他性能较接近，但价格较贵。

(2) 红砖　红砖中含 Al_2O_3 约为 16%～24%，还有 CaO、MgO、Fe_2O_3 等杂质约 10%～20%，其余就是 60%～80% 的 SiO_2。红砖的耐火温度约为 700℃，受压力时使用温度一般低于 600℃。它的导热系数稍低于耐火砖，且价格低得多，所以红砖既可作低温烟道的耐火砖，又可当作重型炉墙的廉价绝热层。

硅藻土砖、水泥蛭石砖、水泥珍珠岩砖等可用于温度较低的炉墙的绝热层，但抗压强度低，很不结实，所以不用来作为耐热层。

耐火砖、轻质耐火砖、红砖、硅藻土砖等的成分及主要特性见表 12—14。

表 12—14　　　　　锅炉炉墙用砖和板的化学成分及其特性

名称	成分（%）			标准砖（板）尺寸（mm）	密度（kg/m^3）	导热系数（W/m·K）	20℃时的抗压强度（MPa）	抗渣性	适用条件
	Al_2O_3	SiO_2	CaO、MgO、Fe_2O_3						
耐火黏土耐火砖	30～45	50～65	<5	250×123×65 230×113×65	1 800～2 000	0.71+0.002 4t	8～15	良好	炉膛及烟道的高温炉墙<1 300℃
轻质耐火砖					400	$t=600$℃ $\lambda=0.24$		良好	炉膛及烟道的高温炉墙<1 300℃
红砖	16～24	60～80	10～20	250×120×65 240×115×53	1 600～1 800	0.47+0.002t	～10	良好	炉膛及烟道炉墙<600℃的部分
硅藻土砖	5～6	80～83	3～5	250×120×65	450	0.09+0.000 9t	1～2	良好	炉膛及烟道保温层<900℃
水泥蛭石砖	体积比：1 份水+0.47 份矾土水泥+0.21 份蛭石			250×480×130	600	0.09+0.000 9t	0.426		<600℃
水泥珍珠岩砖	体积比：10.8 份膨胀珍珠岩+1 份硅酸盐水泥+3.25 份水			250×480×130	320	0.06+0.000 36t	0.6		<600℃
石棉白云石板	石棉+碳酸镁、碳酸钙			500×170×(30～50)	350～400	0.09+0.000 44t			<450～500℃
矿渣棉板	矿渣棉+黏土				400～500	$t=100$℃时 $\lambda\leqslant 0.11$～0.12			<600℃

（3）耐火塑料　耐火塑料和下面还要介绍的耐火混凝土的主要优点是可以采用浇注、投抹和喷射等施工方法，操作简便，节省工时，对于形状复杂的炉墙更为适用，可以大大降低成本。

耐火塑料中的材料有两类：填充料（又称骨料）和黏结料。填充料常用耐火砖粒或铬矿砂、碳化硅（又称金刚砂）。黏结料常用矾土水泥、硅酸盐水泥、纯硅酸盐水泥、耐火黏土或水玻璃等。采用不同成分和颗粒大小的骨料，配以适当的黏结料，就可以得到不同的耐火塑料，有的只可用于约700℃以下的部位，有的可用于1 400℃以上的地方。

耐火塑料的用途主要是：

1）保护锅筒和集箱等不受高温烟气的灼烤。

2）保护烟道内的金属构件不受飞灰的磨损。

3）代替管子穿墙处和管子稠密交叉处的异形砖，或作为此处异形砖及铸铁吊板向火面的涂料，起密封和耐高温的作用。

4）修补局部破损的炉墙，代替费工的局部砌砖。

耐火塑料的配制成分和主要特性见表12—15。表中所列的各种耐火塑料所用的骨料，无论是碳化硅、铬矿砂还是耐火黏土、耐火砖粒、硅藻土砖粒都不能采用同样大小的颗粒，而要用小于1 mm的细粉以及1~3 mm、3~6 mm和6~8 mm的颗粒各15%~35%，或小于0.088 mm的细粉25%~40%以及2~7 mm的颗粒20%~35%，其他为0.088~2 mm的颗粒。作为黏结材料的矾土水泥在很多方面优于硅酸盐水泥，施工后凝固较快、坍落度小、耐火度高、强度大，但价格较贵。

表12—15　　　　　耐火塑料的配制成分和主要特性

名称	骨料（质量份额）(%)				黏结料（质量份额）(%)			
	碳化硅（金刚砂）	耐火砖粒	硅藻土砖粒	铬矿砂	耐火黏土	矾土水泥	硅酸盐水泥	水玻璃
金刚砂涂料	—	—	—	—	—	—	—	—
铬矿砂涂料	—	—	—	97	3	—	—	6~9（100%以外）
矾土水泥耐火塑料	—	75	—	—	15	10	—	—
硅酸盐水泥耐火塑料	—	70~75	—	—	20~25	—	500# 硅酸盐水泥 5~10	—
矿渣硅酸盐水泥耐热塑料	—	—	60	—	15	—	400# 矿渣硅酸盐水泥 25	—

续表

名称	密度 (kg/m³)	线膨胀系数 (mm/mm·℃)	荷重软化温度 (℃)	导热系数 [W/(m·K)]	抗压强度 (MPa)	适用范围
金刚砂涂料	焙烧后 2 200~2 300			$t=400℃$ 4.2 $t=135℃$ 8.8		<1 500℃
铬矿砂涂料	焙烧后 3 320		1 280~1 300	$t≤600℃$ 2.1~2.2	110℃烘干后 12 140℃烘干后 36	<1 300℃
矾土水泥耐火塑料	1 800~1 900	$7.5×10^{-6}$	1 200~1 300		硬化后 12~15 允许最高温度 4~6	<1 200℃
硅酸盐水泥耐火塑料	1 800~1 900	$7.5×10^{-6}$	1 150~1 200		硬化后 12~15 允许最高温度 4~6	<1 100℃
矿渣硅酸盐水泥耐热塑料	800~850		700		硬化后 0.8~1	<700℃

(4) 耐火混凝土 耐火混凝土配制成分也是上述的骨料和黏结料,见表12—16。它和耐火塑料的主要差别是:水泥成分较多,约为15%~20%,不掺耐火黏土。此外,耐火砖粒或铬矿砂(尽可能少用或不用)等颗粒除了有细粉和小粒组成的细骨料外,还有5~20 mm 甚至达40 mm 的碎块组成的粗骨料。

由于耐火混凝土中的颗粒较大而且粘塑性较差,所以施工时必须应用模板。浇铸时须进行捣固,不能用涂抹和喷浆的方法,因此施工不如耐火塑料方便,但耐火混凝土比耐火塑料具有以下优点。

1) 耐火度高,一般约可比同样名称的耐火塑料的使用温度高100℃。

2) 抗压强度大,常温下的抗压强度约大一倍,高温时耐火混凝土的抗压强度也比同样名称的耐火塑料降低得少些。

3) 施工用模板和捣固,凝固后坍落度较小,表面产生裂纹少,成型尺寸的变化较小,内部结构较松而热稳定性较好。

表 12—16   锅炉用耐火混凝土的配制成分和主要特性

名称	配制成分			密度 (kg/m³)	抗压强度 (MPa)
	粗骨料	细骨料	黏结料		
铬铝渣磷酸盐耐火混凝土		铬铝渣	工业磷酸溶液		
低钙铝酸盐耐火混凝土		矾土熟料85%	低钙铝酸盐水泥 15%加水	2 650~2 900	养护3天25~35 养护28天60~90

续表

名称	配制成分			密度 (kg/m³)	抗压强度 (MPa)
	粗骨料	细骨料	黏结料		
矾土水泥耐火混凝土	耐火砖块 75 kg	耐火砖砂 750 kg	400# 矾土水泥 300 kg 加水 460 kg	1 800	常温 10 800℃后 7
硅酸盐水泥耐火混凝土	耐火砖块 700 kg	耐火砖粉 300 kg 加耐火砖砂 500 kg	400# 硅酸盐水泥 300 kg 加水	1 800	常温 10 800℃后 3
火山灰水泥蛭石耐火混凝土	蛭石块 97 kg	蛭石砂 15 kg 加耐火砖粉 162 kg	火山灰水泥 322 kg 加水 517 kg	736	900℃后 1
硅酸盐水泥蛭石耐火混凝土	蛭石块 98 kg	蛭石砂 15 kg 加耐火砖粉 157 kg	硅酸盐水泥 315 kg 加水 504 kg	738	900℃后 0.7
矾土水泥蛭石耐火混凝土	轻质砖块 527 kg	蛭石砂 165 kg	矾土水泥 455 kg 加水 507 kg	862	900℃后 1.5
矾土水泥轻质砖砂耐火混凝土	蛭石块 105 kg	轻质砂 165 kg	矾土水泥 486 kg 加水 486 kg	1 455	900℃后 7.1
水玻璃蛭石耐火混凝土		蛭石砂 177 kg 加耐火砖粉 488 kg	水玻璃 558 kg	990	800℃后 6.4

名称	线膨胀系数 [mm/(mm·℃)]	导热系数 λ [W/(m·K)]	残余收缩率 (%)	荷重软化温度 (℃)	耐急冷、急热次数	适用范围
铬铝渣磷酸盐耐火混凝土	$(5\sim7)\times10^{-6}$					<1 500℃
低钙铝酸盐耐火混凝土	20~300℃下 7.5×10^{-6}	20~850℃下 0.7~1.1	1 500℃ <1	1 350~1 450	850℃时水冷，>22	1 350~1 450℃
矾土水泥耐火混凝土	20~300℃下 $(5.4\sim6)\times10^{-6}$	接近 $0.6+0.002t$	1 200℃ 0.4~0.8	1 200~1 350	20~35	<1 200℃
硅酸盐水泥耐火混凝土		接近 $0.6+0.002\,4t$	1 200℃ 0.4~0.8	1 200~1 350	20~25	<1 200℃
火山灰水泥蛭石耐火混凝土		20~400℃时接近 0.2	700℃ -0.605	800		<600℃
硅酸盐水泥蛭石耐火混凝土			900℃ -0.729	835		<700℃
矾土水泥蛭石耐火混凝土		20~400℃时接近 0.3~0.5	900℃ -0.504	990		<800℃
矾土水泥轻质砖砂耐火混凝土			900℃ -0.080 5	1 160		<900℃
水玻璃蛭石耐火混凝土		20~400℃时接近 0.2~0.3	800℃ +0.119	870		<700℃

注：粗骨料一般指粒径为10~20 mm，细骨料一般指粒径为1.2~5 mm，粉是指粒径<1 mm，其中大部分<0.088 mm。

轻型壁板炉墙中常用的是硅酸盐水泥耐火混凝土，要求较高的部分也有用矾土水泥耐火混凝土。燃烧器喷口处的炉墙部分因直接暴露在火焰的高温辐射下，要求能耐更高的温度，可采用低钙铝酸盐水泥耐火混凝土，无荷重开始变形的耐火温度可达 1 600℃ 以上，它的稳定性、抗压强度、耐磨性、残余收缩率都优于耐火黏土耐火砖。

2．绝热材料

锅炉炉墙常用的绝热材料有保温砖、保温板、保温混凝土、保温塑料等，对它们的主要要求是导热系数小，尽量降低散热损失，并且希望质量轻、价格低。

以往常用的保温砖或保温板是硅藻土砖、石棉白云石板、矿渣棉板等，主要性能见表 12—14。硅藻土砖是一种高温绝热材料，最高允许工作温度可达 900℃，矿渣棉板的工作温度小于 600℃，石棉白云石板小于 500℃，均可用作轻型砖砌炉墙的绝热层。

近来除用上述绝热材料外，还开始采用新近研制成功的水泥蛭石砖和水泥珍珠岩砖，其性能见表 12—14。尤其是水泥珍珠岩砖的导热系数更低，密度更小，耐热温度除了比硅藻土砖低外也是较高的，这是目前能用于高温和要求绝热性能良好且价格低廉的良好保温材料。国产新型锅炉的膜式水冷壁管上炉墙就采用这种材料作为绝热层。

轻型壁板炉墙和一般浇注成的管上炉墙中的绝热层常采用保温混凝土，配制成分和主要特性见表 12—17。

表 12—17　　　　　　　　　保温混凝土的配制成分及主要特性

名称	配制成分		重度 (kg/m³)	抗压强度 (kg/cm²)	导热系数 [W/(m·K)]	适用温度及范围
	骨料	黏结料				
石棉硅藻土混凝土	石棉 15% + 硅藻土砖粒 60%～70%	400# 硅酸盐水泥 15%～25% 加水	800～1 000	8～12	300℃ 时 <0.1+0.001 68t	<800℃，锅炉尾部的轻型壁板炉墙的绝热层
石棉蛭石混凝土	石棉 22% + 蛭石砂 67%	400# 硅酸盐水泥 11% 加水	600	4.26	0.1+0.000 8t	<600℃
炉灰泡沫混凝土	锅炉飞灰 + 砖粒	硅酸盐水泥 加水	400		0.1+0.001 1t	<400℃
水泥珍珠岩混凝土	膨胀珍珠岩 131 kg	600# 硅酸盐水泥 156 kg 加水 390 kg	320	6	0.06+0.000 4t	<600℃，锅炉的管上炉墙的绝热层

3．灰浆

(1) 耐火砖砌体灰浆　采用灰浆材料的原则是：砌筑黏土质制品用黏土质耐火泥灰浆；砌筑高铝砖用高铝质耐火粉配制的灰浆；砌筑硅质耐火制品则应采用硅质耐火泥。

根据不同类型砌体的要求程度采用稀灰浆、半浓灰浆、浓灰浆。

(2) 保温灰浆　保温灰浆用来砌筑成型保温制品，如硅藻土砖、蛭石制品和珍珠岩制品等，其配比见表 12—18。

(3) 红砖灰浆

表 12—18　　　　　　　　　　　　保温灰浆配比

材料名称	质量（kg）	
	Ⅰ	Ⅱ
硅藻土粉	570	450
硅酸盐水泥		185
水	450	450

注：硅藻土粉可用蛭石粉或珍珠岩粉代替配成蛭石保温灰浆和珍珠岩保温灰浆。

1）红黏土砂浆用来砌筑低于600℃温度区域的红砖，其配比见表12—19。

表 12—19　　　　　　　　　　　　红砖土砂浆配比

材料名称	质量（kg）	体积比
红黏土（亚氏）	1 120	1
砂子	720	1.5~2.0

2）水泥砂浆用来砌筑低于200℃温度区域的红砖，其配比见表12—20。

表 12—20　　　　　　　　　　水泥砂浆配比（水泥∶砂子）

灰浆标号	水泥标号			
	200	250	300	400
80	1∶3	1∶3	1∶3.5	1∶4
50	1∶3.5	1∶4	1∶4.5	1∶5
30	1∶4.5	1∶5	1∶6	—

4．炉墙的填充材料

（1）石棉绳　石棉绳系用石棉纱制成，根据形状及编制方法分为四种类型：石棉扭绳、石棉偏绳、石棉方绳及石棉松绳。

石棉绳性能见表12—21，其规格见表12—22。

表 12—21　　　　　　　　　　　　石 棉 绳 性 能

性能		数值
密度（kg/m³）		750
50℃导热系数[W/(m·K)]		0.165
使用温度（℃）	全部石棉纤维	500
	含棉花纤维10%及以下	250
	用碳酸镁填充	350

表 12—22　　　　　　　　　　　　石 棉 绳 规 格

规格	φ6	φ8	φ10	φ19	φ23	φ50
密度（kg/m³）	0.033	0.05	0.066	0.23	0.37	1.5

（2）石棉板　石棉板是石棉和黏结材料制成的板状材料。其性能见表12—23。

表 12—23　　　　　　　　　　　　　石 棉 板 的 性 能

密度（kg/m³）	使用温度（℃）	导热系数[W/(m·K)]
1 000	<500	$0.165+0.00063t_{平}$

（3）石棉剂　石棉剂使用温度为500℃，作填塞保温用，其组成配制见表12—24。

表 12—24　　　　　　　　　　　　　石棉剂的组成配制

材料名称	质量（kg）
石棉纤维	280
红黏土	480

（4）石棉粉　石棉粉的主要类型，按其组成成分可分为碳酸镁石棉粉、硅藻土石棉粉、重质石棉粉三类。其成分、用途及用法见表12—25。

表 12—25　　　　　　　　　石棉粉的主要类型、成分、用途及用法

类型		组成成分	特性	用途	使用方法
碳酸镁石棉粉		碳酸镁钙 85% 石棉纤维 15%	保温性能好，体质轻，但成本高，价格较昂贵	用在一些主要的热工设备上和各种蒸汽管道上	将石棉粉与水混合搅拌成泥状，以镘刀分层涂抹于被保温物体的外面。涂抹时，要采用多层薄抹的方法，最少要涂三层，最后，要抹平压光，待自然干燥后，再逐渐增加温度，以防断裂，在高温设备工作期间不允许施工
硅藻土石棉粉		硅藻土粉 85% 石棉纤维 15%	体质轻，用量少，保温效能高，可用于900℃以下的绝热表面，但价格较昂贵	主要用于炉墙和保温工程中的涂料与泥浆	
重质石棉粉	一级石棉粉	轻质耐火土及钙镁类细粉 85% 石棉纤维 15%	保温效能可达600℃以下，价格比较便宜，但缺点是体质重而且容易损坏	主要用于包裹各种蒸汽管道、锅炉以及一切有热能散发的工业设备表面的保温绝热，使热能不致散失，减低燃料消耗，确保操作安全	
	二级石棉粉	耐火土及镁钙类细粉 90% 短纤维石棉 10%			

第十三章 锅炉水质监督项目

第一节 锅炉水质指标

一、全固形物

锅炉用水主要来源于地表水和地下水。这两种水在自然界的流动过程中受到各种污染，如冲刷地表、各种废水废物的侵入以及水生动植物及其死骸的肢解、地层中由金属氧化物形成的无机矿物胶体的溶入等，均造成锅炉用水含有大量的悬浮杂质、胶体杂质和溶解物质。我们通常将水中含有上述杂质的总合称为全固形物，单位是 mg/L。

锅炉给水如果不经过处理，使含有大量杂质的水进入锅炉内会造成以下危害：

1. 在锅筒内和炉管的拐弯处，形成大量泥砂沉积，不仅影响锅炉的传热和锅水的循环，严重时可堵塞炉管，而造成被迫停炉。
2. 在锅炉的受热面上结生水垢。
3. 降低锅炉出力，降低锅炉热效率，浪费燃料。
4. 有机胶体杂质会造成锅炉产生汽水共腾现象。
5. 造成锅炉受热面因过热而鼓包、变形。
6. 严重时，可造成炉管过热爆破。

二、悬浮固形物

水中悬浮物颗粒直径约在 10^{-4} mm 以上，它是水产生混浊现象的主要原因。它在水中存在的形式因颗粒直径大小和质量的大小不同分为漂浮的、悬浮的和沉淀的三种形式。水中含有的各种形式的悬浮物的总合叫悬浮固形物，其单位是 mg/L。

三、溶解固形物

水中含有各种溶解的盐类，通常用含盐量表示水中各种溶解盐类的多少来衡量水质的好坏。要测量水中含盐量的大小，必须由水质全分析中所得到的阳、阴离子总和求得。但由于做水质全分析比较麻烦，所以常用溶解固形物这个指标近似地表示。

溶解固形物是指溶解于水中的各种盐类，在 105～110℃ 不挥发性盐类含量的总和。其单位是 mg/L。

溶解固形物是判断水质好坏的一个重要指标。它的值越大，说明水质越差。当水中溶解固形物值过高时，用做锅炉给水，易造成锅炉汽水共腾和锅炉腐蚀。要降低锅水含盐量，只有采取加大锅炉排污量，这又会造成热量损失而浪费燃料，同时还影响锅炉功率的发挥。因此锅炉给水的溶解固形物值必须控制在一定的范围内。

四、pH 值

pH 值是表示水呈酸碱性强弱的一项指标。它本身没有单位，pH 值的大小与水中氢离子浓度有一定的关系。水中氢离子浓度越高，则水的 pH 值就越大。因此 pH 值的定义是表示水中氢离子的含量。

当 pH＝7 时水呈中性，pH 值＜7 时水呈酸性，pH 值＞7 时水呈碱性。天然水一般 pH 值为 6.5～8.5 之间，而锅炉水则要求 pH 值控制在 10～12 之间。这是根据 pH 值对水中其他杂质的存在形态和各种水质控制过程以及水对金属的腐蚀程度有密切的关系而确定的一项指标，因此是最重要的水质指标之一。

五、碱度

碱度是指水中氢氧根（OH^-）、碳酸根（CO_3^{2-}）、重碳酸根（HCO_3^-）及其他一些弱酸盐类的总含量，其单位是毫摩/升（mmol/L）。

碱度根据测定时所使用的指示剂不同可分为以下两种碱度。

1．酚酞碱度

用酚酞作指示剂来测定水中的碱度称酚酞碱度。

2．甲基橙碱度

以甲基橙作指示剂来测定水中的碱度称甲基橙碱度。

六、氯化物

氯化物是指水中氯离子的含量。其单位是 mg/L。锅炉水中氯离子的含量大时会引起锅炉产生汽水共腾现象，甚至于腐蚀锅炉金属，因此锅炉水中氯化物含量越少，水质就越好。

七、硬度

硬度是指水中含有钙、镁离子的总合，单位是毫摩/升（mmol/L）。

按水中阴离子存在的情况，分为以下两种硬度：

1．碳酸盐硬度

碳酸盐硬度，是指水中钙、镁的重碳酸盐和碳酸盐的含量。碳酸盐硬度在锅炉加热煮沸过程中能够发生分解、析出，沉淀于锅筒底部和下集箱底部，通过锅炉排污而被除去，因此碳酸盐硬度也称暂时硬度。

2．非碳酸盐硬度

非碳酸盐硬度，是指水中钙、镁的硫酸盐、硅酸盐以及氯化物等盐类的含量。非碳酸盐硬度在锅炉水的加热煮沸过程中不能除去，因此将非碳酸盐硬度称为永久硬度。

碳酸盐硬度和非碳酸盐硬度之和称为总硬度。

八、磷酸盐

在锅炉水中，保持一定含量的磷酸盐，可以起到下列作用：

1．消除水中的残留硬度。

2．在锅炉金属表面形成磷酸铁保护膜，防止锅炉金属腐蚀。

3．增大水渣的流动性，易于排除。

4．降低锅炉水的碱度。

5．能够使硫酸盐和碳酸盐等老垢疏松脱落。

因此在锅炉水中要加入一定数量的磷酸盐以保持锅炉水中磷酸盐的含量。炉内处理使用的磷酸盐种类有：磷酸三钠、磷酸氢二钠、磷酸二氢钠、六偏磷酸钠等。在生产实践中最常用的磷酸盐是磷酸三钠。

九、溶解氧

溶解氧是指水中含有游离氧的浓度。其单位是 mg/L。水中的溶解氧会造成金属表面产生腐蚀。对于蒸汽锅炉，氧腐蚀是随锅炉参数的升高而加剧；对于热水锅炉，则是随着补给水量的增大而加重氧腐蚀,因此无论是蒸汽锅炉还是热水锅炉均应采取除氧措施,以延长锅炉的使用寿命。

第二节 锅炉水质处理

一、炉外化学处理

1. 原水对锅炉的危害性

锅炉的给水一般来自自然界的地表水或地下水,我们称这种水为原水,也叫生水,因为该水中含有结垢物质,具有一定的硬度,所以也把这种水称为硬水。这种水不经处理是不允许作为锅炉给水的,因为这种水直接用于锅炉给水,会给锅炉造成如下的危害。

(1) 减少锅炉使用寿命 一方面是锅炉给水中的钙、镁盐类,在高温煮沸下发生分解沉淀,粘附于锅壁上形成一层坚硬、牢固的白色水垢。它隔离了锅水与锅壁,而且水垢的导热性能又很差,仅为金属导热性能的1/40左右,使锅壁金属得不到足够的冷却而过热,轻者强度下降,重者变形损坏。

另一方面是这种水中含有的游离氧,使锅炉受热面金属发生氧化和电化学腐蚀。若锅水呈现酸性,即pH值<7时,还会发生金属层溶解,使腐蚀加剧。而这些腐蚀的出现,都会减少金属的壁厚,缩短锅炉使用寿命。

据有关资料介绍,由于上述两方面因素的共同作用,可使锅炉寿命缩短2/3。

(2) 引起锅炉的破裂和爆炸 如果给水的碱性过大,超过允许浓度,就会在高温下侵蚀金属,发生苛性脆化,造成晶间裂纹;当有很厚的水垢存在时,也可以使锅壁金属烧熔形成较大的裂口或穿孔;腐蚀严重的可使锅炉受压元件壁厚降低到不能承受工作压力。在上述三种情况下,都易引起锅炉受压元件破裂以至爆炸。

(3) 浪费燃料 如前所述,由于水垢的产生,使炉膛中燃料燃烧放出的大量热能不能被锅水吸收,而从烟气中带走散失在大气中。

根据试验,在锅炉内壁中有1 mm厚的水垢时,就要多消耗燃料3%~5%;当水垢厚度为5 mm时,燃料消耗量就要增加15%;水垢厚度为8 mm时,燃料就要多消耗34%。

(4) 汽水共腾 运行时锅炉中的锅水是在不断浓缩的。如水质不良,其含盐量及碱度在浓缩过程中显著增高,并与水中含有的悬浮物、油质以及有机物质共同作用,就在锅筒上部蒸汽面上产生大量泡沫。情况严重时,可使锅筒内汽水面不分,出现汽水共腾现象。

汽水共腾的危害有三:一是在锅炉水位表处形成假水位,使锅炉操作人员在水位降低到安全水位以下时也难以发现,从而可能发生缺水事故;二是使蒸汽带水,在管路中发生水击,以至于冲断管路,损坏管件;三是影响蒸汽品质,由于蒸汽带水带盐,因此会使锅炉的过热器损坏等。

基于上述四方面的原因,国家要求锅炉给水必须经过适当的处理。尤其是水管锅炉,对水质要求特别严格。无论是蒸汽锅炉还是热水锅炉,锅炉的给水品质必须达到 GB 1576—1996《低压锅炉水质》的各项要求。

2. 锅炉水质化学处理方法

(1) 离子交换软化法

1) 离子交换软化法的原理 锅炉用水通过混凝、沉淀和过滤处理,已除去天然水中的悬浮物质和部分胶体物质。但水中的溶解盐类依然存在，通常采用离子交换的方法才能将水中离子态杂质除去，以满足锅炉给水水质的要求。

2）离子交换软化法的种类　离子交换软化法分为阳离子交换软化法和阴离子交换软化法两大类。在阳离子交换软化法中有钠离子交换法、部分钠离子交换法、氢—钠离子交换法、部分氢离子交换法、氨—钠离子交换法和氯—钠离子交换法等多种方法。在这些方法中，钠离子交换软化法是目前锅炉水处理工艺应用最广泛的一种方式，因此本节只对钠离子交换软化法作重点介绍，其他方法就不再叙述。

(2) 钠离子交换软化法

1）钠离子交换软化法的原理　钠离子交换软化法的原理如图13—1所示。

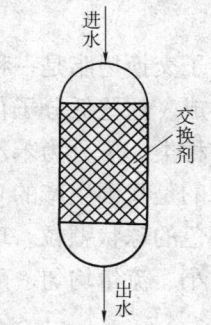

图13—1　Na离子交换原理图

当含有钙、镁离子的生水经过钠型离子交换剂时，水与交换剂在接触的过程中，水中的钙、镁等阳离子和交换剂的钠离子进行了交换，使进入锅炉的水不再有钙、镁离子，仅有钠离子，钠离子不会形成水垢，从而使水质得到了软化。

钠离子交换软化法的化学反应式如下：

以NaR代表阳离子交换剂。

碳酸盐硬度软化过程反应式：

$$Ca(HCO_3)_2 + 2NaR \rightarrow CaR_2 + 2NaHCO_3 \quad (13-1)$$

$$Mg(HCO_3)_2 + 2NaR \rightarrow MgR_2 + 2NaHCO_3 \quad (13-2)$$

非碳酸盐硬度软化过程反应式：

$$CaSO_4 + 2NaR \rightarrow CaR_2 + Na_2SO_4 \quad (13-3)$$

$$CaCl_2 + 2NaR \rightarrow CaR_2 + 2NaCl \quad (13-4)$$

$$MgSO_4 + 2NaR \rightarrow MgR_2 + Na_2SO_4 \quad (13-5)$$

$$MgCl_2 + 2NaR \rightarrow MgR_2 + 2NaCl \quad (13-6)$$

从以上化学反应式可以分析出，钠离子交换软化法虽然使水中的硬度降低或消除，但与碳酸盐发生交换时，由于碳酸盐硬度等当量地变成了重碳酸钠，所以不仅不能使硬水的碱度降低，而且还会使锅水的碱性过强。因为$NaHCO_3$在锅炉中受热会产生分解，其化学反应式如下：

$$2NaHCO_3 \rightarrow Na_2CO_3 + CO_2 \uparrow + H_2O \quad (13-7)$$

$$Na_2CO_3 + H_2O \rightarrow 2NaOH + CO_2 \uparrow \quad (13-8)$$

同时还会使水中的含盐量增加。这是因为钠的当量值比钙和镁的当量值都大的缘故。

2）常用钠离子交换剂的种类和性能　在锅炉水处理设备中，钠离子交换软化法所用的交换剂有磺化煤和离子交换树脂。

①磺化煤　磺化煤是一种比人造沸石优越的有机离子交换剂。它是用粉碎的烟煤，经过发烟硫酸（浓硫酸与18%~20%的SO_3的混合物）磺化处理后，再经过洗涤、干燥、筛分等工序而制成的。磺化煤的外观呈黑色不规则细粒，它的湿视密度为0.55~0.65 g/mL，磺化煤为多孔性的物质，具有吸水能力，吸水后体积膨胀10%~15%。

磺化煤的价格比较便宜，我国在20世纪50年代到60年代，在水处理工艺中广泛应用。一直到目前为止，在小型锅炉的水处理工艺中仍然占有相当的比例。由于磺化煤存在交换能力小、机械强度低、化学稳定性差等许多缺点，所以在锅炉水处理工艺中逐渐被离子交换树脂所代替。

②离子交换树脂　离子交换树脂是用化学合成法制成的有机质离子交换剂，简称为树脂。

离子交换树脂是一种高分子化合物，一般是由许多低分子化合物头尾相结合，连成一大串而形成。这些低分子化合物称为单体，此化合过程称为聚合或缩合。离子交换树脂，根据单体的种类，可分为苯乙烯系和丙烯酸系两大类。在阳离子交换软化法水处理工艺中，我们最常用的是我国生产的001×7强酸性苯乙烯系阳离子交换树脂。这种树脂为外观呈棕黄色至棕褐色的球状颗粒。球形树脂具有容易制造、装于交换器内填充状态好、水通过树脂层压力损失小、流量均匀、耐磨性能好、装填量大等诸多优点。其性能指标见表13—1。

表13—1　　　　　001×7强酸性苯乙烯系阳离子交换树脂性能

序号	指标名称	指标	
		一级品	二级品
1	含水量（%）	45～55	45～55
2	湿真密度（g/ml）	1.23～1.28	1.23～1.28
3	湿视密度（g/ml）	0.75～0.85	0.75～0.85
4	耐磨率（%）	≥93.0	≥88.0
5	粒度0.3～1.2 mm	≥95.0	≥95.0

离子交换树脂虽然有较高的稳定性能，但在使用和保管过程中，如果方法不当，则会造成树脂破损和中毒，使其机械强度下降，交换能力降低或丧失。因此树脂在使用和保管过程中，应注意以下问题：

a. 在运输、保存过程中，要尽量防止树脂相互碰撞、挤压；严防经常性地使树脂交替风干和潮湿、冷却和受热、有机物的吸附和解析等。因为这些都会造成树脂的强度降低而破碎。

b. 树脂保存方法最好采用湿法保存，以防树脂破损。如果发现树脂已经失水，可以将树脂放到食盐溶液中浸泡，然后再逐渐稀释溶液，使树脂缓慢膨胀。严禁将干燥的树脂直接放入水中浸泡。对浸泡树脂的水要定期换新水。

c. 树脂保存的温度应以5～20℃为宜，这样可以防止树脂受冻造成球体胀裂，或因温度过高，使细菌容易繁殖而污染树脂和造成树脂胀结成块状。

d. 要尽量防止树脂与铁、锰的接触，避免造成树脂的污染，从而降低其交换能力，因此盛装树脂的交换器一定要进行完善的防腐处理后，才能投入使用。

e. 树脂在贮存过程中，最好用塑料容器盛装，并封闭严密，以防树脂接触铁锈、油污、强氧化剂、有机物等造成污染。

二、炉外化学处理装置

1. 钠离子交换器

固定床钠离子交换器是用钢板卷制成的一个圆筒形，两端焊有椭圆形封头而组成的一个密闭圆柱形壳体。体内设有进水、进再生液和排水装置，如图13—2所示。

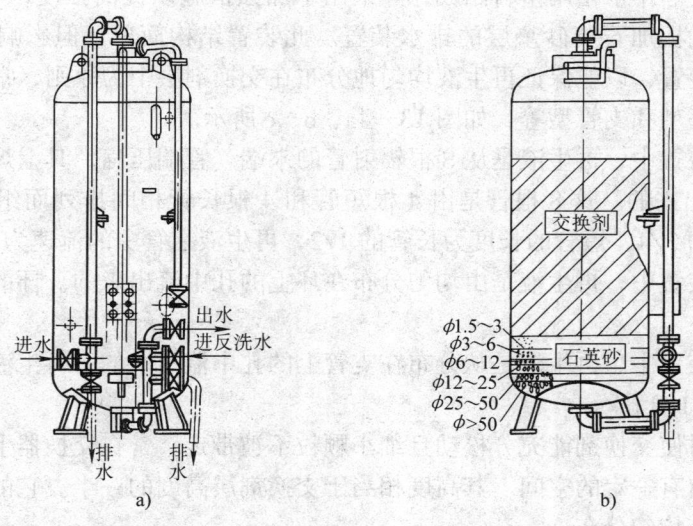

图13—2　Na离子交换器的结构示意图
a) 正立面结构示意图　b) 侧立面结构示意图

生水进入交换器后，先经分配漏斗或进水挡板使水流均匀分配，自上而下流过交换剂层。分配漏斗的最大截面积应为交换器截面积的2%～4%，漏斗上口至交换器封头顶的距离为100～150 mm。

离子交换器的排水装置有许多种，有采用母管、支管、管接头上拧排水帽式，如图13—3a所示。有采用多孔板固定排水帽式，如图13—3b所示。排水帽上面开有很多条缝隙，

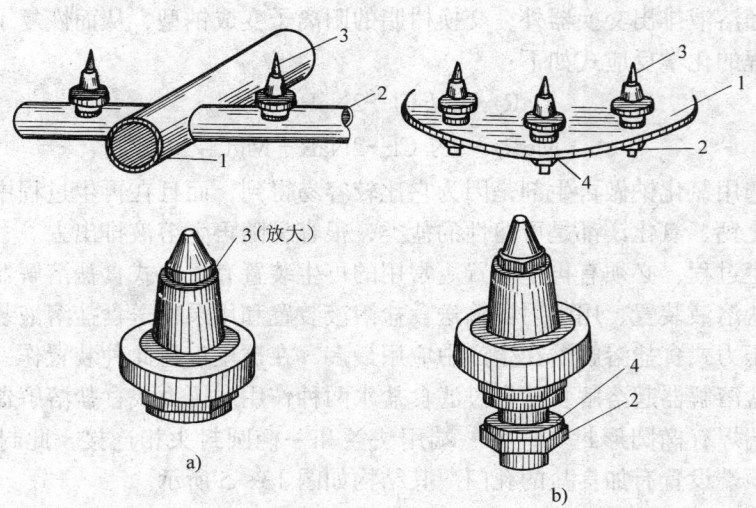

图13—3　采用排水帽的排水装置
a) 母管、支管、管接头上拧排水帽式　　b) 多孔板固定排水帽式
1—母管　2—支管　3—排水帽　　1—多孔板　2—螺母　3—排水帽　4—垫片

水可以通过缝隙流出或流进，但交换剂颗粒不能通过。第一种排水装置，管接头上有螺纹，可以直接拧上排水帽。后一种排水装置，是将排水帽带螺纹的尾部穿过多孔板，然后用螺母固定，安装很方便。排水帽用塑料制成，并采用了加强措施以提高强度，质量较好。另外，还有采用穹形多孔板加石英砂垫层的排水装置。此装置结构简单，但影响交换剂的盛装高度。进再生液的装置，以能保证再生液均匀地分布在交换剂层中为原则，常用的进再生液装置有辐射型、圆环型和支管型等，如图13—4a、b、c所示。

辐射型再生装置中，再生液是从8根辐射管的末端（管端压扁，其上焊圆形挡板，如图13—4a所示）流出来的。这8根管是由4根短管和4根长管相间排列而组成的。长管的长度为交换器半径的3/4，短管的长度为长管的1/2，再生液在管中的流速为1~1.5 m/s。

圆环型再生装置中，再生液是由均匀分布在环上的孔中流出来的。环的直径约为交换器直径的2/3。

支管型再生装置中，再生液是从分布在支管上的孔中流出来的，再生液从孔中流出来的速度控制在0.5~1.0 m/s。

为了在反洗时使交换剂能充分松动且细小颗粒不被带走，常在交换器上部的交换剂表面和布水装置之间留有一定的空间。其高度相当于交换剂层高度的一半。它的作用是可以使水流在交换器断面上均匀分布。

除了上述内部装置外，在交换器的壳体外部还配有加料孔、卸料机、各种管道、阀门、取样管、放气管、有机玻璃窥视孔、压力表等与锅炉房工艺融为一体的设备、仪表和装置。

2. 再生装置

在钠离子交换过程中，在运行一段时间后，从交换器出来的水的硬度逐渐升高，当硬度超过标准时，说明钠离子交换剂已经失效，不能起离子交换作用了。为了恢复其交换能力，就需要对失效的交换剂进行再生。

再生原理就是用含有钠离子的氯化钠溶液通过失效的交换剂层，将交换剂中的钙、镁离子置换出来再随溶液排出交换器外，交换树脂的阳离子变成钠型，从而恢复了原来的交换能力。其再生过程的化学反应式如下：

$$CaR_2 + 2NaCl \rightarrow 2NaR + CaCl_2 \qquad (13—9)$$

$$MgR_2 + 2NaCl \rightarrow 2NaR + MgCl_2 \qquad (13—10)$$

在生产中选用氯化钠做再生剂是因为它比较容易得到，而且在再生过程中，所形成的再生后的产物氯化钙、氯化镁都是可溶性的盐类，很容易随再生溶液排出去。

既然有再生过程，必须有再生装置。常用的再生装置有压力式食盐溶解器、用盐溶解箱以盐泵输送食盐溶液装置、用喷射器输送食盐溶液装置和用泵输送食盐溶液装置等。在上述几种装置中，压力式食盐溶解器在生产中应用最多，在这里仅将此种装置作一介绍。

压力式食盐溶解器起溶解食盐和过滤食盐水两种作用。压力式食盐溶解器是用钢板卷制成圆筒形，一端焊有椭圆形封头，另一端用法兰和一椭圆封头相连接，此封头安装时在上面，并在其最顶端设置有加食盐的孔门。其结构如图13—5所示。

加盐孔加入食盐后即封闭，然后由进水管进水将食盐溶解，使用时食盐水在进水压力下通过石英砂过滤，澄清的盐水由下部出水管引出，送至离子交换器进行再生，每次用完后应进行反洗。

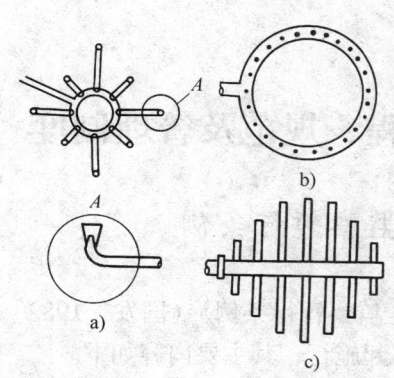
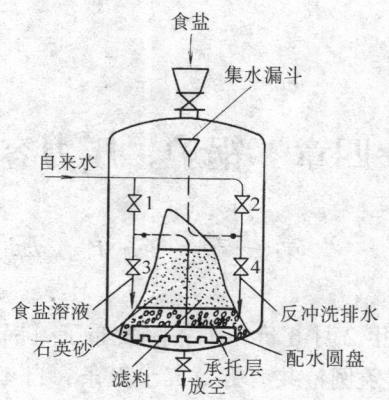

图13—4 离子交换器的再生装置
a) 辐射型 b) 圆环型 c) 支管型

图13—5 食盐溶解器
1—反洗进水阀 2—进水阀 3—盐液出口阀 4—反洗排水阀

用压力式食盐溶解器配置食盐溶液，虽然设备简单，操作方便，但食盐溶液浓度不易控制，开始很浓，随后逐渐变稀，同时食盐对设备腐蚀严重，溶解器要妥善地进行防腐处理。

3．钠离子交换器逆流再生

(1) 逆流再生的原理　阳离子交换器失效后，上层完全是失效层，被钙、镁离子所饱和，下层是部分失效的交换剂层。逆流再生时下层部分失效的交换剂总是和新鲜的再生液接触，因而可以得到很高的再生效果。越往上交换剂的浓度就越低，故而再生效果就越差，这种分布情况对交换却很有利。因为运行时出水最后接触的是这部分再生最彻底的交换剂，因此出水水质很好。上层交换剂虽然再生不彻底，但在运行时它首先与进水接触，此时水中反离子浓度很小，故这部分交换剂仍能起交换作用，使其交换容量得到充分发挥，因而提高了交换剂的利用率。

(2) 逆流再生的操作步骤

1) 小反洗　为了保持交换剂层不乱，首先对中间排液上面的压实层进行反洗，冲洗掉运行过程中沉积在压实层和中间排水装置上的污物，反洗一直到出水澄清为止，这段时间大约需要 15～20 min。

2) 放水　小反洗后，待交换剂颗粒下降后，放掉交换器内中间装置上部的水。

3) 进再生液　将再生液（食盐溶液）注入交换器内，为了得到较好的再生效果，食盐溶液浓度应控制在 3%～5%，再生液流速选为 5 m/h，食盐溶液与交换剂接触的时间为 30～50 min，配置食盐溶液的水应该用好水，最好是软化水。

4) 逆流冲洗　当配置好的食盐溶液按计算量用完后，关闭进食盐溶液的阀门，按再生液的流速继续用稀释再生剂的水进行冲洗，一直冲洗到氯离子为入口水的 1～2 倍，或出水硬度小于 0.5 mmol/L 时方为合格。这段时间大约需要 30～40 min。

5) 再小反洗　再生后压实层中往往有部分再生液残留物，如不冲洗干净将影响运行时的出水水质。再小反洗就是将水从中间排液装置进入，从顶部排出，一直到残留再生液冲洗干净为止，这段时间大约需要 20～30 min。

6) 正洗　最后按交换器正常运行方式，用水自上而下进行正洗，直到出水水质合格为止。

第十四章　锅炉、压力容器有关规程、规范及管理制度

第一节　锅炉、压力容器安全监察暂行条例

1982年2月6日，国务院发布了《锅炉压力容器安全监察暂行条例》（国发[1982] 22号），该《条例》共有五章二十五条，自1982年7月1日起施行，其主要内容如下。

一、为了确保锅炉、压力容器安全运行，保障人民生命和国家财产的安全，制定本条例。

二、本《条例》适用于所有的承压锅炉和压力为一个表压以上的各种压力容器。这些设备的设计、制造、安装、使用、检验、修理、改造的单位，都必须执行本条例，不适用于船舶机车上的锅炉和压力容器。

三、各级劳动部门的锅炉压力容器安全监察机构，对锅炉压力容器实行监察检查，劳动部门领导的锅炉压力容器检验所是专门从事锅炉、压力容器检验工作的事业单位。

四、安装锅炉、压力容器的施工单位，必须经过省、自治区、直辖市锅炉压力容器安全监察处审查批准，安装工作必须按照有关规定的要求，保证施工质量。

锅炉安装前，须将锅炉平面布置图及标明与有关建筑距离的图纸，送交当地锅炉压力容器安全监察机构审查同意，否则不准施工。

五、使用锅炉、压力容器的单位，必须向当地锅炉压力容器安全监察机构登记，取得使用证后，才能将设备投入运行。使用单位应根据设备的数量和对安全性能的要求，设置专门机构或专职技术人员，加强对锅炉、压力容器的安全技术管理，建立和健全安全管理制度。

使用锅炉、压力容器的单位，必须对操作人员进行技术培训和考核工作。锅炉操作工必须经过考试，取得当地锅炉压力容器安全监察机构颁发的合格证，才准独立操作。

六、使用锅炉、压力容器的单位，对运行的锅炉、压力容器必须按照有关规定实行定期检验制度。定期检验工作，可以由使用单位或其主管部门进行，也可以由当地锅炉压力容器安全监察机构或检验所进行。从事检验工作的人员，须经省、自治区、直辖市锅炉压力容器安全监察机构考核批准。锅炉压力容器安全监察机构应对他们的检验工作质量进行抽查。

锅炉压力容器安全监察机构或检验所对锅炉、压力容器进行定期检查，被检单位应缴纳检验费。

七、修理和改造锅炉、压力容器的单位，必须具备必要的工装设备、技术力量和检验手段，并经当地锅炉压力容器安全监察机构审查批准。

对锅炉、压力容器的受压部件进行重大修理和改造，应符合安全监察规程和有关标准的要求，并将修理和改造方案报当地锅炉压力容器安全监察机构审查同意。

八、锅炉、压力容器损坏严重，难以保证安全运行，又无修理价值时，应做报废处理，并将使用证交回当地锅炉压力容器安全监察机构。已报废的锅炉、压力容器不得再做承压设备使用。

九、锅炉压力容器发生事故后，发生事故的单位必须按照《锅炉、压力容器事故报告办法》的规定及时上报。

锅炉、压力容器发生爆炸事故后，当地公安部门和锅炉压力容器安全监察机构接到报告后，应立即派员前往现场。在上述人员到达前，除了防止事故扩大或抢救人员而采取必要的措施外，发生事故的单位要保护好现场。

十、锅炉、压力容器发生重大事故或爆炸事故后，当地锅炉压力容器安全监察机构、使用单位的主管部门，必要时应邀请科研等有关单位，共同调查分析事故原因，有关单位应积极协助。

事故分析中的试验费用，由事故主要责任单位承担。

十一、因设计、制造、安装、修理、改造的原因，发生锅炉、压力容器事故而造成重大损失时，事故主要责任单位应向使用单位赔偿经济损失。

十二、对严重违反锅炉、压力容器安全法规，造成重大损失的责任人员，锅炉压力容器安全监察机构有权提请有关部门追究行政责任、经济责任直到刑事责任。

十三、处理锅炉、压力容器事故的具体办法，由（原）国家劳动总局会同有关部门另行规定。

第二节　蒸汽锅炉安全技术监察规程

1996年8月19日，原劳动部颁发了《蒸汽锅炉安全技术监察规程》（劳部发［1996］276号），并从1997年1月1日起执行，原《蒸汽锅炉安全技术监察规程》（劳人锅［1987］4号）同时废止。新的《规程》主要内容如下。

一、目的

为了确保锅炉安全运行，保护人身安全，促进国民经济发展，特制定本规程。

二、适用范围

本规程适用于承压的以水为介质的固定式蒸汽锅炉及锅炉范围内管道的设计、制造、安装、使用、检验、修理和改造。

汽水两用锅炉除应符合本规程的规定外，还应符合《热水锅炉安全技术监察规程》的有关规定。

本规程不适用于水容量小于30 L的固定式承压蒸汽锅炉和原子能锅炉。

三、管理机构

县级以上各级人民政府劳动行政部门负责锅炉安全监察工作。

各级劳动行政部门锅炉压力容器安全监察机构（以下简称安全监察机构）负责监督本规程的执行。

四、一般要求

1. 锅炉产品出厂时，必须附有与安全有关的技术资料，其内容应包括：

(1) 锅炉图样，包括总图、安装图和主要受压部件图。

(2) 受压元件的强度计算书或计算结果汇总表。

(3) 安全阀排放量的计算书或计算结果汇总表。

(4) 锅炉质量证明书，包括出厂合格证、金属材料证明、焊接质量证明和水压试验证明。

(5) 锅炉安装说明书和使用说明书。
(6) 受压元件重大设计更改资料。

对于额定蒸汽压力大于或等于 3.8 MPa 的锅炉，至少还应提供以下技术资料：

1) 锅炉热力计算书或热力计算结果汇总表。
2) 过热器壁温计算书或计算结果汇总表。
3) 烟风阻力计算书或计算结果汇总表。
4) 热膨胀系统图。

对于额定蒸汽压力大于或等于 9.8 MPa 的锅炉，还应提供以下技术资料：

1) 再热器壁温计算书或计算结果汇总表。
2) 锅炉水循环（包括汽水阻力）计算书或计算结果汇总表。
3) 汽水系统图。
4) 各项保护装置整定值。

2．锅炉产品出厂时，应在明显的位置装设金属铭牌，铭牌上应标明下列项目：

(1) 锅炉型号。
(2) 制造厂锅炉产品编号。
(3) 额定蒸发量（t/h）或额定功率（MW）。
(4) 额定蒸汽压力（MPa）。
(5) 额定蒸汽温度（℃）。
(6) 再热蒸汽进、出口温度（℃）及进、出口压力（MPa）。
(7) 制造厂名称。
(8) 锅炉制造许可证级别和编号。
(9) 锅炉制造监检单位名称和监检标记。
(10) 制造年月。

对散件出厂的锅炉，还应在锅筒、过热器集箱、再热器集箱、水冷壁集箱、省煤器集箱以及减温器和启动分离器等主要受压部件的封头或端盖上打上钢印，注明该部件的产品编号。

3．锅炉的安装除应符合本规程外，对于额定蒸汽压力小于或等于 2.5 MPa 的锅炉，可参照《机械设备安装工程施工及验收规范》中第六册 TJ231（六）《破碎粉磨设备、卷扬机、固定式柴油机、工业锅炉安装》的有关规定。对于额定蒸汽压力大于 2.5 MPa 的锅炉，可参照 SDJ245《电力建设施工及验收技术规范（锅炉机组篇）》的有关规定。

4．锅炉在安装前和安装过程中，安装单位如发现受压部件存在影响安全使用的质量问题时，应停止安装并报告当地安全监察机构，安全监察机构对所提出的质量问题应尽快提出处理意见。

5．锅炉安装质量的分段验收和水压试验，由锅炉安装单位和使用单位共同进行。总体验收时，除锅炉安装单位和使用单位外，一般还应有安全监察机构派员参加。

锅炉安装验收合格后，安装单位应将安装锅炉的技术文件和施工质量证明材料等，移交使用单位存入锅炉技术档案。

6．锅炉的使用单位应按照原劳动人事部颁发的《锅炉使用登记办法》逐台办理登记手续，未办理登记手续的锅炉，不得投入使用。

7．锅炉的使用单位应按照原劳动人事部颁发的《锅炉司炉工人安全技术考核管理办法》对锅炉操作工人进行管理。无与锅炉相应类别的合格锅炉操作工人，锅炉不得投入使用。

8．电力系统的发电用锅炉的使用管理和操作人员的管理考核应按《电力工业锅炉监察规程》的有关规定执行。

9．锅炉的使用单位及其主管部门，应指定专职或兼职人员负责锅炉设备的安全管理，按照本规程的要求做好锅炉的使用管理工作。

锅炉的使用单位应根据锅炉的结构形式、燃烧方式和使用要求制订保证锅炉安全运行的操作规程和防爆、防火、防毒等安全管理制度以及事故处理办法，并认真执行。

锅炉的使用单位应制订和实行锅炉及其安全附件的维护保养和定期检修制度，对具有自动控制系统的锅炉，还应建立对自动仪表进行定期校验检修制度。

10．锅炉受压元件的重大修理，如锅筒（锅壳）、炉胆、回燃室、封头、炉胆顶、管板、下脚圈、集箱的更换、挖补、主焊缝的补焊、管子胀接改焊接以及大量更换受热面管子等，应有图样和施工技术方案。修理的技术要求可参照锅炉专业技术标准和有关技术规定。修理完工后，锅炉的使用单位应将图样、材料质量证明书、修理质量检验证明书等技术资料存入锅炉技术档案内。

11．在用锅炉修理时，严禁在有压力或锅水温度较高的情况下修理受压元件，采用焊接方法修理受压元件时，禁止带水焊接。

12．锅炉及其受压元件的改造施工技术要求可参照锅炉专业技术标准和有关技术规定。

提高锅炉运行参数的改造，在改造方案中必须包括必要的计算资料。由于结构和运行参数的改变，水处理措施和安全附件应与新参数相适应。

13．锅炉改造竣工后，锅炉的使用单位应将锅炉改造的图样、材料质量证明书、施工质量检验证明书等技术资料存入锅炉技术档案内。

五、结构要求

1．锅炉结构应符合下列基本要求：

（1）各部分在运行时应能按设计预定方向自由膨胀。

（2）保证各循环回路的水循环正常，所有受热面都应得到可靠的冷却。

（3）各受压部件应有足够的强度。

（4）受压元部件结构的形式、开孔和焊缝的布置应尽量避免或减少复合应力和应力集中。

（5）水冷壁炉膛的结构应有足够的承载能力。

（6）炉墙应具有良好的密封性。

（7）承重结构在承受设计载荷时应具有足够的强度、刚度、稳定性及防腐蚀性。

（8）便于安装、运行操作、检修和清洗内外部。

（9）燃煤粉的锅炉，其炉膛和燃烧器的结构及布置应与所设计的煤种相适应，并防止炉膛结渣或结焦。

2．额定蒸汽压力大于或等于 3.8 MPa 的锅炉，锅筒和集箱上应装设膨胀指示器，悬吊式锅炉本体设计确定的膨胀中心应予固定。

3．对于水管锅炉，在任何情况下锅筒筒体的壁厚不得小于 6 mm，当受热面与锅筒采用胀接连接时，锅筒筒体的壁厚不得小于 12 mm。

4.对于锅壳锅炉,当锅壳内径大于1 000 mm时,锅壳筒体的壁厚应不小于6 mm,当锅壳内径不超过1 000 mm时,锅壳筒体的取用壁厚应不小于4 mm。

5.锅壳锅炉的炉胆内径不应超过1 800 mm,其壁厚应不小于8 mm且不大于22 mm,当炉胆内径小于或等于400 mm时,其壁厚应不小于6 mm;卧式内燃锅炉的回燃室,其壳板的壁厚不应小于10 mm,且不大于35 mm。

卧式锅壳锅炉平直炉胆的计算长度应不超过2 000 mm,如果炉胆两端与管板扳边对接连接时,平直炉胆的计算长度可放大至3 000 mm。

6.喷水减温器的集箱与内衬套之间以及喷水管与集箱之间的固定方式,应能保证其相对膨胀,并能避免共振,且结构和布置应便于检修。

7.水管锅炉锅筒的最低安全水位,应能保证下降管可靠供水。锅壳锅炉的最低安全水位,应高于最高火界100 mm,对于直径小于或等于1 500 mm的卧式锅壳锅炉的最低安全水位,应高于最高火界75 mm。

锅炉的最低安全水位应在图样上标明。

8.凡属非受热面的元件,如由于冷却不够,壁温可能超过该元件所用材料的许用温度时,应予绝热。

9.对于集箱和防焦箱上的手孔,当孔盖与孔圈采用非焊接连接时,应避免直接与火焰接触。

10.装设空气预热器的燃油锅炉,尾部应装设可靠的吹灰及灭火装置。燃煤粉锅炉在炉膛和布置有过热器、再热器的对流烟道,应装设吹灰器。

11.装有可分式铸铁省煤器的锅炉,宜采用旁流道或其他有效措施,同时应装设旁通水路。

装有不可分式省煤器的锅炉,应装设再循环管或采取其他措施防止锅炉启动点火时省煤器烧坏。

12.锅炉主要受压元件的主焊缝[锅筒(锅壳)、炉胆、回燃室以及集箱的纵向和环向焊缝,封头、管板、炉胆顶和下脚圈的拼接焊缝等]应采用全焊透的对接焊接。

六、受压元件焊接

1.受压元件焊接的一般要求

(1)采用焊接方法制造、安装、修理和改造锅炉受压元件时,施焊单位应制定焊接工艺指导书并进行焊接工艺评定,符合要求后才能用于生产。

(2)焊接锅炉受压元件的焊工,必须按原劳动人事部颁发的《锅炉压力容器焊工考试规则》进行考试,取得焊工合格证后,方可从事考试合格项目范围内的焊接工作。

焊工应按焊接工艺指导书或焊接工艺卡施焊。

(3)锅炉受压元件的焊缝附近应打上低应力的焊工代号钢印。

(4)焊接设备的电流表、电压表、气体流量计等仪表、仪器以及规范参数调节装置应定期进行检验。上述表、计、装置失灵时,不得进行焊接。

(5)锅炉受压元件的焊接接头质量应进行下列项目的检查和试验:

1)外观检查。

2)无损探伤检查。

3)力学性能试验。

4) 金相检验和断口检验。

5) 水压试验。

(6) 每台锅炉的焊接质量证明除应载明第五条各项检验内容和结果外，还应记录产品焊后热处理的方式、规范和焊缝的修补情况等。

(7) 焊接质量检验报告及无损探伤记录（包括底片）由施焊单位妥善保存至少 5 年或移交使用单位长期保存。

2. 受压元件焊接的外观检查

(1) 锅炉受压元件的全部焊缝（包括非受压元件与受压元件的连接焊缝）应进行外观检查，表面质量应符合如下要求：

1) 焊缝外形尺寸应符合设计图样和工艺文件的规定，焊缝高度不低于母材表面，焊缝与母材应平滑过渡。

2) 焊缝及其热影响区表现无裂纹、夹渣、弧坑和气孔。

3) 锅筒（锅壳）、炉胆和集箱的纵、环焊缝及封头（管板）的拼接焊缝无咬边，其余焊缝咬边深度不超过 0.5 mm，管子焊缝两侧咬边总长度不超过管子周长的 20%，且不超过 40 mm。

(2) 对接焊接的受热面管子，按 JB/T 1611《锅炉管子技术条件》进行通球试验。

(3) 金相检验的合格标准

1) 没有裂纹、疏松。

2) 没有过烧组织。

3) 没有淬硬性马氏体组织。

3. 受压元件补焊要求

如果受压元件的焊接接头经无损探伤发现存在不合格的缺陷，施焊单位应找出原因，制定可行的返修方案，才能进行返修。补焊前，缺陷应彻底清除；补焊后，补焊区应做外观和无损探伤检查。要求焊后热处理的元件，补焊后应做焊后热处理。同一位置上的返修不应超过 3 次。

七、主要附件和仪表

1. 安全阀

(1) 每台锅炉至少应装两个安全阀（不包括省煤器安全阀）。符合下列规定之一的，可只装一个安全阀：

1) 额定蒸发量小于或等于 0.5 t/h 的锅炉。

2) 额定蒸发量小于 4 t/h 且装有可靠的超压连锁保护装置的锅炉。

可分式省煤器出口处、蒸汽过热器出口处、再热器入口处和出口处以及直流锅炉的启动分离器，都必须装设安全阀。

(2) 锅炉的安全阀应采用全启式弹簧式安全阀、杠杆式安全阀和控制式安全阀（脉冲式、气动式、液动式和电磁式等），选用的安全阀应符合有关技术标准的规定。

对于额定蒸汽压力小于或等于 0.1 MPa 的锅炉可采用静重式安全阀或水封式安全装置，水封装置的水封管内径不应小于 25 mm，且不得装设阀门，同时应有防冻措施。

(3) 锅筒（锅壳）上的安全阀和过热器上的安全阀的总排放量，必须大于锅炉额定蒸发量，并且在锅筒（锅壳）和过热器上的所有安全阀开启后，锅筒（锅壳）内蒸汽压力不得超过设计时计算压力的 1.1 倍。强制循环锅炉按锅炉出口处受压元件的压力计算。

(4) 蒸汽安全阀的排放量应按照下列方法之一进行计算：

1) 按 GB 12241《安全阀一般要求》中的公式进行计算。

2) 按下列公式计算：

$$E = 0.235A(10.2p+1)K \tag{14—1}$$

式中　E——安全阀的理论排放量，kg/h；

　　　p——安全阀入口处的蒸汽压力（表压），MPa；

　　　A——安全阀的流道面积，mm²，可用 $\pi d^2/4$（d——安全阀的流道直径，mm）计算；

　　　K——安全阀入口处蒸汽比容修正系数，按下式计算：

$$K = K_p \times K_g$$

式中　K_p——压力修正系数；

　　　K_g——过热修正系数。

K、K_p、K_g 按表 14—1 选用和计算。

表 14—1　　　　　　　　　　安全阀入口处各修正系数

p(MPa)	K	K_p	K_g	$K = K_p \cdot K_g$
$p \leqslant 12$	饱和	1	1	1
	过热	1	$\sqrt{V_b/V_g}$	$\sqrt{V_b/V_g}$
$p > 12$	饱和	$\sqrt{2.1/(10.2p+1)V_b}$	1	$\sqrt{2.1/(10.2p+1)V_b}$
	过热	$\sqrt{2.1/(10.2p+1)V_b}$	$\sqrt{V_b/V_g}$	$\sqrt{2.1/(10.2p+1)V_g}$

注：$\sqrt{V_b/V_g}$ 亦可以用 $\sqrt{1000/(1000+2.7T_g)}$ 代替。

式中　V_g——过热蒸汽比容，m³/kg；

　　　V_b——饱和蒸汽比容，m³/kg；

　　　T_g——过热度，℃。

3) 按照安全阀制造单位提供的计算公式及数据计算。

(5) 过热器和再热器出口处安全阀的排放量应保证过热器和再热器有足够的冷却。

直流锅炉启动分离器的安全阀排放量应大于锅炉启动时的产汽量。

省煤器安全阀的流道面积由锅炉设计单位确定。

(6) 对于额定蒸汽压力小于或等于 3.8 MPa 的锅炉，安全阀的流道直径不应小于 25 mm；对于额定蒸汽压力大于 3.8 MPa 的锅炉，安全阀的流道直径不应小于 20 mm。

(7) 安全阀应垂直安装，并应装在锅筒（锅壳）、集箱的最高位置。在安全阀和锅筒（锅壳）之间或安全阀和集箱之间，不得装有取用蒸汽的出气管和阀门。

(8) 几个安全阀如共同装置在一个与锅筒（锅壳）直接相连接的短管上，短管的流通截面积应不小于所有安全阀流道面积之和。

(9) 采用螺纹连接的弹簧式安全阀，其规格应符合 JB 2202《弹簧式安全阀参数》的要求。此外，安全阀应与带有螺纹的短管相连接，而短管与锅筒（锅壳）或集箱的筒体应采用焊接连接。

(10) 安全阀应装设排气管，排气管应直通安全地点，并有足够的流通截面积，保证排气畅通。同时排气管应予以固定。如排气管露天布置而影响安全阀的正常动作时，应加装防护罩。防护罩的安装应不妨碍安全阀的正常动作与维修。

安全阀排汽管底部应装有接到安全地点的疏水管。在排气管和疏水管上都不允许装设阀门。

省煤器的安全阀应装排水管，并通至安全地点。在排水管上不允许装设阀门。

(11) 安全阀排气管上如装有消音器，应有足够的流通截面积，以防止安全阀排放时所产生的背压过高影响安全阀的正常动作及其排放量。消音板或其他元件的结构应避免因结垢而减少蒸汽的流通截面积。

(12) 安全阀上必须有下列装置：

1) 杠杆式安全阀应有防止重锤自行移动的装置和限制杠杆越出的导架。

2) 弹簧式安全阀应有提升手把和防止随便拧动调整螺钉的装置。

3) 静重式安全阀应有防止重片飞脱的装置。

4) 控制式安全阀必须有可靠的动力源和电源

①脉冲式安全阀的冲量接入导管上的阀门应保持全开并加铅封。

②用压缩气体控制的安全阀必须有可靠的气源和电源。

③液压控制式安全阀必须有可靠的液压传送系统和电源。

④电磁控制式安全阀必须有可靠的电源。

(13) 锅筒（锅壳）和过热器的安全阀整定压力应按表14—2的规定进行调整和校验。

表14—2　　　　　　　　　　　安全阀整定压力

额定蒸汽压力（MPa）	安全阀的整定压力
≤0.8	工作压力+0.03 MPa
	工作压力+0.05 MPa
0.8<p≤5.9	1.04倍工作压力
	1.06倍工作压力
>5.9	1.05倍工作压力
	1.08倍工作压力

注：①锅炉上必须有一个安全阀，按表中较低的整定压力进行调整。对有过热器的锅炉，按较低压力进行调整的安全阀，必须为过热器上的安全阀，以保证过热器上的安全阀先开启。

②表中的工作压力，对于脉冲式安全阀系指冲量接出地点的工作压力，对其他类型的安全阀系指安全阀装置地点的工作压力。

省煤器、再热器、直流锅炉启动分离器的安全阀整定压力为装设地点工作压力的1.1倍。

(14) 安全阀启闭压差一般应为整定压力的4%～7%，最大不超过10%。当整定压力小于0.3 MPa时，最大启闭压差为0.03 MPa。

(15) 对于新安装锅炉的安全阀及检修后的安全阀，都应校验其整定压力和回座压。控制式安全阀应分别进行控制回路可靠性检验和开启性能试验。

(16) 在用锅炉的安全阀每年至少应校验一次。检验的项目为整定压力、回座压力和密封性等。安全阀的校验一般应在锅炉运行状态下进行。如现场校验困难或对安全阀进行修理后，可在安全阀校验台上进行，此时只对安全阀进行整定压力调整和密封性试验。

安全阀校验后，其整定压力、回座压力、密封性等检验结果应记入锅炉技术档案。

安全阀经校验后，应加锁或铅封。严禁用加重物、移动重锤、将阀瓣卡死等手段任意提高安全阀整定压力或使安全阀失效。锅炉运行中安全阀严禁解列。

(17) 为防止安全阀的阀瓣和阀座粘住，应定期对安全阀做手动的排放试验。

(18) 安全阀出厂时，应标有金属铭牌。铭牌上应载明下列项目：

1) 安全阀型号。
2) 制造厂名。
3) 产品编号。
4) 出厂年月。
5) 公称压力，MPa。
6) 阀门流道直径，mm。
7) 开启高度，mm。
8) 排量系数。
9) 压力等级级别。

安全阀的排量系数，应由安全阀制造单位试验确定。

2．压力表

(1) 每台锅炉除必须装有与锅筒（锅壳）蒸汽空间直接相连接的压力表外，还应在下列部位装设压力表：

1) 给水调节阀前。
2) 可分式省煤器出口。
3) 过热器出口和主气阀之间。
4) 再热器出、入口。
5) 直流锅炉启动分离器。
6) 直流锅炉一次汽水系统的阀门前。
7) 强制循环锅炉锅水循环泵出、入口。
8) 燃油锅炉油泵进、出口。
9) 燃气锅炉的气源入口。

(2) 选用压力表应符合下列规定：

1) 对于额定蒸汽压力小于 2.5 MPa 的锅炉，压力表精确度不应低于 2.5 MPa；对于额定蒸汽压力大于或等于 2.5 MPa 的锅炉，压力表的精确度不应低于 1.5 级。

2) 压力表应根据工作压力选用。压力表表盘刻度极限值应为工作压力的 1.5～3.0 倍，最好选用 2 倍。

3) 压力表表盘大小应保证锅炉人员能清楚地看到压力指示值，表盘直径不应小于100 mm。

(3) 选用的压力表应符合有关技术标准的要求，其校验和维护应符合国家计量部门的规定。压力表装用前应进行校验并注明下次的校验日期。压力表的刻度盘上应划红线指示出工作压力。压力表校验后应封印。

(4) 压力表装设应符合下列要求：

1) 应装设在便于观察和吹洗的位置，并应防止受到高温、冰冻和振动的影响。
2) 蒸汽空间设置的压力表应有存水弯管。存水弯管用钢管时，其内径不应小于 10 mm。

压力表与筒体之间的连接管上应装有三通阀门，以便吹洗管路，卸换、校验压力表。三通阀门应装在压力表与存水弯管之间。

(5) 压力表有下列情况之一时，应停止使用：
1）有限止钉的压力表在无压力时，指针转动后不能回到限止钉处；没有限止钉的压力表在无压力时，指针离零位的数值超过压力表规定的允许误差。
2）表面玻璃破碎或表盘刻度模糊不清。
3）封印损坏或超过校验有效期限。
4）表内泄漏或指针跳动。
5）其他影响压力表准确指示的缺陷。

3．水位表

(1) 每台锅炉至少应装两个彼此独立的水位表，但符合下列条件之一的锅炉可只装一个直读式水位表：
1）额定蒸发量小于或等于 0.5 t/h 的锅炉。
2）电加热锅炉。
3）额定蒸发量小于或等于 2 t/h，且装有一套可靠的水位示控装置的锅炉。
4）装有两套各自独立的远程水位显示装置的锅炉。

(2) 水位表应装在便于观察的地方。水位表距离操作地面高于 6 000 mm 时，应加装远程水位显示装置。远程水位显示装置的信号不能取自一次仪表。

(3) 用远程水位显示装置监视水位的锅炉，控制室内应有两个可靠的远程水位显示装置，同时运行中必须保证有一个直读式水位表正常工作。

(4) 水位表应有下列标志和防护装置：
1）水位表应有指示最高、最低安全水位和正常水位的明显标志。水位表的下部可见边缘应比最高火界至少高 50 mm，且应比最低安全水位至少低 25 mm，水位表的上部可见边缘应比最高安全水位至少高 25 mm。
2）为防止水位表损坏时伤人，玻璃管式水位表应有防护装置（如保护罩、快关阀、自动闭锁珠等），但不得妨碍观察真实水位。
水位表应有放水阀门和接到安全地点的放水管。

(5) 水位表的结构和装置应符合下列要求：
1）锅炉运行中能够吹洗和更换玻璃板（管）、云母片。
2）用两个及两个以上玻璃板或云母片组成一组的水位表，能够保证连续指示水位。
3）水位表或水表柱和锅筒（锅壳）之间的汽水连接管内径不得小于 18 mm，连接管长度大于 500 mm 或有弯曲时，内径应适当增大，以保证水位表灵敏准确。
4）连接管应尽可能地短。如连接管不是水平布置时，汽连管中的凝结水应能自行流向水位表，水连管中的水应能自行流向锅筒（锅壳），以防止形成假水位。
5）阀门的流道直径及玻璃管的内径都不得小于 8 mm。

(6) 水位表（或水表柱）和锅筒（锅壳）之间的汽水连接管上应装有阀门，锅炉运行时阀门必须处于全开位置。

4．排污和放水装置

(1) 锅筒（锅壳）、立式锅炉的下脚圈、每组水冷壁下集箱的最低处，都应装排污阀；过热器或再热器集箱、每组省煤器的最低处，都应装放水阀。有过热器的锅炉一般应装设连续排污装置。排污阀宜采用闸阀、扇形阀或斜截止阀。排污阀的公称通径为 20～65 mm，卧式锅壳锅炉锅壳上的排污阀的公称通径不得小于 40 mm。

（2）额定蒸发量大于或等于 1 t/h 或额定蒸汽压力大于或等于 0.7 MPa 的锅炉，排污管应装两个串联的排污阀。

（3）每台锅炉应装设独立的排污管，排污管应尽量减少弯头，保证排污畅通并接到室外安全点或排污膨胀箱。采用有压力的排污膨胀箱时，排污箱上应装安全阀。

几台锅炉排污合用一根总排污管时，不应有两台或两台以上的锅炉同时排污。

（4）锅炉的排污阀、排污管不应采用螺纹连接。

5. 测温仪表

在锅炉的下列相应部位应装设测量温度的仪表：

（1）过热器出口、再热器进出口。
（2）由几段平行管组组成的过热器的每组出口。
（3）减温器前、后。
（4）铸铁省煤器出口。
（5）燃煤粉锅炉炉膛出口。
（6）再热器和过热器入口。
（7）空气预热器空气出口。
（8）排烟处。
（9）燃油锅炉燃烧器的燃油入口。
（10）额定蒸汽压力大于或等于 9.8 MPa 的锅炉的锅筒上、下壁。
（11）额定蒸汽压力大于 9.8 MPa 的锅炉的过热器、再热器蛇形管金属壁。
（12）燃油锅炉空气预热器出口。

有过热器的锅炉，还应装设过热蒸汽温度的记录仪表。

6. 保护装置

（1）额定蒸发量大于或等于 2 t/h 的锅炉，应装设高低水位警报器（高、低水位警报信号须能区分）、低水位连锁保护装置；额定蒸发量大于或等于 6 t/h 的锅炉，还应装设蒸汽超压的报警和连锁保护装置。

低水位连锁保护装置最迟应在最低安全水位时动作。

超压连锁保护装置动作整定值应低于安全阀较低整定压力值。

（2）用煤粉、油或气体作燃料的锅炉，应装具有下列功能的连锁装置：

1）全部引风机断电时，自动切断全部送风和燃料供应。
2）送风机断电时，自动切断全部燃料供应。
3）燃油、燃气压力低于规定值时，自动切断燃油或燃气的供应。

（3）用煤粉、油或气体作燃料的锅炉，必须装设可靠的点火程序控制和熄火保护装置。

在点火程序控制中，点火前的总通风量应不小于 3 倍的从炉膛到烟囱入口烟道总容积，且通风时间对于锅壳锅炉至少应持续 20 s；对于水管锅炉至少应持续 60 s；对于发电用锅炉一般应持续 3 min 以上。

单位通风量一般应保持额定负荷下的总燃烧空气量，对于发电用锅炉一般应保持额定负荷下的 25%～30% 的总燃烧空气量。

（4）有再热器的锅炉，应装具有下列功能的保护装置：

1）再热器出口气温达到最高允许值时，自动投入事故喷水。

2）根据机组运行方式、自动控制条件和再热器设计，采用相应的保护措施，防止再热器金属壁超温。

(5) 直流锅炉应有下列保护装置：

1）任何情况下，当给水流量低于启动流量时的报警装置。

2）锅炉进入纯直流状态运行后，中间点温度超过规定值时的报警装置。

3）给水断水时间超过规定的时间时，自动切断锅炉燃料供应的装置。

(6) 锅炉运行时保护装置与连锁装置不得任意退出停用。连锁保护装置的电源应可靠。

(7) 几台锅炉共用一个总烟道时，在每台锅炉的支烟道内应装设烟道挡板。挡板应有可靠的固定装置，以保证锅炉运行时，挡板处在全开启位置，不能自行关闭。

7. 主要阀门及其他

(1) 锅炉管道上的阀门和烟风系统挡板均应有明显标志，应标明阀门和挡板的名称、编号、开关方向和介质流动方向，主要调节阀门还应有开度指示。

阀门、挡板的操作机构均应装设在便于操作的地点。

(2) 主气阀应装在靠近锅筒（锅壳）或过热器集箱的出口处。单元机组的锅炉，主气阀可以装设在汽机入口处。立式锅壳锅炉的主气阀可以装在锅炉房内便于操作的地方。连接锅炉与蒸汽母管的每根蒸汽管上，应装设两个切断阀门，切断阀门之间应装有通向大气的疏水管和阀门，其内径不得小于 18 mm。

(3) 不可分式省煤器入口的给水管上应装设给水切断阀和给水止回阀。对于单元式机组，锅炉的给水管上可不装给水止回阀。可分式省煤器的入口处和通向锅筒（锅壳）的给水管上都应分别装设给水切断阀和给水止回阀。

(4) 给水切断阀应装在锅筒（锅壳）（或省煤器入口集箱）和给水止回阀之间，并与给水止回阀紧接相连。

(5) 额定蒸发量大于 4 t/h 的锅炉，应装设自动给水调节器，并在锅炉操作工便于操作的地点装设手动控制给水的装置。

(6) 额定蒸汽压力大于或等于 3.8 MPa 的锅炉，应在锅筒的最低安全水位和正常水位之间接出紧急放水管，放水管上应装阀门，一旦发生满水以便及时放水。此阀门在锅炉运行时必须处于关闭状态。

(7) 在锅筒（锅壳）、过热器、再热器和省煤器等可能集聚空气的地方都应装设排气阀。

(8) 工作压力不同的锅炉应分别有独立的蒸汽管道和给水管道。如果采用同一根蒸汽母管时，较高压力的蒸汽管道上必须有自动减压装置，以及防止低压侧超压的安全装置（如止回阀）。给水压力差不超过其中最高工作压力的 20% 时，可以由总的给水系统向锅炉给水。

(9) 锅炉的给水系统，应保证安全可靠地供水。

锅炉房应有备用给水设备。给水系统的布置和备用给水设备的台数和容量，由锅炉房设计单位按设计规范确定。

(10) 额定蒸发量大于或等于 1 t/h 的锅炉应有锅水取样装置，对蒸汽品质有要求时，还应有蒸汽取样装置。取样装置和取样点位置应保证取出的水、汽样品具有代表性。

八、锅炉房

1. 锅炉一般应装在单独建造的锅炉房内。

锅炉房不应直接设在聚集人多的房间（如公共浴室、教室、餐厅、影剧院的观众厅、候车室等）或在其上面、下面、贴邻或主要疏散口的两旁。新建的锅炉房不应与住宅相连。

2．锅炉房如设在多层或高层建筑的半地下室或第一层中，则必须同时符合以下条件：

（1）每台锅炉的额定蒸发量不超过 10 t/h，额定蒸汽压力不超过 1.6 MPa。

（2）每台锅炉必须有可靠的超压连锁保护装置和低水位连锁保护装置。

（3）每台锅炉的安全附件和连锁保护装置要定期维护和检验，以保证其灵敏、可靠。

（4）锅炉间的建筑结构应有相应的抗爆措施。

（5）独立操作的锅炉操作工必须持有相应级别的司炉操作证，且连续操作同类别锅炉5年以上未发生过事故。

（6）必须有安全疏散通道。

3．锅炉房不宜设在高层或多层建筑的地下室、楼层中间或顶层，但由于条件限制需要设置时，除符合本规程的要求外，还应符合以下条件，且锅炉房的设置应事先征得市、地级及以上安全监察机构同意。

（1）每台锅炉的额定蒸发量不超过 4 t/h，额定蒸汽压力不超过 1.6 MPa。

（2）必须是用油、气体作燃料或电加热的锅炉。

（3）燃料供应管路的连接采用氩弧焊打底。

此外，当锅炉房设置在地下室时，应采取强制通风措施。

4．锅炉房不得与甲、乙类及使用可燃液体的丙类火灾危险性房间相连。若与其他生产厂房相连时，应用防火墙隔开。余热锅炉不受此限制。

5．锅炉房建筑的耐火等级和防火要求应符合《建筑设计防火规范》及《高层民用建筑设计防火规范》的要求。

锅炉间的外墙或屋顶至少应有相当于锅炉间占地面积10%的泄压面积（如玻璃窗、天窗、薄弱墙等）。泄压处不得与聚集人多的房间和通道相邻。

6．锅炉房应符合下列要求：

（1）锅炉房内的设备布置应便于操作、通行和检修。

（2）应有足够的光线和良好的通风以及必要的降温和防冻措施。

（3）地面应平整无台阶，且应防止积水。

（4）锅炉房承重梁柱等构件与锅炉应有一定的距离或采取其他措施，以防止受高温损坏。

7．锅炉房每层至少应有两个出口，分别设在两侧。

锅炉前端的总宽度（包括锅炉之间的过道在内）不超过 12 m，且面积不超过 200 m² 的单层锅炉房，可以只开一个出口。

锅炉房通向室外的门应向外开，在锅炉运行期间不准锁住或闩住，锅炉房的出入口和通道应畅通无阻。

8．在锅炉房内的操作地点以及水位表、压力表、温度计、流量计等处，应有足够的照明。锅炉房应有备用照明设备或工具。

9．露天布置的锅炉应有操作间，并应有可靠的防雨、防风、防冻、防腐措施。

九、使用管理

1．锅炉房主管人员应熟悉锅炉安全知识，按章作业。

2. 锅炉运行时，操作人员应执行有关锅炉安全运行的各项制度，做好运行值班记录和交接班记录。

锅炉操作间和主要用气地点，应设有通讯或讯号装置。

3. 锅炉运行中，遇有下列情况之一时，应立即停炉：

（1）锅炉水位低于水位表最低可见边缘。

（2）不断加大给水及采取其他措施，但水位仍继续下降。

（3）锅炉水位超过最高可见水位（满水），经放水仍不能见到水位。

（4）给水泵全部失效或给水系统出现故障，不能向锅炉进水。

（5）水位表或安全阀全部失效。

（6）设置在气空间的压力表全部失效。

（7）锅炉元件损坏且危及运行人员安全。

（8）燃烧设备损坏、炉墙倒塌或锅炉构架被烧红等严重威胁锅炉安全运行的事故。

（9）其他危及锅炉安全运行的异常情况。

4. 当锅炉运行中发现受压元件泄漏、炉膛严重结焦、受热面金属超温又无法恢复正常以及其他重大问题时，应停止锅炉运行。

5. 检修人员进入锅炉内进行工作时，应符合以下要求：

（1）在进入锅筒（锅壳）内部工作前，必须用能指示出隔断位置的强度足够的金属堵板将连接其他运行锅炉的蒸汽、给水、排污等管道全部可靠地隔开，且必须将锅筒（锅壳）上的人孔和箱上的手孔打开，使空气对流一定时间。

（2）在进入烟道或燃烧室工作前，必须进行通风，并将与总烟道或其他运行锅炉的烟道相通的烟道闸门关严密，以防毒、防火、防爆。

（3）用油或气体作燃料的锅炉，应可靠地隔断油、气的来源。

（4）在锅筒（锅壳）和潮湿的烟道内工作而使用电灯照明时，照明电压应不超过 24 V；在比较干燥的烟道内，应有妥善的安全措施，可采用不高于 36 V 的照明电压。禁止使用明火照明。

（5）在锅筒（锅壳）内进行工作时，锅炉外面应有人监护。

6. 对备用或停用的锅炉，必须采取防腐措施。

7. 为了延长锅炉使用寿命，节约燃料，保证蒸汽品质，防止由于水垢、水渣、腐蚀而引起锅炉部件损坏或发生事故，使用锅炉的单位应按《锅炉水处理管理规则》的规定做好水质管理工作。

8. 额定蒸汽压力小于或等于 2.5 MPa 的锅炉的水质，应符合 GB 1576《低压锅炉水质》的规定。额定蒸汽压力大于或等于 3.8 MPa 的锅炉的水质，应符合 GB 12145《火力发电机组及蒸汽动力设备水汽质量标准》的规定。没有可靠的水处理措施，不得投入运行。

9. 使用锅炉的单位应执行排污制度。定期排污应在低负荷下进行，同时严格监视水位。

十、检验

1. 在用锅炉的定期检验工作包括外部检验、内部检验和水压试验。锅炉的使用单位必须安排锅炉的定期检验工作，各级安全监察机构对检验计划的执行情况和检验质量进行监督检查。

从事锅炉定期检验的单位及检验人员应按照《劳动部门锅炉压力容器检验机构资格认可

规则》和《锅炉压力容器检验员资格鉴定考核规则》的规定取得相应资格。

2. 在用锅炉一般每年进行1次外部检验,每2年进行1次内部检验,每6年进行1次水压试验。

当内部检验和外部检验在同1年进行时,应首先进行内部检验,然后再进行外部检验。

电力系统的发电用锅炉内部检验和水压试验周期可按照电厂大修周期进行适当调整。

对于不能进行内部检验的锅炉,应每3年进行1次水压试验。

3. 除定期检验外,锅炉有下列情况之一时,也应进行内部检验。
(1) 移装锅炉投运前。
(2) 锅炉停止运行1年以上需要恢复运行前。
(3) 受压元件经重大修理或改造后及重新运行1年后。
(4) 根据上次内部检验结果和锅炉运行情况,对设备安全可靠性有怀疑时。

4. 锅炉除一般6年进行1次水压试验外,锅炉受压元件经重大修理或改造后,也需要进行水压试验。

水压试验前应对锅炉进行内部检查,必要时还应进行强度核算,不得用水压试验的方法确定锅炉的工作压力。

5. 水压试验压力应符合表14—3的规定。

表14—3　　　　　　　　　水 压 试 验 压 力

名称	锅筒(锅壳)工作压力 p	试验压力
锅炉本体	<0.8 MPa	$1.5p$ 但不小于 0.2 MPa
锅炉本体	0.8~1.6 MPa	$p+0.4$ MPa
锅炉本体	>1.6 MPa	$1.25p$
过热器	任何压力	与锅炉本体试验压力相同
可分式省煤器	任何压力	$1.25p+0.5$ MPa

再热器的试验压力为 $1.5p_1$(p_1为再热器的工作压力),直流锅炉本体的水压试验压力为介质出口的1.25倍,且不小于省煤器进口压力的1.1倍。

水压试验时,薄膜应力不得超过元件材料在试验温度下屈服点的90%。

6. 锅炉进行水压试验时,水压应缓慢地升降,当水压上升到工作压力时,应暂停升压,检查有无泄漏或异常现象,然后再升压到试验压力。锅炉应在试验压力下保持20 min,然后降到工作压力进行检查。检查期间压力应保持不变。

水压试验在周围气温低于5℃时必须有防冻措施。

水压试验用的水应保持高于周围露点的温度,但也不宜温度过高,以防止引起汽化和过大的温差应力,一般为20~70℃。

合金钢受压元件的水压试验水温应高于所用钢种的脆性转变温度。

奥氏体受压元件水压试验时,应控制水中的氯离子的质量浓度不超过25 mg/L,如不能满足这一要求时,水压试验后应立即将水渍去除干净。

7. 锅炉进行水压试验,符合下列情况时为合格:
(1) 在受压元件金属壁和焊缝上没有水珠和水雾。
(2) 当降到工作压力后胀口处不滴水珠。

(3) 水压试验后，没有发现残余变形。

8．锅炉的检验报告应存入锅炉技术档案。

第三节　热水锅炉安全技术监察规程

《蒸汽锅炉安全技术监察规程》（劳部发［1996］276号）于1997年1月1日起执行，为使《热水锅炉安全技术监察规程》（劳部发［1991］8号）在安全技术上与其协调一致，1997年3月14日原劳动部劳部发［1997］74号文对《热水锅炉安全技术监察规程》有关章节进行了相应的修订，主要修订内容如下。

一、总则

1．《热水锅炉安全技术监察规程》适用范围包括电加热热水锅炉、锅炉范围内的管道。

2．进口固定式热水锅炉或国内生产企业（含外商投资企业）引进国外技术，按照国外标准生产且在国内使用的固定式热水锅炉，也应符合本规程的基本要求，特殊情况如与规程基本要求不符时，应事先征得劳动部锅炉压力容器安全监察机构同意。

二、一般要求

锅炉安装质量的分段验收和水压试验，由锅炉安装单位和使用单位共同进行。总体验收时，除锅炉安装单位和使用单位外，一般还应有劳动部门锅炉压力容器安全监察机构派员参加。

三、材料

用于锅炉的主要材料如锅炉钢板、锅炉钢管和焊接材料等，锅炉制造厂应按有关规定进行入厂验收，合格后才能使用。

用于额定热功率小于或等于4.2 MW且额定出水温度小于120℃的锅炉的主要材料，如果原始质量证明书等齐全，且材料标记清晰时，可免于复验。

对于质量稳定并取得劳动部（现劳动和社会保障部）锅炉压力容器安全监察机构产品安全质量认可的材料，可免于复验。否则，不能免于复验。

四、钢制锅炉的结构

1．受压元件上开胀接管孔应符合《蒸汽锅炉安全技术监察规程》第51条的规定。

2．锅炉受热面管子以及锅炉范围内的管道可采用无直段弯头，采用无直段弯头的布置及技术要求应符合《蒸汽锅炉安装技术监察规程》第54条的规定。

3．对于卧式内燃锅壳热水锅炉，其炉胆与管板及锅壳采用T形对接连接的有关要求应符合《蒸汽锅炉安全技术监察规程》第48条、77条、84条的规定。

4．额定出水压力小于或等于1.6 MPa的锅炉，其受压元件的人孔盖、头孔盖、手孔盖可采用法兰连接结构。

五、受压元件的焊接

1．经过射线进行部分探伤检查的焊缝，在探伤部位任意一端发现缺陷有延伸的可能时，应在缺陷的延长方向做补充射线探伤检查。在抽查或在缺陷的延长方向补充检查中有不合格缺陷时，该条焊缝应做抽查数量双倍数目的补充探伤检查。补充检查后，仍有不合格时，该条焊缝应全部进行探伤。

受压管道和管子对接接头做探伤抽查时，如发现有不合格的缺陷，应做抽查数量的双倍数目的补充探伤检查。如补充检查仍不合格，应对该焊工焊接的全部对接接头做探伤检查。

2．产品检查试件的数量和要求如下：

（1）每个锅筒（锅壳）的纵、环焊缝应各做 1 块检查试板。当批量生产时，在质量稳定的情况下，允许同批生产（同钢号、同焊接材料和工艺）的每 10 个锅筒（锅壳）做纵、环缝检查试板各 1 块；不足 10 个锅筒（锅壳）也应做纵、环缝检查试板各 1 块。

（2）对于额定出口热水温度低于 120℃、额定热功率小于或等于 2.8 MW 的锅炉，可以免做产品检查试板。

（3）封头、管板、炉胆的拼接焊缝，当其母材与锅管（锅壳）相同时，可免做检查试板，否则检查试板的数量应与锅筒（锅壳）筒体相同。

（4）集箱、管子、管道和其他管件可免做产品检查试件。

3．弯曲试样冷弯到《热水锅炉安全技术监察规程》中表 5—2 的角度后，试样上任何方向最大缺陷的长度均不大于 3 mm 为合格。

六、主要附件和仪表

几个安全阀如共同装置在一个与锅筒（锅壳）直接相连接的短管上，短管的流通截面应不小于所有安全阀流通面积之和。

七、锅炉房

1．对于设在多层或高层建筑的半地下室或第一层的锅炉房，每台锅炉的额定热功率应小于或等于 7 MW，且额定出水温度小于或等于 120℃，并应满足《蒸汽锅炉安全技术监察规程》第 184 条的相应条件。

2．对于由于条件限制需要在高层或多层建筑地下室、楼层中间或顶层设置锅炉时，每台锅炉的额定热功率应小于或等于 2.8 MW，且额定出水温度小于或等于 120℃，并应满足《蒸汽锅炉安全技术监察规程》第 185 条的相应条件。

八、检验

1．在用锅炉的定期检验工作包括外部检验、内部检验和水压试验。在用锅炉一般每年进行 1 次外部检验，每 2 年进行 1 次内部检验，每 6 年进行 1 次水压试验。

当内部检验和外部检验在同 1 年进行时，应首先进行内部检验，然后再进行外部检验。

对于不能进行内部检验的锅炉，应每 3 年进行 1 次水压试验。

2．锅炉内部检验和外部检验的重点按《蒸汽锅炉安全技术监察规程》第 204 条和第 205 条的相应条款进行。

3．水压试验压力应符合表 14—4 的规定。

表 14—4　　　　　　　　水压试验规定值

名称	锅炉额定出水压力 p	试验压力
锅炉本体	<0.8 MPa	$1.5p$ 但不小于 0.2 MPa
锅炉本体	0.8~1.6 MPa	$p+0.4$ MPa
锅炉本体	>1.6 MPa	$1.25p$
省煤器	任何压力	$1.25p+0.5$ MPa

4．锅炉应在试验压力下保持 20 min，然后降到额定出水压力进行检查。检查期间压力保持不变。

第四节 锅炉、压力容器和压力管道设备事故处理规定

一、目的

为了规范锅炉、压力容器（含气瓶、医用氧舱，下同）和压力管道设备事故处理工作，加强锅炉、压力容器和压力管道的安全管理，保障人民生命和财产的安全，根据《中华人民共和国劳动法》和《锅炉压力容器安全监察暂行条例》的有关规定，制定本规定。

二、适用范围

锅炉、压力容器和压力管道设备发生事故的报告、调查、处理和结案适用本规定。

三、事故类别

锅炉、压力容器和压力管道事故直接设备损坏程度分为爆炸事故、严重损坏事故和一般损坏事故。

爆炸事故是指锅炉、压力容器和压力管道在使用中或压力试验时，受压部件发生破坏，设备中介质蓄积的能量迅速释放，内压瞬间降至外界大气压力以及压力管道泄漏而引发的各类爆炸事故。

严重损坏事故是指锅炉、压力容器在使用时，由于受压部件、安全附件、安全保护装置损坏，或锅炉燃烧室发生爆炸等导致设备停止运行而必须进行修理的事故。锅炉、压力容器和压力管道因泄漏而引起的火灾、人员中毒以及压力管道设备遭到破坏的事故也为严重损坏事故。

一般损坏事故是指锅炉、压力容器在使用中受压部件轻微损坏而不需要停止运行进行修理以及压力管道发生泄漏未引起其他灾害的事故。

四、有关条款

1．锅炉、压力容器和压力管道发生事故后，事故发生单位应向当地劳动行政部门和主管部门报告。劳动行政部门应逐级向上级劳动行政部门报告，直至劳动部（现劳动和社会保障部，下同）。

2．锅炉压力容器和压力管道事故应采取快报、月报和年报形式向劳动部报告。

3．锅炉、压力容器和压力管道发生爆炸造成人员伤亡、设备损坏事故后，事故发生单位应立即将发生事故设备的类别（锅炉、压力容器、压力管道）、事故类别、发生地点、时间（月、日、时、分）、人员伤亡和事故破坏简要情况采用快捷形式向当地劳动行政部门和主管部门报告，直至劳动部。

4．省级劳动行政部门应在每月 10 日前，将所辖区域上月事故情况报告劳动部。

5．省级劳动行政部门应在每年 1 月 31 日前，将所辖区域内一年的锅炉、压力容器和压力管道发生事故情况及结案情况以软盘快捷方式报劳动部。

6．锅炉、压力容器和压力管道事故发生单位应采取措施抢救人员和防止事故扩大，并应保护好事故现场。

7．事故调查组应由事故发生单位主管部门、劳动行政部门、当地人民检察院和工会人员组成，并可根据事故调查的需要，邀请锅炉压力容器检验单位、科研单位以及大专院校有关专家参加。

8．事故调查组应履行下列职责：

(1) 调查事故发生前的设备状况。
(2) 查明人员伤亡、设备损坏及经济损失情况（包括附近建筑物破坏）。
(3) 分析事故原因和性质（必要时应进行技术鉴定）。
(4) 明确事故的责任。
(5) 提出事故处理建议（包括经济损失的承担）和预防事故发生的措施。

9．事故调查结束后，事故调查组应填写事故调查报告书。

10．事故调查组的负责人应将事故调查报告书送至组织调查该起事故的劳动行政部门；劳动行政部门应在收到事故调查报告书的15日内，对事故调查报告书进行认定，提出结论性意见，经认定的事故调查报告书方为有效。

11．事故发生单位及其主管部门应根据经认定的事故调查报告书中的处理建议，对有关责任人员进行处理。

12．事故处理结束后，事故发生单位或其主管部门应就对事故责任者的处理及防范措施落实情况向负责该起事故调查的劳动行政部门写书面报告。劳动行政部门应在收到书面报告30日内以书面形式批复结案。

13．锅炉、压力容器和压力管道事故处理应在事故发生之日起90日内结案。调查分析难度较大的事故，结案期限经负责结案的劳动行政部门批准可以适当延长，但不超过180天。

14．锅炉、压力容器和压力管道发生事故所造成的直接经济损失或人员伤亡达到《劳动部关于〈特别重大事故调查程序暂行规定〉有关条文解释》中界定的特别重大事故标准时，应按《国务院关于特别重大事故调查程序暂行规定》执行。

15．违反本规定，事故发生后隐瞒不报、谎报或破坏事故现场的，由有关部门按国家有关规定，对责任单位负责人和直接责任人员给予行政处分。

第五节　锅炉使用登记办法

1986年2月7日，原劳动人事部（劳人锅〔1986〕2号）颁发了《锅炉使用登记办法》，并于1987年1月1日起正式执行。其主要内容如下：

一、凡使用固定式承压锅炉的单位，应按照本办法的规定向锅炉所在地县级以上（含县级）劳动部门办理登记手续。

电力系统发电用锅炉按水利电力部的有关规定由所在地的省级电力局办理登记手续，并报省级劳动部门备案。

铁路系统内工作压力小于 0.1 MPa 的固定式蒸汽锅炉和供热量小于或等于 0.70 MW（60×10^4 kcal/h）的热水锅炉的使用登记由铁路监察部门自行办理。

二、使用单位申请办理锅炉登记手续时，要填写一份《锅炉登记表》和《锅炉登记卡》，并应向登记机关交验下列资料。

1．《蒸汽锅炉安全技术监察规程》或《热水锅炉安全技术监察规程》规定的与安全有关的出厂技术资料。

2．安装质量检验报告。

3．锅炉房平面图。

4．水处理方法及水质指标。

5．锅炉安全管理的各项规章制度。

6．持证锅炉操作工人数。

在用或移装的旧锅炉办理登记时，如使用单位提不出上述1、2两项资料时，允许用以下资料代替。

（1）锅炉结构示意图及需核算强度的受压部件图。

（2）锅炉受压元件强度及安全阀排放量的计算资料。

（3）锅炉检验报告。

额定蒸汽压力小于0.1 MPa（1 kgf/cm^2）的蒸汽锅炉和额定供热量小于0.06 MW（5×10^4 kcal/h）的热水锅炉在登记时，只需交验制造厂质量证明书或检验报告。

三、登记机关审查资料合格后即应给使用单位签发《锅炉使用登记证》，并在《锅炉登记表》上盖章后连同全部送审资料退给使用单位保管，《锅炉登记卡》留登记机关存查。

四、锅炉经重大修理或改造后，使用单位携带《锅炉登记表》和修理或改造部分的图纸及施工质量检验报告等资料，到原登记机关备案或变更手续。

五、锅炉拆迁过户时，原使用单位应向原登记机关办理注销手续，交回《锅炉使用登记证》，锅炉全部安全技术资料应随锅炉转至接收单位，接收单位应重新办理锅炉登记手续。

六、锅炉报废时，使用单位应向原登记机关交回《锅炉使用登记证》，办理注销手续，因不能保证安全运行而报废的锅炉，严禁再当承压锅炉使用。

七、有下列情况之一者，应收回《锅炉使用登记证》。

1．超过定期检验周期，未经许可逾期不检者。

2．有危及安全的严重隐患在限期内不修复者。

3．管理混乱，违章操作，屡教不改者。

4．经检验确认，必须报废的锅炉。

八、没有取得《锅炉使用登记证》的锅炉不准投入使用。对违反本办法规定的，视情节轻重由锅炉压力容器安全监察机构给予查封或经济处罚。

第六节　锅炉司炉工人安全技术考核管理办法

一、目的

为了加强锅炉操作工的安全培训、考核和管理，确保锅炉安全运行。

二、适用范围

本办法适用于固定式承压锅炉的锅炉操作工，包括固定工、合同制工人。

电力系统发电用锅炉及并网的自备电厂发电用锅炉的锅炉操作工安全技术考核与管理，按水利电力部的有关规定执行。

三、锅炉操作工的基本条件

锅炉操作工的基本条件是年满18周岁，身体健康，没有妨碍从事司炉作业的疾病和生理缺陷，遵守纪律，热爱本职工作，一般应有初中以上文化程度。

四、锅炉操作工的培训和考试

1．锅炉操作工考试前的理论和实际操作培训可由本单位、主管单位或委托其他单位进行。培训时间：拟领取1、2、3类操作证者应不少于6个月，拟领取4类操作证者不少于3个月。

2．锅炉操作工考试一般应由当地锅炉压力容器安全监察机构（县或地、市级，下同）统一组织。有条件的使用单位或其主管部门，经当地锅炉压力容器安全监察机构批准后，可自行组织考试，但试题、合格标准和考试成绩须报当地锅炉压力容器安全监察机构审核。

3．锅炉操作工考试包括理论和实际操作两部分，对从事5年以上锅炉操作、文化水平较低的锅炉操作工，以考核实际操作技术为主。

4．锅炉操作工考核应按不同类别从下述考试大纲内容中选取命题。

（1）理论部分

1）压力、温度、介质、燃料、燃烧、通风、传热等方面的基本知识。

2）锅炉的分类、结构及其简单的工作原理。

3）锅炉安全附件的名称、作用、结构及简单的工作原理。

4）各种热工仪表、自控和连锁保护装置的用途及操作注意事项。

5）锅炉附属设备的用途和操作要领。

6）锅炉给水、炉水标准及常用的水处理方法。

7）锅炉运行的操作要领。

8）水垢、烟灰、结焦对锅炉的危害及防治方法。

9）锅炉常见事故的类别、原因、预防及处理。

10）锅炉维护保养方面的基本知识。

11）锅炉安全法规中有关安全运行的内容。

（2）实际操作部分

1）锅炉启动前的检查、准备、点火、升压、运行、调整、压火、停炉等操作。

2）安全附件的检查及调整。

3）各种辅机及附属设备的操作。

4）反事故演习。

五、司炉操作证的类别

司炉操作证分为4类，见表14—5。

表14—5　　　　　　　　　　　　司炉操作证分类

类别	允许操作的锅炉
1	工作压力≥3.8 MPa（39 kgf/cm²）的蒸汽锅炉
2	工作压力＜3.8 MPa（39 kgf/cm²）、出力＞4 t/h的蒸汽锅炉和供热量＞2.8 MW（240×10⁴ kcal/h）的热水锅炉
3	工作压力≥0.1 MPa（1 kgf/cm²）、出力≤4 t/h的蒸汽锅炉和供热量≤2.8 MW（240×10⁴ kcal/h）的热水锅炉
4	工作压力＜0.1 MPa（1 kgf/cm²）的蒸汽锅炉和供热量≤0.7 MW（60×10⁴ kcal/h）的热水锅炉

六、司炉操作证的发放与管理

1．符合基本条件并经考试合格的锅炉操作工，由当地锅炉压力容器安全监察机构签发司炉操作证。锅炉操作工只许操作不高于核准类别的锅炉。低类别锅炉操作工升为高类别锅炉操作工时应经过重新培训和考试，并换发司炉操作证。

2．对取得操作证的锅炉操作工，一般每4年进行1次复审，复审工作由发证机关或其指定的单位组织，复审结果由负责复审的单位记入司炉操作证复审栏内，连续从事司炉工作而无事故的锅炉操作工经原发证机关同意后可以免于复审。复审不合格者，应注销司炉操作证。

3．持证锅炉操作工应履行以下职责：

(1) 严格执行各项规章制度，精心操作，确保锅炉安全运行。

(2) 发现锅炉有异常现象危及安全时，应采取紧急停炉措施并及时报告单位负责人。

(3) 对任何有害锅炉安全运行的违章指挥，应拒绝执行。

(4) 努力学习业务知识，不断提高操作水平。

4．锅炉使用单位应做好以下管理工作：

(1) 按本办法第三条规定的基本条件严格选调锅炉操作工。

(2) 加强对锅炉操作工的思想教育和文化教育。

(3) 制定并督促执行锅炉房的各项规章制度。

(4) 改善锅炉操作工的劳动条件，锅炉房应做到文明生产。

(5) 奖励安全生产好的锅炉操作工。

(6) 保持锅炉操作工队伍的相对稳定，不随意调动锅炉操作工。

第七节　锅炉房安全管理规则

1988年1月3日，原劳动人事部（劳人锅〔1988〕2号）颁发了《锅炉房安全管理规则》，并于同年10月1日起执行，其主要内容如下。

一、目的

为了提高锅炉房安全管理水平，确保锅炉安全运行。

二、适用范围

1．本规则适用于设置下列工业锅炉及生活用锅炉的锅炉房：

(1) 额定蒸发量≥1 t/h以水为介质的蒸汽锅炉。

(2) 额定供热量≥240×10^4 kcal/h的热水锅炉。

设置额定蒸发量小于1 t/h的蒸汽锅炉或供热量小于240×10^4 kcal/h的热水锅炉的锅炉房，可参照本规则执行。

2．本规则不适用于电力系统的发电用锅炉。

三、基本要求

1．锅炉房的设计建造应符合《蒸汽锅炉安全技术监察规则》和《热水锅炉安全技术监察规程》的有关规定。锅炉房建造前使用单位须将锅炉房平面布置图送交当地锅炉压力容器安全监察机构审查同意，否则不准施工。

2．使用锅炉的单位必须按《锅炉使用登记办法》的规定办理登记手续，未取得锅炉使用登记证的锅炉，不准投入运行。

3．在用锅炉必须实行定期检验制度。未取得定期检验合格证的锅炉，不准投入运行。

4．使用锅炉的单位必须做好锅炉设备的维修保养工作，保证锅炉本体和安全保护装置等处于完好状态。锅炉设备运行中发现有严重隐患危及安全时,应立即停止运行。

5．使用锅炉的单位应设专职或兼职管理人员负责锅炉房安全技术管理工作,并报当地劳动部门备案。管理人员应具备锅炉安全技术知识,熟悉国家安全法规中的有关规定,其职责是：

（1）对司炉工和水质化验人员组织技术培训及安全教育。

（2）参与制定锅炉房各项规章制度。

（3）对锅炉房各项规章制度的实施情况进行检查。

（4）传达并贯彻主管部门和锅炉压力容器安全监察机构下达的锅炉安全指令。

（5）督促检查锅炉及其附属设备的维护保养和定期检修计划的实施。

（6）解决锅炉房有关人员提出的问题,如不能解决应及时向单位负责人报告。

（7）向锅炉压力容器安全监察机构报告本单位锅炉使用管理情况。

6．司炉是特种技术工种,使用锅炉的单位必须严格按照《锅炉司炉工人安全技术考核管理办法》的规定选调、培训司炉工人。锅炉操作工须经考试合格取得司炉操作证才准独立操作锅炉。严禁将不符合锅炉操作工基本条件的人员调入锅炉房从事司炉工作。

7．锅炉操作工值班时须履行职责,遵守劳动纪律,严格按照操作规程操作锅炉。

8．锅炉房应有水处理措施,锅炉水质应符合《低压锅炉水质标准》的要求,锅炉使用单位应设专职或兼职的锅炉水质化验人员。水质化验人员应经培训、考核合格,取得操作证后,才准独立操作。

9．锅炉房应有下列制度：

（1）岗位责任制　按锅炉房的人员配备,分别规定班组长、司炉工、维修工、水质化验人员等职责范围内的任务和要求。

（2）锅炉及其辅机的操作规程　其内容应包括：

1) 设备投运前的检查与准备工作。

2) 启动与正常运行的操作方法。

3) 正常停运和紧急停运的操作方法。

4) 设备的维护保养。

（3）巡回检查制度　明确定时检查的内容、路线及记录项目。

（4）设备维修保养制度　规定锅炉本体、安全保护装置、仪表及辅机的维护保养周期、内容和要求。

（5）交接班制度　应明确交接班的要求、检查内容和交接手续。

（6）水质管理制度　应明确水质定时化验的项目和合格标准。

（7）清洁卫生制度　应明确锅炉房设备及内外卫生区域的划分和清扫要求。

（8）安全保卫制度。

10．锅炉房应有下列记录：

（1）锅炉及附属设备的运行记录。

（2）交接班记录。

（3）水处理设备运行及水质化验记录。

（4）设备检修保养记录。

（5）单位主管领导和锅炉房管理人员的检查记录。

（6）事故记录。

以上各项记录应保存一年以上。

四、检查与监督

1．使用锅炉的单位对锅炉房安全工作实行定期检查，单位主管领导对锅炉房工作应每月做一次现场检查。锅炉房管理人员应每周做一次现场检查，并做好记录，以备劳动部门检查。

2．使用锅炉单位的主管部门应对本系统内的锅炉房每半年做一次安全检查，检查结果应向当地劳动部门报告。

3．当地劳动部门应单独或会同有关部门对本地区的锅炉房每4年组织1次评比检查，可参照本规则附表要求（见表14—10）并结合本地情况确定检查内容。根据检查结果评出先进锅炉房、合格锅炉房和不合格锅炉房。对先进锅炉房应予奖励，对不合格锅炉房应限期整顿，经整顿仍不合格者，应收回锅炉使用登记证并按五、经济处罚规定给予经济处罚。

五、经济处罚

1．违反本规则的单位和个人，有下列情况之一者，由当地劳动部门签发《罚款通知书》给予经济处罚：

（1）锅炉无使用登记证而运行，经批评教育后仍不停止者，处使用单位2 000元以下罚款，处单位主管领导100元以下罚款。

（2）委派无司炉操作证人员独立操作锅炉，处使用单位500元以下罚款，处直接责任者100元以下罚款。

（3）强令他人操作有严重隐患的锅炉或强令他人违章操作，处直接责任者100元以下罚款。

（4）锅炉应定期检验，逾期无故不检者，处使用单位1 000元以下罚款。

（5）锅炉有严重隐患，在接到劳动部门发出的《锅炉压力容器安全监察意见通知书》后，逾期不改继续使用者，应收回锅炉使用登记证并处使用单位2 000元以下罚款。

（6）锅炉房无水处理措施或有措施而无效果，锅炉结垢严重者，处使用单位1 000元以下罚款。

（7）锅炉房管理混乱，无章可循或有章不循，经批评教育仍无改进者，处使用单位1 000元以下罚款，处主管领导100元以下罚款。

（8）锅炉操作工、水质化验人员在值班期间严重违章违纪，经教育不改者，应收缴其操作证并处以50元以下罚款。

（9）单位主管领导和管理人员不认真履行本规则第四、1．规定者，处100元以下罚款。

（10）锅炉发生重大事故，处使用单位5 000元以下罚款，处直接责任者100元以下罚款。锅炉发生爆炸事故造成人员伤亡者，处使用单位10 000元以下罚款，处直接责任者200元以下罚款。隐瞒上述两类事故者，应加倍罚款。

2．被罚款项应按下列办法支付：

（1）企业应从留用或企业基金中支付，不得摊入成本。

（2）机关、事业单位和部队，从单位经费包干结余或预算外资金中支付。

（3）对个人罚款应由所在单位在本人工资中扣缴或采取其他方式追缴。

3．受罚单位或个人在接到罚款通知书后应在15天内将罚款交到指定的当地银行。如对处罚决定不服，可向上一级劳动部门申诉。无故拒交者，可由处罚机关申请法院强制执行。

第八节 工业锅炉安装工程施工及验收规范

GB 50273—98《工业锅炉安装工程施工及验收规范》经中华人民共和国建设部批准，1998年12月1日施行，主要应掌握的内容是：

一、目的
为了确保工业锅炉和热水锅炉安装工程的施工质量，促进其安装技术的进步，制定本规范。

二、适用范围及要求
1．适用范围

本规范适用于以水为介质，额定工作压力不大于2.5 MPa，现场组装的固定式蒸汽锅炉和固定式承压热水锅炉的安装。整体出厂的锅炉，可按本规范的有关规定执行。

本规范不适用于铸铁锅炉、交通运输车上和船上的锅炉、电加热锅炉和核能锅炉的安装。

2．要求

（1）安装锅炉的施工单位必须持有省级劳动部门发给的与锅炉级别安装类型相符合的锅炉安装许可证。

（2）在锅炉安装前和安装过程中，当发现受压部件存在影响安全使用的质量问题时，必须停止安装。

（3）工业锅炉安装工程施工及验收，除应按本规范的规定执行外，还应符合现行国家有关标准规范的规定。

三、基础检查和划线
1．锅炉安装前，应划出纵向和横向安装基准线和标高基准点。

2．锅炉基础线应符合下列要求：

（1）纵向和横向中心线应互相垂直。

（2）相邻两根柱子定位中心线间距的允许偏差为±2 mm。

（3）各级对称四根柱子定位中心点的两对角线长度之差不应大于5 mm。

四、水压试验
1．锅炉的汽、水压力系统及其附属装置安装完毕后，必须进行水压试验。

2．主气阀、出水阀、排污阀和给水阀应与锅炉一起做水压试验，安全阀应单独做水压试验。

3．水压试验的压力见表14—6。

表14—6　　　　　　　　　　水压试验的压力　　　　　　　　　　MPa

名称	锅筒工作压力 p	试验压力
锅炉本体及过热器	<0.59	$1.5p$，且不小于0.20
	>0.59~1.18	$p+0.29$
	>1.18	$1.25p$
可分式省煤器		$1.25p+0.49$

4．水压试验前的检查应符合下列要求：

(1) 对锅筒、集箱等受压部（元）件进行内部清理和表面检查。

(2) 检查水冷壁、对流管及其他管子应畅通。

(3) 装设的压力表不应少于 2 只，其精度等级不应低于 2.5 级。额定工作压力为 2.5 MPa 的锅炉，精度等级不应低于 1.5 级。压力表经过校验应合格，其表盘量程应为试验压力的 1.5～3 倍，宜选用 2 倍。

(4) 应装设排水管道和放气阀。

5. 水压试验应符合下列要求：

(1) 水压试验的环境温度不应低于 5℃，当环境温度低于 5℃ 时应有防冻措施。

(2) 水温应高于周围露点温度。

(3) 锅炉应充满水，待排出空气后，方可关闭放气阀。

(4) 当初步检查无漏水现象时，再缓慢升压。当升到 0.3～0.4 MPa 时，应进行一次检查，必要时可拧紧人孔、手孔和法兰等螺栓。

(5) 当水压上升到额定工作压力时，应暂停升压，检查各部分有无漏水或变形等异常现象。然后应关闭低地水位计，继续升到试验压力，并保持 5 min，其间压力下降不应超过 0.05 MPa。最后试验时，元件金属壁和焊缝处应无水珠和水雾，胀口不应滴水珠。

6. 当水压试验不合格时，应返修，返修后应重做水压试验。

7. 水压试验后，应及时将锅炉内的水全部放尽。立式过热器内的水不能放尽时，在冰冻期应采取防冻措施。

8. 每次水压试验应有记录，水压试验合格后应办理签证手续。

五、阀门

1. 阀门均应逐个用清水进行严密性试验。严密性试验压力为工作压力的 1.25 倍，应以阀瓣密封面不漏水为合格。

2. 蒸汽锅炉安全阀应符合下列要求：

(1) 安全阀应逐个进行严密性试验。

(2) 锅筒和过热器的安全阀始启压力的整定值应符合表 14—7 的规定。锅炉上必须有一个安全阀按表中较低的始启压力进行整定。对有过热器的锅炉，按较低压力进行整定的安全阀必须是过热器上的安全阀，过热器上的安全阀应先开启。

表 14—7　　　　　　　　蒸汽锅炉安全阀的始启压力

额定蒸气压力（MPa）	安全阀的始启压力（MPa）
<1.27	工作压力＋0.2
	工作压力＋0.04
1.27～2.5	1.04 倍的工作压力
	1.06 倍的工作压力

注：表中的工作压力，系指安全阀装设地点的工作压力。

(3) 安全阀必须垂直安装，并应装设有足够截面积的排气管，排气管管路应畅通，并直通至安全地点。排气管底部应装有疏水管。省煤器的安全阀应装排水管。

(4) 锅筒和过热器的安全阀在锅炉蒸汽严密性试验后，必须进行最终的调整。省煤器安全阀始启压力为装设地点工作压力的 1.1 倍，调整应在蒸汽严密性试验前用水压的方法进行。

(5) 安全阀应检验其始启压力、起座压力及回座压力。

(6) 在整定压力下，安全阀应无泄漏和冲击现象。

(7) 安全阀经调整检验合格后，应做标记。

3．热水锅炉安全阀的安装应符合下列要求：

(1) 安全阀还应进行严密性试验。

(2) 安全阀起座压力应按下列规定进行整定：

1）起座压力较低的安全阀的整定压力应为工作压力的 1.12 倍，且不应小于工作压力加 0.07 MPa。

2）起座压力较高的安全阀的整定压力应为工作压力的 1.14 倍，且不应小于工作压力加 0.1 MPa。

3）锅炉上必须有一个安全阀按较低的起座压力进行整定。

(3) 安全阀必须垂直安装，并装设泄放管，泄放管应直通安全地点，并应有足够的截面积和防冻措施，确保排泄畅通。

(4) 安全阀经调整检验合格后，应做标记。

六、炉排运行

炉排冷态试运行在筑炉前进行，并应符合下列要求：

1．冷态试运转运行时间：链条炉排不应小于 8 h，往复炉排不应小于 4 h。试运转速度不应少于两级。在由低速到高速的调整阶段，应检查传动装置的保安机构动作。

2．炉排转动应平稳，无异常声响、卡住、抖动和跑偏等现象。

3．炉排片应能翻转自如，且无凸起现象。

4．滚柱转动应灵活，与链轮啮合应平稳，无卡住现象。

5．润滑油和轴承的温度均应正常。

6．炉排拉紧装置应留适当的调节余量。

七、燃烧器

1．燃烧器安装前的检查，应符合下列要求：

(1) 安装燃烧器的预留孔位置应正确，并应防止火焰直接冲刷周围的水冷壁管。

(2) 调风器喉口与油枪的同轴度应不大于 3 mm。

(3) 油松、喷嘴和混合器内部应清洁，无堵塞现象，油枪应无弯曲变形。

2．燃烧器安装前，应符合下列要求：

(1) 燃烧器的标高允许偏差为 ±5 mm。

(2) 各燃烧器之间的距离允许偏差为 ±3 mm。

(3) 调风装置调节应灵活。

八、烘炉

1．烘炉前，应制订烘炉方案，并应具备下列条件：

(1) 锅炉及其水处理、汽水、排污、输煤、除渣、除尘、送风、照明、循环冷却水等系统均应安装完毕，并经试验运转合格。

(2) 炉墙砌筑和绝热工程应结束，并经炉体漏风试验合格。

(3) 水位表、压力表、测温仪表等烘炉需用的热工和电气仪表均应安装和试验完毕。

(4) 锅炉给水应符合现行国家标准《低压锅炉水质标准》的规定。

(5) 锅筒和集箱上的膨胀指示器安装完毕，在冷状态下应调整到零位。

(6) 炉墙上的测温点或灰浆取样点应设置完毕。
(7) 应有烘炉升温曲线图。
(8) 管道、风道、烟道、灰道、阀门及挡板均已标明介质流向、开启方向和开度指示。
(9) 炉内外及各通道应全部清理完毕。

2. 烘炉可根据现场条件，采用火焰、蒸汽等方法进行，蒸汽烘炉适用于有水冷壁的各种类型的锅炉。用于链条炉排的燃料不应有铁钉等金属杂物。

3. 火焰烘炉应符合下列要求：
(1) 火焰应集中在炉膛中央，烘炉初期宜采用文火烘焙，初期以后的火势应均匀，并逐日缓慢加大。
(2) 链条炉排在烘炉过程中应定期转动，并应防止烧坏炉排。
(3) 烘炉温升应按过热器后（或相当位置）的烟气温度测定，根据不同的炉墙结构，其温升应符合下列规定：
1) 重型炉墙第 1 天温升不宜大于 50℃，以后每天温升不宜大于 20℃，后期烟温不应大于 220℃。
2) 砖砌轻型炉墙每天温升不应大于 80℃，后期烟温不应大于 160℃。
3) 耐火浇注料炉墙养炉期满后，方可开始烘炉，温升每小时不应大于 10℃；后期烟温不应大于 160℃，在最高温度范围内的持续时间不应小于 24 h。
4) 当炉墙特别潮湿时，应适当减慢升温速度，延长烘炉时间。

4. 蒸汽烘炉应符合下列要求：
(1) 应采用 0.3～0.4 MPa 的饱和蒸汽从水冷壁集箱的排污阀处连续、均匀地送入锅炉，逐渐加热炉水，炉水水位应保持正常，温度宜为 90℃，烘炉后期宜补用火焰烘炉。
(2) 应开启必要的挡板和炉门排除湿气，并应使炉墙各部均能烘干。

5. 烘炉时间应根据锅炉类型、砌体湿度和自然通风干燥程度确定，宜为 14～16 天；但整体安装的锅炉，宜为 2～4 天。

6. 烘炉时，应经常检查砌体的膨胀情况。当出现裂纹或变形迹象时，应减慢升温速度，并应查明原因后，采取相应措施。

7. 烘炉满足下列要求，应判定为合格：当采用炉墙灰浆试样法时，在燃烧室两侧中部、炉排上方 1.5～2 m 处，或燃烧器上方 1～1.5 mm 处和过热器两侧墙的中部，取黏土砖、红砖和丁字叉缝处的灰浆样品各 50 g 测定，其含水率均应小于 2.5%。

8. 烘炉过程中应测定和绘制实际升温曲线图。

九、煮炉

1. 在烘炉末期，当炉墙红砖灰浆含水率降到 10% 时，或当本规范温度达到要求时，即可进行煮炉。

2. 煮炉开始时的加药量应符合锅炉设备技术文件的规定。当无规定时，应按表 14—8 的配方加药。

3. 药品应溶解成溶液后方可加入锅内；配制和加入药液时，应采取安全措施。

4. 加药时，炉水应在低水位；煮炉时，药液不得进入过热器内。

5. 煮炉时间为 2～3 天。煮炉的最后 24 h 应使压力保持在额定工作压力的 75%。当在较低的压力下煮炉时，应适当地延长煮炉时间。

表 14—8　　　　　　　　　　　煮炉时的加药配方表

药品名称	加药量 （kg/m³）	
	铁锈较薄	铁锈较厚
氢氧化钠（NaOH）	2~3	3~4
磷酸三钠（$Na_3PO_4 \cdot 12H_2O$）	2~3	2~3

注：1．药量按 100% 的纯度计算；
　　2．无磷酸三钠时，可用碳酸钠代替，用量为磷酸三钠的 1.5 倍；
　　3．单独使用碳酸钠煮炉时，每立方米水中加 6 kg 碳酸钠。

6．煮炉期间，应定期从锅筒和水冷壁下集箱内取水样，进行水质分析。当锅炉水质分析低于 45 mol/L 时，应补充加药。

7．煮炉结束后，应交替进行持续上水和排污，直到水质达到运行标准。然后应停炉排水，冲洗锅炉内部和曾与药液接触过的阀门，并应清除锅筒、集箱内的沉积物，检查排污有无堵塞现象。

8．煮炉后应检查锅筒和集箱内壁，其内壁应无油垢，擦去附着物后，金属表面应无锈斑。

十、严密性试验

锅炉烘炉、煮炉合格后，应按下列步骤进行严密性试验：

1．应升压到 0.3~0.4 MPa，并对锅炉范围内的法兰、人孔、手孔和其他连接螺栓进行热状态下的紧固。

2．继续升至额定工作压力，检查各人孔、手孔、阀门、法兰和垫料等处的严密性，同时观察锅筒、集箱、管路和支架等的热膨胀情况。

十一、工程验收

1．锅炉带负荷连续 48 h 试运行合格后，方可办理工程总体验收手续。

2．工程未经总体验收，锅炉严禁投入使用。

3．工程验收应包括中间验收和总体验收。

4．现场组装的工业锅炉安装工程验收，应具备下列资料：

（1）开工报告。
（2）锅炉技术文件清查记录（包括设计修改的有关文件）。
（3）设备缺损件清单及修复记录。
（4）基础检查记录。
（5）钢架安装记录。
（6）钢架柱腿底板下的垫铁及灌浆层质量检查记录。
（7）锅炉本体受热面管子通球试验记录。
（8）阀门水压试验记录。
（9）锅筒、集箱、省煤器、过热器及空气预热器安装记录。
（10）管端退火记录。
（11）胀接管孔及管端的实测记录。
（12）锅筒胀管记录。

（13）受热面管子焊接质量检查记录和检验报告。
（14）本体试压记录及签证。
（15）锅筒封闭检查记录。
（16）炉排安装及冷态试运行记录。
（17）炉墙施工记录。
（18）仪表试验记录。
（19）烘炉、煮炉和严密性试验记录。
（20）安全阀调整试验记录。
（21）带负荷连续 48 h 试运行记录及签证。

5．整体安装的工业锅炉安装工程验收应具备下列资料：
（1）开工报告。
（2）锅炉技术资料清查记录（包括设计修改的有关文件）。
（3）设备缺损清单及修复记录。
（4）基础检查记录。
（5）锅炉本体安装记录。
（6）风机、除尘器、烟囱安装记录。
（7）给水泵或注水器安装记录。
（8）阀门水压试验记录。
（9）炉排冷态试运行记录。
（10）水压试验记录及签证。
（11）水位表、压力表和安全阀安装记录。
（12）烘炉、煮炉记录。
（13）带负荷连续 4～24 h 试运行记录。

第九节　锅炉房管理制度

一、岗位责任制

1．锅炉房管理人员的职责
（1）对锅炉操作工、水质化验人员组织技术培训，进行安全教育。
（2）编制或参与编制锅炉房各项规章制度，并随时检查其执行情况。
（3）传达贯彻主管部门和锅炉压力容器安全监察机构下达的锅炉安全指令。
（4）督促检查锅炉及附属设备的维护保养，定期检查计划的实施。
（5）随时掌握锅炉及其附属设备的运行状况，并检查督促其维护保养工作。
（6）解决锅炉房有关人员提出的问题。如不能解决，应及时向单位负责人报告。
（7）向锅炉压力容器安全监察机构报告本单位锅炉使用管理情况。

2．锅炉操作工的职责
（1）严格执行各项规章制度，精心操作，确保锅炉的安全经济运行。
（2）严格遵守劳动纪律，坚守岗位，服从调度，不做与工作无关的事。
（3）发现锅炉有异常现象危及安全时，应采取紧急停炉措施，并及时报告单位负责人。

(4) 认真做好锅炉、辅机及安全附件的维护保养工作，以保证设备的正常运转。
(5) 拒绝执行有害锅炉安全运行的违章指挥。
(6) 保持锅炉整洁，做到文明生产。
(7) 努力学习业务知识，不断提高操作水平。

3．水处理人员及化验分析人员的职责

(1) 严格执行各项规章制度，确保水处理设备的正常运行，不间断地向锅炉供应足够的合格的软化水和除盐水。

(2) 按"低压锅炉水质标准"的要求，认真控制调整连续排污，监督锅炉操作工定期进行排污。

(3) 做好给水、锅水、蒸汽、凝结水及烟气的各项化验分析工作，遇有各项指标发生异常时，应采取或提出恰当的处理措施。

(4) 配合锅炉操作工共同做好停用锅炉的防腐工作。
(5) 做好水处理设备及仪器药品的维护保养工作。
(6) 参与水处理设备的检修及锅炉的清洗除垢工作。
(7) 做好锅炉及其给水设备、给水系统的节盐、防腐蚀工作。
(8) 努力学习水处理技术知识，不断提高操作技术水平。

二、交接班制度

1．锅炉操作工交接班制度

(1) 交班的司炉人员应在交班前对锅炉运行情况做一次认真全面的检查和调整，必须具备下列条件方能交班。

1) 锅炉燃烧良好，气压和水位都在正常范围内。
2) 各安全附件、仪表动作灵敏可靠。
3) 辅机运转正常（声音、温度、转速等无异常）。
4) 清炉除渣，打扫工作场所，保持整洁。工具和配件齐全，并存放在指定地点。
5) 各项记录填写正确、清楚，无涂改，无遗漏。
6) 交班人员在运行记录和交接日志上签名后交班。

(2) 交班人员应口头向接班人员详细介绍本班运行情况，以及发现的问题和注意事项。

(3) 接班人员应按规定时间到达锅炉房，做好准备工作。接班人员须认真查阅交班记录和听取交班情况介绍。

(4) 交接班双方应共同检查下列情况：

1) 锅炉运行状况。
2) 水位表、压力表、安全阀、给水设备、高低水位报警器、排污阀等设备和附件是否灵敏可靠。
3) 锅炉受热面的可见部位是否有鼓包、变形、渗透等损坏现象。
4) 炉墙、炉拱、炉排等有无裂纹、塌陷、卡死现象。
5) 必要的备用材料，如盘根、水位表玻璃管（板）、润滑油等是否齐全。

(5) 交接班时，如遇事故，应待事故处理完毕后，再办理交接班手续。接班人员应积极协助交班人员处理事故。

(6) 接班人员在接班前不准喝酒。交班人员如发现接班人员喝酒或有病时，应向锅炉主管负责人报告，由负责人采取措施，另行指派合格人员代班。

（7）接班人员未按时接班，交班人员应报告锅炉主管负责人，但不得擅自离开岗位。

2．水处理人员交接班制度

（1）交班人员应做好交班前的准备工作，将所有仪器、器皿清洗干净，放在指定位置，清扫工作场所，保持整洁。

（2）水质化验分析人员在交班前对软水、锅水进行一次化验分析，将结果填入运行记录。

（3）接班人员应在规定的时间内到达岗位，进行设备检查，了解运行情况，认为符合交班要求时，方可办理接班手续。

（4）交班时，如遇事故或重大操作项目，应待事故处理完毕或操作告一段落后，方能交接班，接班人员应积极协助交班人员处理事故和完成操作项目。

（5）接班人员不按时接班，交班人员应向有关领导报告，但不能离开工作岗位。

三、巡回检查制度

当班锅炉操作工，应对锅炉及附属设备的工作情况认真进行巡回检查，其主要内容见表14—9。

表14—9　　　　　　　　锅炉操作工巡回检查内容

序号	内容	时间
1	压力、温度、水位是否正常	不间断监视
2	燃烧工况是否正常	1～2 h监视一次
3	燃烧输送系统是否正常	1～2 h监视一次
4	鼓、引风机运转是否正常，挡板位置是否合适	1～2 h监视一次
5	给水系统中水箱水位、水泵运转情况和给水调节阀、逆止阀的工作状态	1～2 h监视一次
6	排污阀和管道有无异常情况	1～2 h监视一次
7	各灯、仪表工作是否正常	1～2 h监视一次
8	本体受压部件有无渗漏、变形等异常情况	1～2 h监视一次
9	检查各转动机械润滑系统是否应补给润滑油	1～2 h监视一次

四、安全操作制度

1．严格遵守锅炉安全操作规程，密切监视水位、压力和燃烧情况，正确调整各种参数。

2．按规定做好锅炉运行的日常工作，定期冲洗水位表、压力表、排污和试验安全阀等。

3．进行巡回检查，检查锅炉人孔、手孔、受压部件以及省煤器、过热器等是否有泄漏、变形等异常现象，检查气水管道、烟道、风道、给水泵、鼓风机和引风机等工作状态是否正常。

4．对锅炉发生的一切事故应及时处理并保护现场，积极参加事故分析，吸取事故教训。

5．闲人免进锅炉房，如需进入必须履行登记手续，并由单位主管部门领导批准。

五、设备日常维护保养制度

1．操作人员应对锅炉、安全附件和辅助设备进行经常的或定期的维护保养，及时检修。

2．每班应对规定的设备油位定期加油一次，防止遗漏。
3．对仪表设备应每天进行维护保养，并定期校验，保证其灵敏、可靠。
4．锅炉未经采取措施，不得超负荷运行，锅炉必须按规定进行检修。
5．每班司炉工应对锅炉、辅助设备和场地进行一次清洁工作，做到文明生产。

六、设备定期检修制度

对锅炉设备要定期检修，保证其安全可靠运行。有许多单位，锅炉运行了许多年，没有发生任何故障，并保持原有设备的性能，证明了运行人员严格执行操作规程和有关维护保养制度，认真执行锅炉的周期检修，保持高标准的检修质量是非常重要的因素。

锅炉的检修应进行下列工作：

1．锅炉检修前应对锅炉进行一次内外检查。根据周期检修计划和内外检查的情况，确定本次锅炉检修计划。
2．根据检修计划，指定专人负责，制定检修分工负责制，并组织力量进行检修，以保证检修质量。
3．检修前要准备好检修工作需要的材料和配件，对检修人员进行安全教育，学习国家有关规定和要求，研究保证检修质量标准的有效措施。
4．做好检修记录，应把每次检修的情况（损坏情况和修理方法）记录在锅炉技术档案内，以便于日后考查锅炉使用的历史。
5．锅炉设备检修完毕后，应做好验收工作。

七、水质管理制度

1．为延长锅炉使用寿命，节约燃料，达到安全运行的目的，必须按规定进行水处理。
2．软化罐在使用前，必须对罐进行全面检查、防腐处理和压力试验。
3．按操作规程进行操作，原水硬度经过水处理设备的处理后，必须符合国家《低压锅炉水质标准》的规定，每小时化验一次。
4．严格控制给水指标，按规定进行排污和定期清洗。
5．化验员必须遵守操作规程和水质标准，确保百分之百的合格率。

八、锅炉房安全保卫制度

锅炉房安全保卫制度一般包括以下内容：

1．锅炉发生爆炸或重大事故后的报告方法和处理要求。
2．明确规定锅炉房安全生产的具体要求、措施、必要的安全用具、劳保用具。
3．明确规定锅炉房为安全重地，无关人员不准进入，其他人员进入时应经允许或办理登记手续。
4．对锅炉房内的设施，非锅炉房当班人员不准动用。
5．无证的司炉工、水质化验人员不得独立操作锅炉或进行水处理或水质分析。
6．加热电器、线路和照明设施的安全保护。

九、清洁卫生制度

1．锅炉房的设备、环境应做到清洁明亮，工具、备品、备件应做到摆放整齐。
2．明确划分锅炉房设备和内外环境卫生责任区域，做到定时定人清扫整理。
3．规定废渣、废水、废油和除尘收集灰的处理要求。

十、锅炉房检查评分表

锅炉房检查评分表见表14—10。

表 14—10　　　　　　　　　　锅炉房检查评分表

序号	项目	检查内容	标准得分	检查方法	评分标准	标准得分	实际得分
1	管理情况	＃主管领导定期检查指导锅炉房安全管理工作的情况	4	（1）查锅炉房检查记录 （2）查锅炉房的管理状况 （3）调查询问司炉工	主管领导履行每月一次的现场检查制度 主管领导解决锅炉房人、财、物问题 关心并解决司炉工有关问题	1 2 1	
2		＃专管或兼职管理人员工作情况	4	（1）查锅炉管理人员的聘任手续 （2）考核锅炉房管理人员的技术素质 （3）查锅炉房检查记录 （4）检查锅炉房管理人员的工作	设专职或兼职锅炉房管理人员 熟悉并掌握国家有关锅炉安全法规 管理人员履行每周一次的现场检查制度 管理人员认真履行7项职责	1 1 1 1	
3		＃＃锅炉有关技术资料	5	（1）查锅炉房使用登记资料 （2）查锅炉使用登记证 （3）查锅炉定期检验资料	资料齐全，符合要求 有使用证 定期检验符合要求，检验报告保存完好	1 2 2	
4		规章制度和执行情况	13	（1）查岗位责任制 （2）查锅炉及辅机的操作规程 （3）查巡回检查制度 （4）查设备维修保养制度 （5）查交接班制度 （6）查水质管理制度 （7）查清洁卫生制度 （8）查安全保卫制度	内容符合规则要求，并严格执行 内容符合规则要求，并严格执行 内容符合规则要求，并严格执行 内容符合规则要求，并严格执行 内容符合规则要求，并严格执行 内容符合规则要求，并严格执行 内容符合规则要求，并严格执行 内容符合规则要求，并严格执行	2 2 2 1 2 2 1 1	
5		＃＃司炉工持证操作情况	5	（1）查锅炉操作工操作证件 （2）考核锅炉操作工	持证操作，证件类别与锅炉相符，并符合注9要求 了解安全知识，掌握安全操作要求	2 3	
6		设备维修情况	2	（1）查设备的维修力量 （2）查设备的维修、保养情况	有相应的维修力量和维修计划 日常维修和停炉保养符合要求	1 1	
7		本规则规定的6种记录	5	（1）查锅炉房的6项记录表、卡 （2）查记录的填写和保存情况	表卡齐全，内容符合要求 填写认真，保存完好	2 3	
8	设备运行状况	＃＃锅炉运行情况	5	（1）查设备的运行记录 （2）查事故记录	在规定参数内运行 无重大事故	2 3	

续表

序号	项目	检查内容	标准得分	检查方法	评分标准	标准得分	实际得分
9	设备运行状况	＃＃锅炉受压元件情况	5	(1) 运行状态下检查	受压元件连接处、钢架、受压元件可见部位、炉墙等无损坏	3	
				(2) 查锅炉定期检验报告书	受压元件无危及安全的缺陷，定检中提出的问题得到解决	2	
10		＃＃压力表情况	5	(1) 查压力表的选用情况	表盘直径、精度等级和刻度极限符合要求	1	
				(2) 查压力表的安装情况	数量、质量、旋塞、存水弯管符合要求	1	
				(3) 查压力表的校验情况	有定期校验记录，铅封完好无损	1	
				(4) 查压力表的使用情况	红线标注清楚，表面清晰，无渗漏	1	
				(5) 查存水弯管冲洗情况，并当场冲洗（见注5）	有定期冲洗记录，冲洗方法正确	1	
11		＃＃安全阀情况	5	(1) 查安全阀的选用情况	规格、型号、数量符合要求	1	
				(2) 查安全阀的安装情况	安装位置、排气管、疏水管符合要求	1	
				(3) 查安全阀的校验情况	有定期校验记录，铅封完好无损	1	
				(4) 查安全阀的使用情况，并当场试验	无卡死，锈死，启、回座动作灵敏可靠	1	
				(5) 查安全阀的排气记录（见注5）	每周（月）至少一次手动（自动）排气，并有记录	1	
12		＃＃水位表情况	5	(1) 查水位表的选用、安装情况	数量、位置、汽水连管的坡向、旋塞、引出管符合要求	2	
				(2) 查水位表的使用情况	汽水阀口无锈死、无渗漏	1	
				(3) 查水位表的表面状况	有最高、最低安全水位标注，水位显示清晰	1	
				(4) 查水位表的冲洗情况，并当场冲洗（见注5）	每班冲洗水位表，并有记录，冲洗方法正确	1	
13		＃水位指示控制装置情况	5	(1) 查装置的选用情况	报警及自动给水、自动断水功能符合要求	1	
				(2) 查装置的安装情况	水表柱、汽水连管、指示装置安装符合要求	1	
				(3) 查装置的使用情况，并当场测试	动作准确可靠，不渗漏	2	
				(4) 查装置的试验情况	定期试验，并有试验记录	1	
14		＃极限低水位连锁保护装置（≥2 t/h的锅炉）	4	(1) 查装置的选用、安装情况	选用与锅炉匹配，安装符合要求	1	
				(2) 查装置的使用情况，并当场试验	无锈蚀、渗漏，动作灵敏可靠	2	
				(3) 查装置的定期试验情况	定期试验，并有试验记录	1	

续表

序号	项目	检查内容	标准得分	检查方法	评分标准	标准得分	实际得分
15	设备运行状况	超压连锁保护装置（≥6 t/h的锅炉）或超温报警装置	3	（1）查装置的选用、安装情况	选用与锅炉匹配，安装符合要求	1	
				（2）查装置的使用情况，并当场试验	无锈蚀、渗漏，动作可靠	1	
				（3）查装置的定期试验情况	定期试验，并有试验记录	1	
16		熄火保护装置（燃用煤粉、油或气体的锅炉）	3	（1）查装置的选用、安装情况	选用与锅炉匹配，安装符合要求	1	
				（2）查装置的使用情况，并当场试验	动作灵敏可靠	1	
				（3）查装置的维修和定期检验情况	维修、校验符合要求，并有记录	1	
17		水泵运行情况	2	（1）查备用泵或注水器的状况	维修保养较好，能正常启动运转	1	
				（2）查水泵的运行状况	运行状况良好，能保证锅炉可靠供水	1	
18		鼓、引风机运行情况	2	（1）查鼓、引风机的选配情况	选配合理，能满足安全运行的要求，并负压运行	1	
				（2）查鼓、引风机的运行情况	运行无振动，外壳完好，调节挡板开关灵活	1	
19		排污阀、给水截止阀及其他管道、阀门的情况	3	（1）查各类阀门管道的安装情况	介质流向标注清楚，保温刷漆完好	1	
				（2）查各类阀门管道的严密性	各类阀门管道无跑、冒、滴、漏现象	2	
20	水处理	##水处理情况	7	（1）查水处理设备选用安装情况	设备、工艺选用合理，安装符合要求	1.5	
				（2）查除氧情况	有除氧措施，并能满足要求	1	
				（3）查水质分析报告	分析项目符合要求，数据准确，达到规定指标	2.5	
				（4）查定期检验报告的结垢、腐蚀情况	锅炉无垢或结垢＜0.3 mm；无腐蚀或腐蚀＜0.2 mm	2	
21		#水质化验人员持证操作情况	3	（1）查水处理人员的证件	经过技术培训，持证上岗	1	
				（2）考核水处理人员，当场取水样化验	掌握锅炉水质标准，能独立操作，化验正确	2	
22	文明生产	锅炉房建造、锅炉平台以及锅炉房地面、门窗、设备、用具的情况	3	（1）查锅炉房的建造情况	锅炉房建造符合规程要求	1	
				（2）查锅炉平台扶梯	锅炉平台扶梯满足操作要求	1	
				（3）查锅炉房的卫生管理情况	设备、地面、门窗定人定时清扫，并整齐清洁	1	

续表

序号	项目	检查内容	标准得分	检查方法	评分标准	标准得分	实际得分
23	文明生产	锅炉房周围环境清洁，煤场、灰场堆放情况	1	查锅炉房周围环境、煤场、灰场	物品堆放整齐，道路畅通	1	
24		锅炉房照明、通风情况	1	查锅炉房照明、通风情况	照明、通风设施齐全，光线充足，通风良好	1	

注：1. 表中规程是指《蒸汽锅炉安全技术监察规程》和《热水锅炉安全技术监察规程》。

2. 表中规则是指《锅炉房安全管理规则》。

3. 联合环保、节能部门开展锅炉房综合治理的地方，可根据本地的具体情况自行制订"环保合格锅炉房"和"节能合格锅炉房"的评分标准。

4. 表中"♯♯"是关键项，"♯"是主要项。

5. 第10、11项中的（5）小项和12项中的（4）小项，均不按♯♯项处理，但11项中的（5）小项和12项中的（4）小项要按♯项处理。

6. 总分在75分以上，且♯项必须全部达到标准，♯项无0分者，为安全合格锅炉房；总分在75分以下，或有一♯♯项未达到标准分，或有一♯项得0分者，为不合格锅炉房。

7. 被查锅炉房如没有表中所列项时，应按以下原则处理：即缺项不计分，按实际情况打分，实打分再乘一个系数，就是该锅炉房的最后实得分。计算公式如下：

$$实得分 = 实打分 \times \frac{100}{100 - 缺项分} \tag{14—2}$$

8. 一个锅炉房有多台锅炉时，应按单台锅炉逐台评分，全部合格才算整个锅炉房合格。

9. 每台锅炉每班持证的司炉工应按下列数量配备：

蒸发量小于或等于 1 t/h 的锅炉（热水锅炉供热量 0.7 MW），不少于 1 人；

蒸发量小于或等于 6 t/h 的锅炉（热水锅炉供热量 4 MW），不少于 2 人；

蒸发量小于或等于 10 t/h 的锅炉（热水锅炉供热量 7 MW），不少于 3 人；

蒸发量小于或等于 35 t/h 的锅炉（热水锅炉供热量 21.5 MW），不少于 4 人；

锅炉房内有多台同时运行的锅炉，其持证司炉工应为每台锅炉人数总和的 70% 以上。